传热学
理论及应用研究

秦 臻 著

中国水利水电出版社
www.waterpub.com.cn

内 容 提 要

本书以导热、辐射和对流三种换热方式进行内容的编排。全书共分 7 章,内容有:绪论、导热基础理论及稳态导热过程分析、非稳态导热过程分析、热辐射及辐射换热的计算、对流换热过程及其相关计算、传热过程与换热器、传热应用。书中例题的选择注重突出性、知识性,以及与工程实用性的结合,同时传热学的研究前沿也有所涉及。

本书可供从事传热学相关领域的科研工程技术人员阅读参考。

图书在版编目(CIP)数据

传热学理论及应用研究 / 秦臻著. -- 北京 : 中国
水利水电出版社,2015.8(2022.9重印)
ISBN 978-7-5170-3496-4

Ⅰ. ①传… Ⅱ. ①秦… Ⅲ. ①传热学-研究 Ⅳ.
①TK124

中国版本图书馆CIP数据核字(2015)第185892号

策划编辑:杨庆川　责任编辑:陈　洁　封面设计:马静静

书　名	传热学理论及应用研究
作　者	秦　臻　著
出版发行	中国水利水电出版社 (北京市海淀区玉渊潭南路 1 号 D 座 100038) 网址:www. waterpub. com. cn E-mail:mchannel@263. net(万水) 　　　　sales@mwr.gov.cn 电话:(010)68545888(营销中心)、82562819(万水)
经　售	北京科水图书销售有限公司 电话:(010)63202643、68545874 全国各地新华书店和相关出版物销售网点
排　版	北京鑫海胜蓝数码科技有限公司
印　刷	天津光之彩印刷有限公司
规　格	170mm×240mm　16 开本　14.25 印张　255 千字
版　次	2016年1月第1版　2022年9月第2次印刷
印　数	2001-3001册
定　价	45.00 元

前　言

　　传热是自然界最普遍的现象之一，在工农业生产和日常生活中都有着广泛的应用。认识传热的规律、掌握优化与控制热量传递的方法和技术是高等工程技术人才必备的基本知识与技能。传热学是研究热量传递规律的一门学科，传热学与其他学科领域，如机械工程、材料、石油化工、环境控制工程、电子技术、信息工程、航天、生物技术、医学和生命科学等科学技术的发展关系密切，不断深入到这些学科领域，形成边缘学科、交叉学科。传热工程技术是根据现代工业生产和科学实践的需要而蓬勃发展起来的先进科学技术，在能源、电力、冶金、动力机械、石油、化工、低温、建筑以及航空航天等许多工业领域发挥着极其重要的作用。

　　作者是从事传热学教学的一线教师，本书是作者在总结多年教学经验，以及参考国内外先进传热学理论及研究的基础上完成的。本书可供从事传热学相关领域的科研工程技术人员阅读参考。

　　撰写过程中，作者力求较为全面、准确地介绍传热学的理论、研究现状，并在此基础上介绍了一些新思想、新技术，使得内容更加充实，充分反映了传热学近些年来的研究成果和学术思想的发展脉络，使我国在传热学的新面貌和发展趋势得以反映出来。

　　全书共分 7 章，内容有：绪论，导热基础理论及稳态导热过程分析，非稳态导热过程分析，热辐射及辐射换热的计算，对流换热过程及其相关计算，传热过程与换热器，传热应用。

　　撰写过程中，参考了国内外相关的研究成果，同时也参考了国内外出版的相关专业研究文献，在此对有关作者和出版单位表示衷心的感谢。

　　由于作者水平和时间关系，书中如有疏漏和不妥之处，敬请广大研究人员、专家学者、高校教师和各方面人士不吝赐教，深表感谢！

作者

2015 年 6 月

目 录

第1章 绪 论

本章将重点介绍以下问题:热量传递的基本方式,传热学的研究内容、方法、进展与展望,传热研究在工程中的应用,太阳能的热利用。

1.1 热量传递的基本方式

热传导、热对流和热辐射为热量传递的基本方式。实际的热量传递过程都是以这三种方式进行的,或者只有其中的一种热量传递方式,但很多情况都是有两种或三种热量传递方式同时进行。

1.1.1 热传导

通常情况下,热传导存在于物体内部或相互接触的物体表面之间,由于分子、原子及自由电子等微观粒子的热运动而产生的热量传递现象。导热依赖于两个基本条件:一是必须有温差,二是必须直接接触(不同物体)或是在物体内部传递。无论是在固体内部还是在静止的液体和气体之中均可发生导热现象。固体中的导热是讨论比较多的。液体或气体只有在静止的时候(没有了液体或气体分子的宏观运动)才有导热发生,比如当流体流过固体表面时形成的附着于固体表面的静止的边界层底层中,流体的热量传递方式才是导热。在气体中,导热的机理是气体分子不规则热运动时的相互碰撞而传递能量。在导电的固体中,自由电子的运动是主要的导热方式;在非导电固体中,热量的传递则主要是通过晶格的振动(也称作弹性波)进行。液体的导热机理则比较复杂。

在实验和生活中,材料种类、厚度及温差等因素共同决定了导热。比如,一块金属板和一块木板,在相同厚度的前提下,一侧置于同样温度的热源中,则木板的另一侧的温度较金属板的要低,也就是木板的隔热性能要好。同样的木板,如果越厚,则它的隔热效果越好。

在传热学中,把单位时间传递的热量称为热流量,用 Φ 表示,单位为 W。对于一个平壁,如图 1-1 所示,当它两侧都维持均匀的温度 t_{w1} 和 t_{w2} 时,平壁的导热为一维稳态导热,即温度只沿厚度方向变化,且这个过程跟时间没有任何关系,它的导热热流量可以用下面的公式计算

$$\Phi = A\lambda \frac{t_{w1} - t_{w2}}{\delta} \tag{1-1}$$

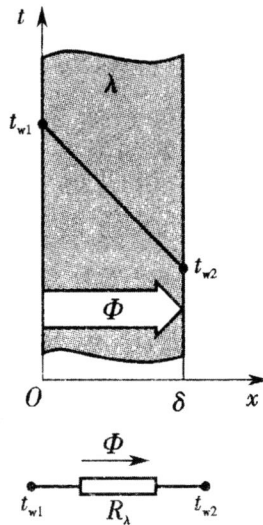

图 1-1 平壁的导热

上式中，A 为导热物体的表面积；λ 为反映导热物体材料特性的参数，称为导热系数或热导率；δ 为导热物体的厚度；t_{w1}、t_{w2} 为导热物体两侧的温度。

导热系数 λ 的单位是 $W/(m \cdot K)$，材料的导热能力跟其数值成正比，λ 越大则它的导热能力越强。通常，金属材料的导热系数最高，好的导电体同时也是好的导热体；液体的导热系数次之；气体的导热系数最小。例如常温（20℃）下，纯铜的导热系数为 $398W/(m \cdot K)$，而干空气的导热系数只有 $0.0259W/(m \cdot K)$。材料的导热系数一般由实验来测定。式（1-1）可以改写为以下形式

$$\Phi = \frac{t_{w1} - t_{w2}}{\dfrac{\delta}{A\lambda}} = \frac{t_{w1} - t_{w2}}{R_\lambda} \tag{1-2}$$

式中，$R_\lambda = \dfrac{\delta}{A\lambda}$，称为导热过程的导热热阻，$K/W$。

类似于电学中电流等于电压除以电阻的概念，传热热流量等于传热的温差除以传热的热阻。

单位时间通过单位面积的热流量称为热流密度，用 q 来表示，单位为 W/m^2。平壁导热的热流密度通过式（1-1）、式（1-2）可表示为

$$q = \frac{\Phi}{A} = \lambda \frac{t_{w1} - t_{w2}}{\delta} \tag{1-3}$$

1.1.2 热对流

热对流是指由于流体的宏观运动,致使不同温度的流体相对位移而产生的热量传递现象。只有在流体中才会发生对流的情况,且一定伴随着流体分子的不规则热运动产生的导热。如图 1-2 所示,当流体流过一个固体表面时,由于流体具有黏性,因此附着于固体表面的很薄的一层流体为静止的,在离开固体表面的会向上,流体的速度逐渐增加到来流速度,这一层厚度很薄、速度很小的流体称为边界层。在边界层内,流体与固体表面之间的热量传递是边界层外层的热对流和附着于固体表面的静止的边界层底层的流体导热两种基本传热方式共同作用的结果,这种传热现象在传热学中称为对流换热。对流换热按流动起因的不同(流动的驱动力的不同)分为自然对流和强迫对流两种。自然对流是由于温差引起的流体不同部分的密度不同而自然产生上下运动的对流换热。因此,有温差不一定能发生自然对流,还应考虑表面的相对位置是否能形成因温差导致的密度差引起的流体运动。如图 1-3 所示,当固体表面的温度高于环境的空气温度时,该表面上方的空气受热后密度变小,自由上升,从而发生自然对流换热。在表面下方,紧挨表面的空气受热后密度变小,由于受到阻挡积聚在表面底下,空气的自由运动是无法正常产生的,从而没有自然对流换热的发生。如果该表面的温度低于环境空气的温度,则上方的空气受冷,密度变大,积聚在上表面,阻碍了空气的自由运动,没有自然对流。而表面的下方,空气受冷后自由下沉,则可以发生自然对流换热。

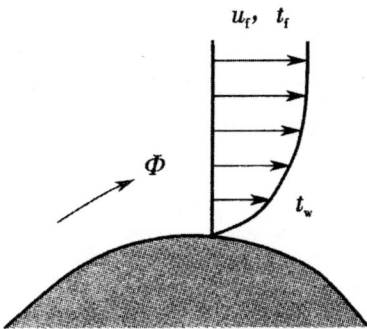

图 1-2 对流换热边界层

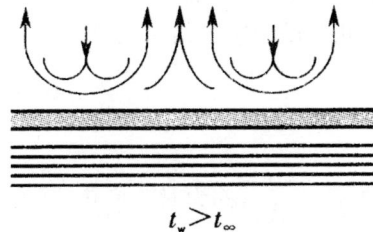

图 1-3 自然对流

强迫对流则是流体在外力的推动作用下流动所引起的对流换热。强迫对流换热程度比自然对流换热剧烈得多,在工业应用上接触的比较多的是强迫对流换热。当流体发生相变的时候,对流换热则分别称为沸腾换热和凝结换热。沸腾和凝结换热的程度因涉及汽化或凝结潜热的释放而很剧烈,通常液体的对流换热比气体的对流换热强烈。典型的几类对流换热的表面传热系数数值范围如表 1-1[①] 所示。

表 1-1　典型对流换热的表面传热系数数值范围

对流换热类型		对流换热系数 $h/[W/(m^2 \cdot K)]$
自然对流换热	空气	1～10
	水	200～1000
强迫对流换热	空气	10～100
	水	100～15000
相变换热	水沸腾	2500～35000
	水蒸气凝结	5000～25000

对流换热的基本计算可用下面的公式

$$\Phi = Ah(t_w - t_f) \tag{1-4}$$

$$q = h(t_w - t_f) \tag{1-5}$$

在以上两式中,A 为换热表面积,m^2;h 表示对流换热大小的比例系数,称为表面传热系数或对流换热系数,$W/(m^2 \cdot K)$;t_w、t_f 分别为固体壁面温度和流体温度,℃。

式(1-4)和式(1-5)通常称为牛顿冷却公式。对流换热系数 h 是对流换热问题的核心,多种因素均会对其造成影响,包括流体的物理性质、换热表面的形状、大小和布置方式、流速等。当知道了对流换热系数 h 以后,就可以由式(1-4)或式(1-5)很容易计算出对流换热量了。对流换热系数的求解包括理论解、数值解,以及便于工程应用计算的大量经验公式等,这些将在后面几章做相应介绍。式(1-4)可以改写为以下形式

$$q = \frac{t_w - t_f}{\dfrac{1}{Ah}} = \frac{t_w - t_f}{R_h} \tag{1-6}$$

式中,$R_h = \dfrac{1}{Ah}$,称为对流换热热阻,单位为 K/W。

1.1.3　热辐射

热辐射是由于物体内部微观粒子的热运动(或者说由于物体自身的温

---

① 苏亚欣. 传热学[M]. 武汉:华中科技大学出版社,2009:6

度)而使物体向外发射辐射能的现象。可以由电磁理论和量子理论来对热辐射现象进行解释。电磁理论认为辐射能是由电磁波进行传输的能量,量子理论认为辐射能是由不连续的微观粒子(光子)所携带的能量,光子与电磁波都以光速进行传播。在日常生活和工业上常见的温度范围内,热辐射的波长主要在 $0.1\mu m$ 至 $100\mu m$ 之间,包括部分紫外线、可见光和部分红外线三个波段。与导热和热对流相比,以下三个特点是热辐射所具备的。

①热辐射总是伴随着物体的内热能与辐射能这两种能量形式之间的相互转化。当物体发射辐射能时,它的内能转化为辐射能,当物体吸收辐射能时,被吸收的辐射能又转化为物体的内能。即使当物体和周围的环境处于热平衡时,辐射和吸收的正常进行是不会受到任何影响的,只是达到了一个动态的平衡,辐射换热量为零。

②即使在真空中热辐射也可以正常传播。而导热必须依靠两个直接接触的物体或一个物体内部在温差的推动下进行传递,热对流必须依靠流体介质。

③物体间以热辐射的方式进行的热量传递是双向的。只要物体的绝对温度高于 0K,它对外发送热辐射都不会受到任何影响。温度高的物体对外发送的热辐射较温度低的物体发送的热辐射更多,同一温度下具有不同表面辐射特性(如表面吸收率和发射率)的物体发射的辐射能和吸收的辐射能差别非常明显,但它们相互之间均向对方发送辐射能和吸收来自对方的辐射能。

物体之间的表面特性、温度、相互位置(决定辐射换热的角系数)等因素决定了其辐射换热量。

可以借助于斯忒藩—玻耳兹曼定律来实现热辐射的基本计算,它给出了黑体在单位时间单位面积对外发射的辐射热量的计算公式

$$E_b = \sigma_b T^4 \tag{1-7}$$

式中,E_b 为黑体表面单位时间、单位面积对外发射的辐射热量,又称为黑体的辐射力,W/m^2;σ_b 为黑体的辐射常数,也称为斯忒藩—玻耳兹曼常量,它等于 5.67×10^{-8} $W/(m^2 \cdot K^4)$;T 为黑体的绝对温度,K。

式(1-7)形式简单,很好地体现了物体的辐射力与物体温度的 4 次方的关系,因此又称为四次方定律。所谓黑体是指吸收率为 1 的物体,也就是能够百分之百地吸收投入到其上的热辐射的物体。黑体是一种理想的物体,它的吸收和发射辐射的能力都最大。实际物体的吸收和辐射能力都比黑体小,为了对式(1-7)进行修正,特引入了一个反映实际物体发射特性的参数

$$E = \varepsilon \sigma_b T^4 \tag{1-8}$$

式中,ε为实际物体的发射率,是个小于 1 的数,习惯上又称之为黑度,反映实际物体的辐射能力接近黑体的程度,它与多种因素有关。

由于辐射换热是相互的,在计算物体表面的辐射换热时,其自身对外发射辐射和吸收外来的投入辐射的总和也是需要考虑在内的。在有空调的房间内,夏天和冬天的室温均控制在 20℃,夏天只需穿衬衫,但冬天穿衬衫会感到冷,这是由于人体和周围的墙体之间进行辐射换热的换热量不同造成的。

1.2 传热学的研究内容、方法、进展与展望

1.2.1 传热学的研究内容

热能是自然界最普遍的一种能量存在形式。宇宙中一切物质,无论是像人、树木一样的生物体,还是像尘土、冰川一样的非生物体,都具有一定的热能。物质温度的高低可以说是其具有热能多少的宏观表现。根据热力学第二定律,凡是有温差的地方,就有热能自发地从高温物体传向低温物体,或从物体的高温部分传向低温部分。在不会引起歧义的情况下,通常也将热能传递称为热量传递。

传热学就是研究在温差作用下热量传递规律及其应用的一门科学。传热学和热力学都属于物理学中热学的分支。传热学的研究历史最早可追溯到 1701 年,英国科学家牛顿(I. Newton)在估算烧红铁棒的温度时,被后人称为牛顿冷却定律的数学表达式即在此时得以提出。1804~1822 年,法国物理学家毕渥(J. B. Biot)、傅里叶(J. B. J. Fourier)等开始了导热问题的系统研究。1800 年,英国天文学家赫歇尔(F. W. Herschel)在观察太阳光谱的热效应时发现了红外线,随后众多的物理学家对热辐射进行了理论和实验研究。到 20 世纪 30 年代,传热学逐渐成为一门独立的学科。

虽然热量传递的三种基本机理(热传导、热对流和热辐射)是大家所熟知的,但是一个具体问题究竟包含哪一种或哪几种热量传递方式,这些热量传递方式之间是怎样的关系,想要对其进行判断的话就需要利用传热学知识了,这也是研究传热问题的基础。温差是传热的条件,确定物体内部的温度分布就成为传热问题研究的核心。在很多的工程问题中,我们还必须定量计算热量传递的速率,以便对换热设备进行设计或者优化。以上这些内容就构成了传热学的主要研究内容。

传热学中,热量传递速率大小可借助于热流量和热流密度表示出来。热流量表示单位时间内通过某一给定面积的热量,用符号 Φ 表示,其国际

单位是 W;热流密度则是单位时间内通过单位面积的热量,用 q 表示,国际单位为 W/m^2。

1.2.2 传热学的研究方法

热力学第一定律和第二定律为传热学和工程热力学的基础,但两者的研究内容有所不同。工程热力学着重研究平衡状态下机械能和热能之间相互转换的规律,而传热学则研究由于存在温差而引起的不可逆的热量传递的规律。以将一个钢锭从 1000℃ 在油槽中冷却到 100℃ 为例,从热力学可以了解每千克钢锭在这一冷却过程中散失的热量。假定钢锭的比热容为 450J/(kg·K),则每千克钢锭损失的热力学能为 405kJ。但是,从热力学不能确定达到这一温度需要的时间。这一时间取决于油槽的温度、油的运动情况、油的物理性质等,这正是传热学的研究内容。

立足于物体温度与时间的依变关系的角度来看,热量传递过程可区分为稳态过程(又称定常过程)与非稳态过程(又称非定常过程)两大类。凡是物体中各点温度不随时间而改变的热传递过程均称为稳态热传递过程,反之则称为非稳态热传递过程。

工程中的传热问题可分为两种类型:一类是计算传递的热流量,并且有时要力求增强传热,有时则力求削弱传热。例如,汽车发动机中循环使用的冷却水在散热器中放出热量,为了使散热器紧凑、效率高,必须增强传热;又如为了使热力设备减少散热损失,必须外加保温层以削弱传热。另一类是确定物体内各点的温度,以便进行温度控制和其他计算(如热应力计算),例如确定燃气轮机叶片和锅炉汽包壁内的温度分布即属于这一类。这些传热问题得到很好解决的前提条件为,必须具备热量传递规律的基础知识和分析工程传热问题的基本能力,掌握计算工程传热问题的基本方法,并具有相应的计算能力及一定的实验技能。

与其他学科一样,在传热学的研究中,一些对现象进行科学简化的假设也得以引入进来。这些假设一般分为两类。一类属于普遍性的假设,例如在本书所讨论的范围内均假设所研究的物体为连续体,即物体内各点的温度等参数为时间和空间坐标的连续函数。若不考虑物质的微观结构,只要所研究的物体尺寸与分子间相互作用的有效距离相比足够大,这一假设总是成立的。又如,假定所研究的物体是各向同性的,也即在同样的温度、压力下,物体内各点的物性与方向无关。另一类假设是针对某一类特定问题引入的,例如反映物体导热能力的导热系数总是随温度而变的,但为了简化计算而又不致出现明显的误差,而取为定值或适当的平均值。为了能在实际计算中做出恰当的简化和假设,必须对各种物理现象做详细的观察和分析,这就要求我们应具有丰富的理论知识和实践经验。在处理工程传热问题时,还必须熟悉和掌握传热机理、有关定律、测试技能和分析计算方法。

无论是理论分析还是实验研究均可使用热传递的研究方法,两者是相辅相成的。理论的基础是实践,并在不断实践中发展。所以,科学技术的进步和生产实践经验对于加强理论分析,进而更好地解决生产中有关热传递的问题,具有十分重要的意义。

1. 传热问题的数学分析方法

在对传热现象充分认识的基础上,通过合理的简化和假设,建立简化的物理模型,再根据其物理模型建立描述该传热现象的数学模型,即微分方程及定解条件,其求解可以借助于解析的方法来实现。但是,由于实际问题的复杂性,获得分析解的仅有少数传热问题,而大多数问题由于数学上的困难尚不能获得分析解。虽然如此,数学分析方法在传热学研究中的地位仍然是不容忽视的。

2. 传热问题的数值计算方法

采用数值计算方法时,把描述传热现象的微分方程组通过离散化改写成一组代数方程,通过迭代法、消元法等数值计算方法用计算机求解该代数方程组,就可以求得所研究区域中一些代表性地点上的温度及其他所需的物理量。它在能够求出导热问题的同时,还可以求解对流传热、辐射传热和整个传热过程的问题,已形成传热学的新分支——数值传热学。

3. 传热问题的实验研究方法

由于工程实际问题的复杂性,实验研究方法仍是目前传热学的基本研究方法。由于实际传热设备往往比较庞大,要在这种设备上直接进行试验需花费较多的人力、物力,故实现起来难度比较大有时可以说是无法实现的。为了能有效地进行实验研究,常常采用缩小的模型进行实验。要使模型中的试验结果能应用到实际设备中,需按照相似理论的原则来组织试验、整理数据。

1.2.3　传热学研究的进展与展望

1. 传热学的开拓是经济和社会发展的需要

温度差异和物质多样性与不均匀分布在自然界中随处可见,这是地球生物圈内大气环流和能量自发传递的根本动力。传热学所研究的是由温度差异引起的能量传递过程,包括有相变、物理或化学反应以及因组分浓度差异伴随发生物质迁移时的传热过程。随着生产的发展,现代工程设计和工艺过程中,有关加热、冷却、蒸发、凝结、熔化、凝固、隔热保温等各种各样的实际问题时有发生,使传热学迅速发展为当今技术科学中了解各种热物理现象和创新技术的主要基础学科,高温部件保护性冷却和干燥的技术进展充实了有传质耦合的传热学内涵。物质存在是千姿百态的,物质世界是多样的,而热只是物质运动形态之一,归属于物质分子无序运动的低位能量,其特征量为宏观统计性的"温度"高低。在改造客观世界的生产斗争中,势必会遇到热量传递的同时出现能的形式之间转化的复杂过程。于是,广义的传热学科被看作"能量传递学"。这与能源、动力开发和节约利用有很大关系。传热学还和材料的冶炼、熔铸与加工,核能利用与航天动力及热控制,信息器件的温控,生物技术与生物医学工程,环境净化与生态维护、农业工程化以及军事现代化等不同领域都有所关联。特别是当今高科技的迅猛发展,面临着温度场、速度场、浓度场、电磁场、光场、声场、化学势场等各种场相互耦合下的传热过程和温度控制问题。而计算机的逐渐普及,计算方法和激光、红外等测试技术的持续改进,丰富了传热传质的研究手段,使研究进程相比之前有了很大的飞跃。

研究传热传质的基本规律及其具体应用,计算给定条件下的传热传质的速率及其控制,寻求传热强化和削弱的技术途径,是传热学研究的主要任务。要求传热分析细微化和传热计算精确化,包括发现新的影响因素及其作用机理,使学科体系得到不断完善,则是发展方向。日新月异的高科技开拓,使科学与技术的传统界线逐渐模糊,学科的人为分割和分化局面受到挑战,不同学科之间的交叉和趋于新的组合与重整也因此得以有效促进,进而形成了新的学科前沿。传热学必须迎接挑战,抓住机遇,为改造自然环境、造福人类社会和促进我国经济发展与建设做出应有的贡献。

2. 能源动力是推动传热学进取的传统领域

现代文明的三大支柱为能源、材料和信息。材料包括信息材料的制备与加工,需要能源供应的支撑,而材料与信息技术的发展又在改变着资源开发与利用的面貌。能源为现代生产活动提供"粮食"。随着工农业规模的发展,传热学只是在 20 世纪初才从物理学的热学部分独立出来而形成专门的学科,开始自成体系地开拓与发展,以适应扩大能源供应量、提高能源利用效率和节约能源消耗的需要。

能源是我国经济和社会发展的战略重点。20 世纪 50 年代初我国就把电力和交通列为两大先行官。20 世纪 80 年代以来的 20 多年间,在动力设备的大型化、核动力开发与安全性研究、飞行器的发射与回收以及热设备的节能等多方面积极开展了导热、对流、辐射和复杂几何形状及复杂边界条件耦合的传热过程的基础和应用研究,开拓了诸如流动沸腾、热流体学、强化传热、热管、气膜冷却等的研究。但在粗放型经济增长方式下我国能源利用效率只是从 1980 年的 28％提高到 1995 年的 32％,仍然低于发达国家。强化传热传质和降低散热损失,可望在更高起点上考虑新材料、新工艺等高科技的已有进展,开发出高超紧凑式的多流体换热器,为中、低位工业余热利用、实施能源综合利用的"总能"系统以及多能互补的"泛能"系统开创新局面。

高温电离气体传热与流动特性的研究,对热等离子体的诊断、磁流体发电、电弧技术以及超细粉材料等离子体加工过程等的当今和未来发展意义重大。核聚变在工业上的实现,有待于解决超高温等离子体在磁场或其他有效约束下脱离与壁面直接接触的特殊防护及其定量的控制。能源利用方式的任何更新,都会对传热分析带来新的具体问题。

3. 环境和生态领域呼唤传热传质研究的渗透

资源、人口与环境是当前国际社会的三大问题。近年来,环境污染、生态平衡由于工业的兴起、城市的扩大、人口的增长而变得更加糟糕。我国正在执行社会可持续发展的战略,环境和生态领域已经为传热传质研究的应用渗透提供了广阔的新天地。

多孔介质中物质和能量输运是地球生物圈普遍存在的现象。除了致密的金属、岩石和一些塑料之外,几乎孔隙性会存在于所有的固体和类固体材料中。地下表层中的石油、天然气和水构成复杂的多元体系,是能源资源勘测和开发的"地热储工程"对象。土壤表层季节性的冻融过程将直接制约着土壤中的水、热迁移的规律,不仅给农业生产,而且给工程建设造成影响。多孔介质传热传质的基础研究是形成交叉和边缘学科的一个潜在出发点。

4. 生命系统中的能量与物质传输的研究亟待开拓

生命系统是典型的开放系统,跟赖以生存的环境进行物质和能量的交换有很大关系。生命活动实际反映出生物体,特别是人体的温度,在中枢神经控制下通过增减组织间血液流量以及汗腺的发汗、寒颤等生理反应而具有自适应的调控本能。和无生命"活力"相比,生命体的热现象复杂度更高。对外界的感受和刺激还会造成心理因素的随机多样性,决定了活体输运过程本质的不确定性,使生化反应和迁移热物性数据测定的不确定性增大,只能具有概率统计性的意义。生物传热的基本方程所描述的是在体组织内的热传播,跟相变问题没有任何关系。生物传热的分析必须面对的难题将是合理估计血流影响的物理数学模型问题。

进展中的低温生物医学技术正在实现生物,包括人体器官和活体细胞与胚胎的长期存活。无论降温还是复温,耐变的适应问题都是这些组织无法逃脱的。近年来,国际上也掀起了对食品原料的冷藏保鲜和生物制品的储备与储存问题的深化研究。

5. 微尺度传热的研究是高技术发展中又一个新兴前沿热点

微米、纳米技术的研究因计算机的小型化和微型化得以兴起。由于半导体材料以及未来的光、声计算机和生物智能型计算机等所使用的材料对温度的高度敏感性,芯片层叠技术发展又加剧了散热的“热障”问题,促使高兆位计算机、超高集成电路和微电子与光电子器件、微机械系统和微电子机械系统的开发亟需空间微尺度管槽中的流动与传热特性的研究,以提供技术储备的可靠数据。计算机的高速化还使芯片受超高频率的冲击,大功率短脉冲激光加工技术同样遇到了时间尺度以纳秒、皮秒,甚至飞秒的超快速过程,并引起所传输光子流能束与物质之间的相互作用问题。在这超短促的高频下,芯片、薄膜材料中会出现波动导热,强化传播中的热量在固体内部的穿透深度。除了空间和时间的微尺度外,在航天技术中将遇到重力微尺度化而使自然对流严重削弱,以至消失的影响。

微尺度下的流动与传热现象与常规的现象存在本质的区别。譬如黏性的影响在空间微尺度下将发生显著的改变。关于这方面的研究工作需要更多的实验和理论做支撑。

1.3　传热研究在工程中的应用

传热不仅是常见的自然现象,而且广泛存在于工程技术的各个领域。在能源动力、建筑环境、材料冶金、石油化工、机械制造、航空航天等工业中,传热学发挥着极其重要的作用;生物医学、电气电子、食品加工、轻工纺织、农业生产等领域也都在不同程度上依赖传热研究的最新成果。虽然在各行业中遇到的传热问题千差万别,但从传热研究的角度这些问题大致可分为两种:一种主要是为了确定物体内部或空间区域中的温度分布,以便对其温度进行控制,使设备能安全地运行;另一种则主要是为了计算传热过程中热量传递的速率,以及确定在一定条件下强化传热或削弱传热的技术途径。

下面对一些技术领域或工程中的传热现象及其应用情况进行简单介绍。

1. 火力发电厂

火力发电厂是利用煤、石油、天然气等燃料生产电能的工厂。在火力发电厂生产过程中,燃料在锅炉中燃烧加热水使之成为蒸汽,将燃料的化学能转变成热能;蒸汽推动汽轮机旋转,热能转换成机械能;然后汽轮机带动发电机旋转,将机械能转变成电能。在整个过程中,在实现能量转换的同时也存在着大量的热量传递过程。

锅炉的水冷壁、过热器、再热器、省煤器、空气预热器及凝汽器等都是两种流体进行热交换的设备,这些设备的热力性能设计及其运行都直接影响机组的技术经济指标。机组中存在着如汽包、汽轮机的汽缸壁等一些厚壁设备,在启动、停机或变工况运行中其内部的温度控制对机组的安全性有重要的影响。发电机转子、定子及铁芯冷却技术的提高也是大机组发展中的一项关键技术。

2. 建筑环境工程

为人们提供舒适的居住场所,同时最大化地节约能源消耗,是现代建筑设计的重要指标之一。在我国,目前建筑能耗约占全社会总能耗的 1/3,其中,采暖和制冷消耗的最多,与气候条件相近的发达国家相比,我国建筑采暖能耗要高很多。因此,建筑物围护结构(墙体、门窗、屋顶等)的保温、隔热性能设计,将太阳能利用与建筑设计相结合,提高建筑物内暖通空调设备的能源利用效率都极为重要。

平板式太阳能集热器是收集太阳辐射能量进行热利用的一种装置,其中多种形式的传热问题都有所涉及。近年来,随着技术的不断成熟,该装置也越来越多地在节能建筑上得到应用。

随着人们生活水平的提高,空调可以说是早已走进了千家万户。在蒸汽压缩式空调制冷系统原理及蒸发器中冷凝器和蒸发器传热性能的改进,对缩小空调体积、提高能效起着关键作用。目前高效空调的制冷能效比(额定制冷量与额定功耗的比值)已达到 6.0。

3. 航空航天

太空中飞行的航天器,有很大的温差存在于向阳面和背阴面之间,如何阻挡太阳的高温热辐射和本身向低温(3K)太空的热辐射,确保座舱内宇航员的正常生活、工作,以及仪器设备的安全运行,在重返大气层时如何抵挡与大气摩擦产生的上千摄氏度高温,都是重要的工程传热问题。

4. 金属热处理

在机械制造行业中，也存在着大量的传热问题，最为典型的就是金属热处理。金属热处理是将金属工件放在一定的介质中加热到适宜的温度，并在该温度下保持一定时间后，在不同的介质（空气、水、油）中冷却，通过改变金属材料表面或内部的显微组织结构来控制其性能的一种工艺。对热处理过程中不同工作条件、不同材质及几何形状下工件的温度场进行预测和控制，均需用到传热学的知识。

5. 电子芯片的冷却

随着微电子制造技术的不断进步，蚀刻尺寸（在一个硅晶圆上所能蚀刻的一个最小尺寸）已从早期的 $3\mu m$ 发展到现在的 $20\sim60nm$。虽然器件尺寸的缩小使得芯片上每个器件的功耗有所降低，但是电路的集成度增加了几个数量级，整个电子芯片单位面积上产生的热量急剧上升。如果该热量无法及时散出的话，电子芯片温度就会上升，当温度超过一定极限就会发生故障或失效。一方面传热技术的有效利用为芯片的冷却提供了保障，图 1-4 所示为一款台式计算机 CPU 的散热器；另一方面为了应对更高密度电子芯片（或设备）的散热问题，发展了微尺度换热器、微型热管、微型记忆合金百叶窗、纳米流体等微细尺度的热控技术，传统的传热理论也因此得以有效拓展。

图 1-4　台式计算机 CPU 的散热器

1.4　太阳能的热利用

太阳是一个巨大的热辐射体，虽然太阳发出的能量大约只有二十二亿分之一到达地球，但平均每秒钟照射到地球上的能量远远高于全球能源的总消耗量。在我国广阔的土地上，有着丰富的太阳能资源，大多数地区年平均日辐射量在 4kW·h/m² 以上,西藏日辐射量最高达 7kW·h/m²;年日照时数大于 2000h,理论储量达每年 17000 亿 t 标准煤。太阳能是一种无污染的清洁能源,世界能源问题可借助于太阳能的合理利用而得到一定的解决。

1.4.1 太阳常数

太阳是个炽热的气团,核聚变反应存在于其内部,由此产生的巨大能量以辐射方式向宇宙空间发射出去。到达地球大气层外缘的能量具有如图 1-5 所示中位置较高的实线所示的光谱特性,它近似于温度为 5762K 的黑体辐射。其 99% 的能量集中在 $\lambda = 0.2 \sim 3\mu m$ 的短波区域,最大能量位于 $0.48\mu m$ 的波长处。不难看出,在能量的光谱分布上它与工业炉窑的 2000K 左右的能量光谱分布差别非常明显。日地间的距离在一年中是有变化的。在日地平均距离处,据测定,大气层外缘与太阳射线相垂直的单位表面积所接受到的太阳辐射能为 (1370 ± 6) W/m²,此值称为太阳常数,记为 S_c,它与地理位置或一天中的时间无关。实际上,大气层外缘水平面上每单位面积接收到的太阳投入辐射(solar irradiation)为

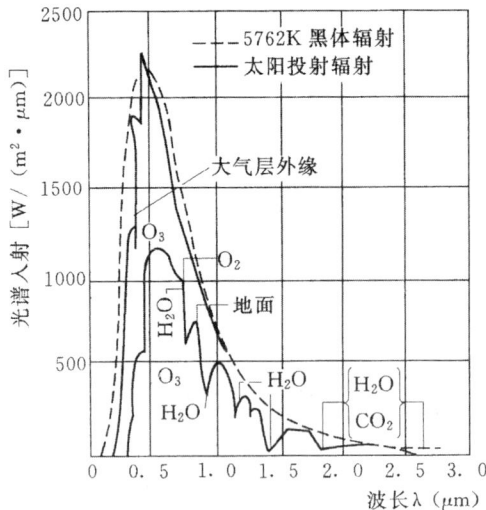

图 1-5 大气层外缘的太阳辐射光谱分布

$$G_{s,o} = S_c f \cos\theta$$

式中,f 为日地距离的修正系数。由于地球绕太阳运行的轨道是椭圆的,计算结果表明,在夏至日(远日点)到达大气层外缘的太阳辐射要比平均值小 3.27%,而冬至日(近日点)要大 3.42%,所以一般取 f 值为 0.97~1.03;θ 为由于太阳和地球的距离遥远,所以对地球大气层外缘任一表面得到的太

阳辐射可以看成是从与该表面法线成 θ 角的一般平行辐射线,如图 1-6 所示。

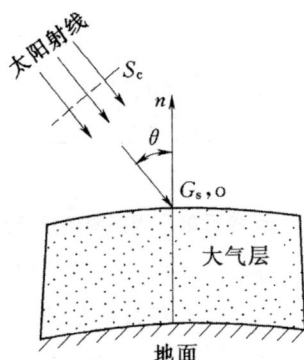

图 1-6 大气层外缘太阳辐射的方向特性

地球的直径为 $1.28 \times 10^7 \text{m}$,通过使用上述太阳常数来进行近似估算,照射到地球上的太阳辐射能约为

$$\frac{\pi}{4} d^2 S_c = \frac{3.14}{4} (1.28 \times 10^7)^2 \times 1367 = 1.76 \times 10^{17} \text{W}$$

1kg 标准煤的发热值是 $29.3 \times 10^6 \text{J}$,因此照射到地球的太阳能跟每秒钟燃烧 600 万 t 标准煤所发出的热量是保持一致的,这是地球上多种能量的来源,充分有效地利用太阳能对于实施能源的可持续发展方针,保持地球的良好生态环境具有重要意义。

1.4.2 太阳能集热器

太阳能的利用非常广泛,不仅可以制造太阳能光电池以及作为低沸点工质蒸气发电系统的热源,还可以加热热水、干燥物料以及作为采暖空调和海水淡化等热驱动源。除光电池以外,太阳能都是通过热能形式加以利用的。将太阳能收集并转化为热能的装置,称为太阳能集热器。它属于特殊形式的换热器:热源以辐射能的形式来自太阳,单位面积上的能流较低,以辐射传热为主。

平板集热器和聚焦集热器两类为常用的太阳能集热器。典型的平板集热器如图 1-7 所示,由四部分组成:

①吸热板。其作用是将太阳能吸收转换为热能。由于太阳辐射近 1/2 为可见光,通常情况,为加强吸收,其表面呈黑色。为有利于太阳能吸收的同时减少吸热板的对外辐射散热,一般会有选择性涂层涂在吸热板表面。

②集热管。管内通过冷却工质,吸收热量,将热能携带走。

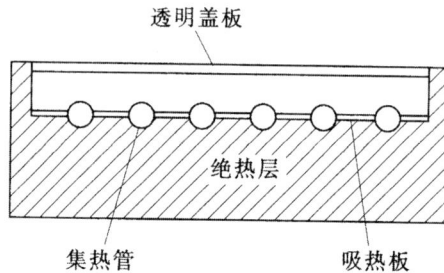

图 1-7　聚焦反射太阳能集热器示意图

③透明盖板。允许太阳辐射射线穿透,到达吸热板和集热管,同时与吸热板和集热管形成率气夹层,减少吸热板和集热管的对流热损失。此外,透明盖板还可以保护吸热板和集热管,其直接与外界介质的接触也会因此得以避免。透明盖板一般由玻璃或塑料制成,属于选择性透明体。对于可见光,其穿透比很高,而对于远红外线其穿透比很低。因而透明盖板可以让大多数太阳辐射穿透到达吸热表面,而阻止吸热表面的远红外线辐射穿透,从而减少太阳能集热器的热损失。

④绝热层。太阳能集热器的散热损失借助于此得以减少。

平板太阳能集热器收集太阳能的面积与吸收太阳辐射的面积基本相等,因而表面的热流强度很低,被加热的工质温度也不会很高。一般平板太阳能集热器是固定的,结构较简单,维护起来也比较方便。

聚焦集热器的主要特点是利用光学反射或折射系统;将大面积的太阳辐射聚焦到小面积的吸热器上,因而收集太阳能的面积远大于吸收面积,使得吸热表面的热流强度比平板集热器大许多倍,甚至上万倍,即使是很高的温度也能够达到。图 1-8 是聚焦太阳能集热器的示意图。为有效反射太阳射线,聚焦太阳能集热器一般都要求跟踪太阳,设备比较复杂。

近些年来,真空管集热器是一种应用较广的新型集热器。图 1-9 是一种真空管太阳能集热器的原理图。真空玻璃管集热器的基本元件——集热管是由两根直径不同的高强度硼硅硬玻璃罩管 2 和吸热管 1 组成。两管的一端熔焊在一起;另一端则分别密闭。两管之间的环形空间抽成真空,其内部压力 $p \leqslant 0.0133 \text{Pa}$。太阳辐射透过玻璃管罩,投射到吸热管表面。吸热管外表面镀有选择性吸收涂层,可有效地吸收太阳辐射。涂层的吸收比高而发射率小,因而,投射到吸热管表面的太阳辐射大部分被吸收后传递给吸热管 1 内的工作流体,其结构如图 1-9 所示。由于吸热管采用真空绝热,可防止对流散热,降低导热损失。使工作流体达到较高温度。

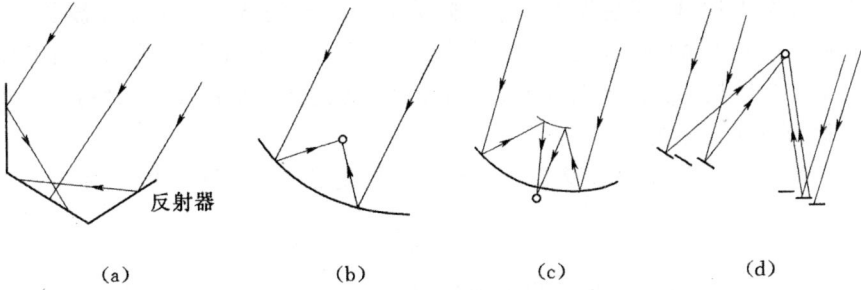

（a） （b） （c） （d）

图 1-8 聚焦太阳能集热器的示意图

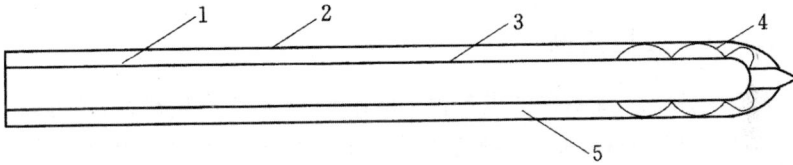

图 1-9 真空太阳能集热管
1—吸热管；2—罩管；3—吸热涂层；4—支承弹簧；5—真空层

1.4.3 选择性涂层

短波区域是太阳的辐射光谱主要分布的区域，要有效吸收太阳能，应保证吸收表面的短波吸收比较高。而吸收面的温度一般较低，其辐射的能量主要分布在波长较长的区域，为减少辐射散热，吸收表面的长波发射率则应尽可能地小。为使表面具有以上特性，通常在吸收表面上涂有具有以上特性的选择性涂层。

对于理想的选择性涂层，在短波区域的吸收比应等于 1 而在长波区域的发射率应等于 0，如图 1-10 所示。

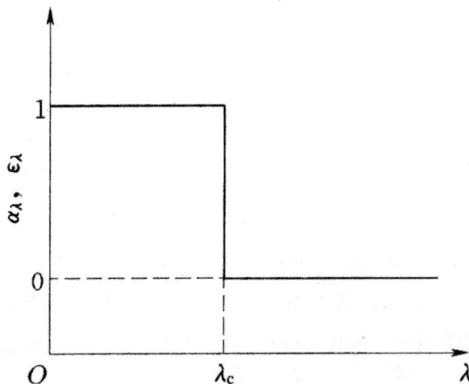

图 1-10 理想选择性涂层的单色吸收比（单色发射率）

在图 1-10 中,单色发射率由 1 降为 0 所对应的波长称为截止波长 λ_c。随截止波长 λ_c 的加大,吸收的太阳能增加,同时辐射散热也增加。当增加的部分与散热部分之差最大时,太阳能集热器的热效率最高,此时的截止波长称为最佳截止波长。

根据热效率的定义,太阳能集热器的热效率可以有效得出,具体为

$$\eta = \frac{q_n}{E_s}$$

式中,q_n 为太阳能集热器获得的净辐射能;E_s 为投射到太阳能集热器的总辐射能。

1.4.4 应用实例

太阳能热水系统不仅能供各种生活用水、工业生产用热水,还可以作为低温热动力装置的热源。一种普遍使用的太阳能热水系统具体如图 1-11 所示,它可以是自然循环式热水系统。集热器吸收太阳辐射能,使其中的水被加热,吸热后的水由于密度变小而上升进入上循环管,进入储水箱的上部。储水箱下部温度较低的水进入下循环管,补充到集热器中,并被加热,这样靠温差形成自然循环。储水箱中的水被加热到所需的温度后,可由供热水管提供热水。

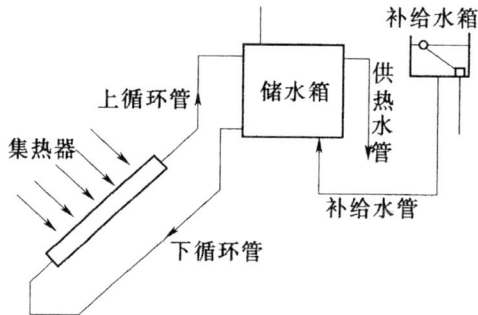

图 1-11 太阳能热水系统

如果将太阳能集热器所得到的热量作为太阳能热发电系统的热源,太阳能热力发电也因此得以有效构成,图 1-12[①] 为太阳能热力发电系统简图。与核能发电系统相比,太阳能发电系统中的集热器、蓄热—热交换器及载热工质泵相当于核能发电系统中的回路系统。太阳能集热器中载热流体吸收太阳能后,在蓄热—热交换器中放给工质和蓄热物质,吸热后的工质按朗肯循环工作。蓄热装置利用物质熔解—凝固的物性来达到蓄热、放热的目的,

---

① 邓元望等. 传热学[M]. 北京:中国水利水电出版社,2010:204

是为在阴天雨天或黑夜时使工质仍能正常工作而设置的。低熔点的盐类混合物被用作蓄热物质。此外,太阳能发电站要求有极庞大的太阳能集热器面积,因而没有火力发电站紧凑。在太阳能热力发电系统中,由于发电的工质温度较低,应采用低沸点的工质,如氟利昂等。

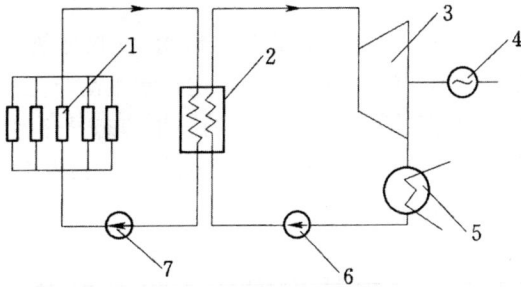

图 1-12　太阳能热力发电系统

1—集热器;2—蓄热-热交换器;3—汽轮机;4—发电机;

5—冷凝器;6—水泵;7—载热工质泵

第2章 导热基础理论及稳态导热过程分析

本章首先介绍与导热问题相关的基本概念、反映导热规律的基本定律和导热问题的数学描述方法。然后重点阐述日常生活与工程实践中常见的典型几何形状物体(平壁、圆筒壁及球壁)的一维稳态导热问题的分析解法,以获得其温度场和热流量的计算表达式。最后简单介绍多维稳态导热问题的有限差分法和形状因子法。

2.1 导热基本定律与导热特性

2.1.1 温度场

(1)温度场的概念

温度场是指在某一时刻 τ,物体中各点温度的集合,如图 2-1 所示。温度场是标量场,是坐标与时间的函数,即

$$t = f(x, y, z, \tau) \tag{2-1}$$

式中,t 为温度;x、y、z 为空间直角坐标;τ 为时间。

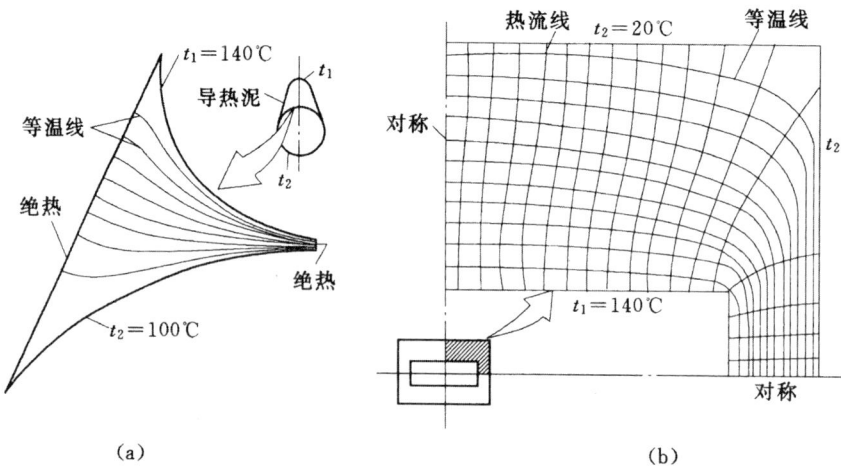

图 2-1 温度场图示

物体中各点的温度 t 分布不随时间 τ 而变化的温度场 $\left(\dfrac{\partial t}{\partial \tau} = 0\right)$ 称为稳

态温度场,如设备在正常工况下稳定运行时的温度场。物体中各点的温度分布随时间而变化的温度场$\left(\dfrac{\partial t}{\partial \tau}\neq 0\right)$称为非稳态温度场,如设备启动、停机或变工况时的温度场。

　　根据温度随空间坐标的分布规律的不同,温度场又可分为一维温度场如 $t=f(x,\tau)$、$t=f(y,\tau)$、$t=f(z,\tau)$,二维温度场如 $t=f(x,y,\tau)$、$t=f(y,z,\tau)$、$t=f(x,z,\tau)$ 和三维温度场 $t=f(x,y,z,\tau)$。图 2-2 是 t 只沿着 x 方向变化的一维温度场。

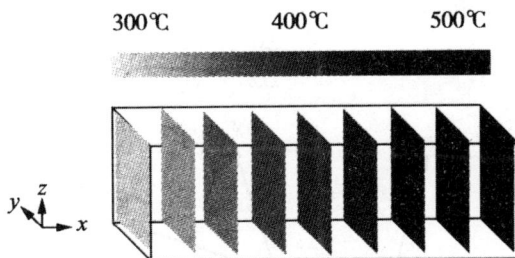

图 2-2　一维温度场示意图

　　(2)等温面及等温线

　　在一个非等温的物体内部,把同一瞬间物体内温度相同的各点连接起来构成的面称为等温面,它可能是平面,也可能是曲面。在任何一个二维的截面上,等温面表现为等温线。在对导热问题的研究中,常采用等温线的形式定性描述物体内的温度场情况。图 2-3 所示为等温线表示的一个物体内的温度场示例。

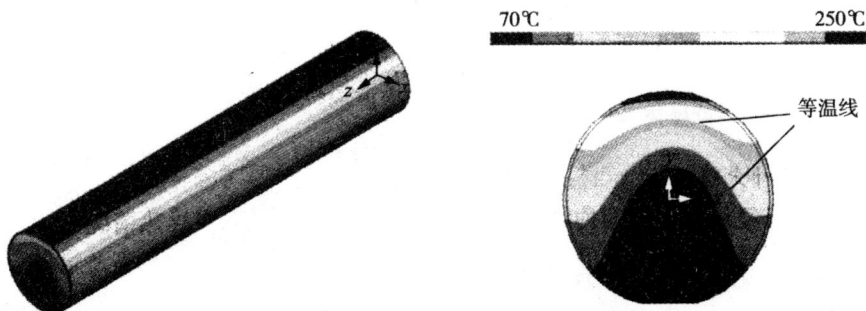

图 2-3　钢棒及其横截面的温度场分布示意图

　　等温面(线)的特点可以概括为以下几点。

　　①温度不同的等温面(线)彼此不能相交。

　　②在连续的温度场中,等温面(线)不会中断,它们或者是物体中完全封闭的曲面(曲线),或者就终止于物体的边界上,如图 2-3 所示。

③等温面(线)上无温差,因此等温面(线)上无热量的传递,热量的传递只能在不同的等温面(线)之间进行。

(3)温度梯度

如图 2-4 所示,热流只能在两个等温线(面)之间进行传递,在具有连续温度场的物体内,过任意一点 P 温度变化率最大的方向位于等温线的法线方向上 $\vec{n}$,称过点 P 的最大温度变化率为温度梯度,常用 grad t 表示

$$\text{grad } t = \frac{\partial t}{\partial n}\vec{n} \tag{2-2}$$

对于直角坐标系,则有

$$\text{grad } t = \triangledown t = \frac{\partial t}{\partial x}\vec{i} + \frac{\partial t}{\partial y}\vec{j} + \frac{\partial t}{\partial z}\vec{k} \tag{2-3}$$

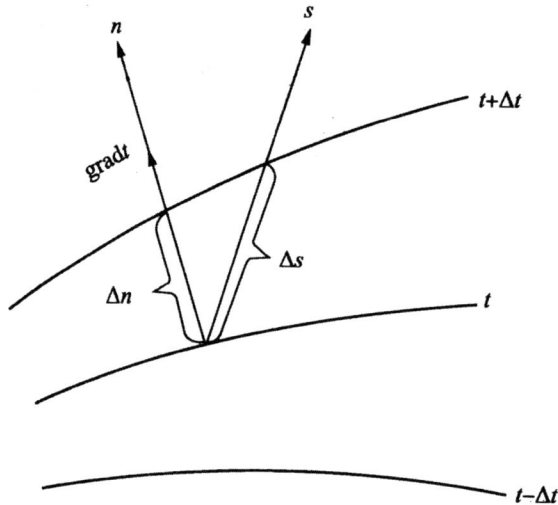

图 2-4　温度梯度

(4)热流密度矢量

单位时间内通过单位面积所传递的热量称为热流密度,而不同方向上的热流密度的大小不同,因此热流密度是矢量。温度场上任意一点的热流密度矢量是指以通过该点处最大热流密度的方向为方向、数值上等于沿该方向的热流密度。对于直角坐标系,有

$$\vec{q} = q_x\vec{i} + q_y\vec{j} + q_z\vec{k} \tag{2-4}$$

式中,q_x、q_y、q_z 分别为 $\vec{q}$ 在 x、y、z 坐标轴上的分量。

对于任意方向,如图 2-5 所示,有

$$q_\theta = |\vec{q}|\cos\theta \tag{2-5}$$

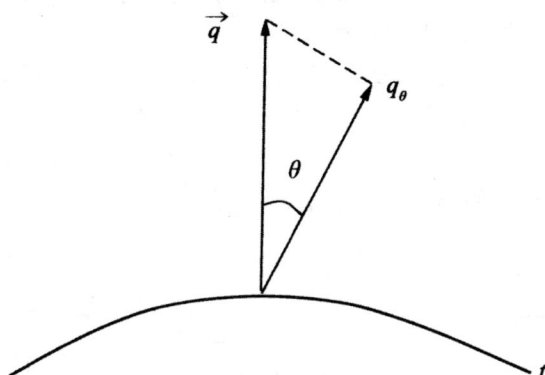

图 2-5　热流密度矢量

2.1.2　傅里叶定律

在导热过程中,通过任意点的导热热流密度正比于该点处的温度梯度,而热量传递的方向则与温度梯度的方向相反,傅里叶定律的数学表达式为

$$\vec{q} = -\lambda \operatorname{grad} t = -\lambda \frac{\partial t}{\partial n} \vec{n} \tag{2-6}$$

式中,$\vec{q}$ 为某点的热流密度矢量,W/m^2;λ 为导热系数,$W/(m \cdot K)$;

grad t 为空间某点的温度梯度;$\vec{n}$ 为通过该点的等温线上的法向单位矢量,并指向温度升高的方向。

对于空间直角坐标系,由式(2-4)和式(2-6)可知 $\vec{q}$ 在 x、y、z 三个坐标轴上的分量分别为

$$q_x = -\lambda \frac{\partial t}{\partial x}, q_y = -\lambda \frac{\partial t}{\partial y}, q_z = -\lambda \frac{\partial t}{\partial z} \tag{2-7}$$

由式(2-7)可知,单位时间内通过单位截面积所传导的热量(热流密度在截面法线方向上的分量),正比于当地垂直于截面(不一定是等温面)方向上的温度变化率。因此对于截面积为 $A(m^2)$ 的导热,垂直于面积 A 的坐标轴为 x,则导热热流量有

$$\Phi = qA = -A\lambda \frac{\partial t}{\partial x} \tag{2-8}$$

傅里叶定律适用于稳态导热,在非稳态导热条件下,可以认为该定律描述的是某一瞬间的导热热流密度与温度梯度的关系,加以利用。

傅里叶定律揭示了导热热流与局部温度梯度间的内在联系,若已知导热体内部的温度分布,便可以利用导热基本定律确定导热的热流密度或热流量。图 2-6(a)表示了微元面积 dA 附近的温度分布及垂直于该微元面积

的热流密度矢量的关系。若每条等温线间的温度间隔相等,则等温线的疏密可反映出不同区域导热热流密度的大小。等温线越疏,温度梯度就越小,则该区域热流密度就越小;反之,则越大。热流线则是一组与等温线处处垂直的曲线,通过平面上任一点的热流线与该点的热流密度矢量相切,因此热流密度矢量的走向可由热流线表示,由图 2-6(b)中的虚线所示,相邻两个热流线之间所传递的热流量处处相等,构成一热流通道。

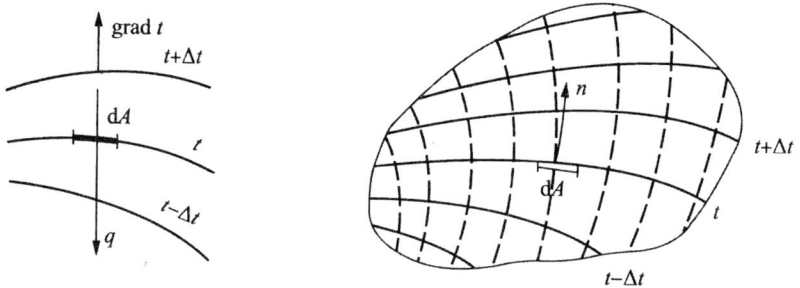

(a)温度梯度与热流密度矢量　　　(b)等温线(实线)与热流线(虚线)

图 2-6　等温线与热流线

2.1.3　导热机理

导热是由于微观粒子的扩散作用形成的,物质的导热机理与物质的形态有关。气体中,气体分子做无规则的热运动相互碰撞,温度越高,分子的动能越大,相互碰撞将动能相互传递,由此将热量从高温处传递给低温处,如图 2-7(a)所示。在非导电固体中,导热是通过晶格结构的振动,即原子、分子在其平衡位置附近的振动来实现的,如图 2-7(b)所示。而导电固体中由于有大量的自由电子,它们在晶格之间像气体分子那样运动,在运动过程中传递能量,因此自由电子的运动在导电固体的导热中起主要作用。对于液体的导热机理,学术界存在着不同观点,一种观点认为液体的导热机理类似于气体,只是情况更复杂,因为液体分子间的距离比较近,分子间的作用力对碰撞过程的影响远比气体大。另一种观点认为液体的导热机理类似于非导电固体,主要靠晶格振动的作用。

物体的导热能力不仅与相态有关,还与物质的种类、温度、湿度、压力和密度等相关,常用导热系数 λ(也称热导率)来衡量物体的导热能力。物质的导热系数数值通常是通过实验方法测定的,测定方法分为稳态法和非稳态法。稳态法测定导热系数的基础是傅里叶定律,由式(2-6)知

$$\lambda = \frac{|\vec{q}|}{\left|\frac{\partial t}{\partial n}\vec{n}\right|} \tag{2-9}$$

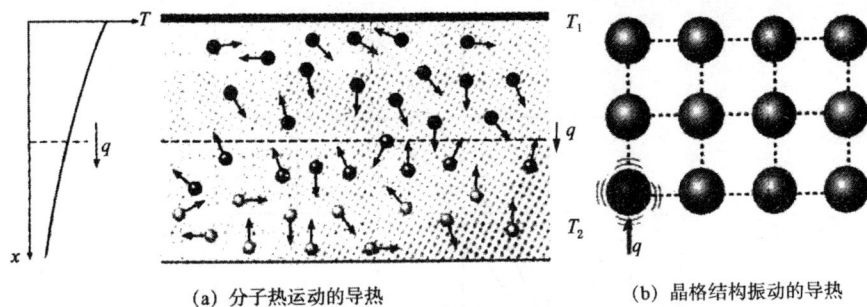

(a) 分子热运动的导热　　　　　(b) 晶格结构振动的导热

图 2-7　导热机理示意图

当物质的相态改变时,导热机理就发生改变,导热系数也将不同。一般情况下,同一种物质固态时导热系数最大,液态次之,气态最小。例如,标准大气压下 0℃ 时的冰、水和水蒸气的导热系数分别是 2.22W/(m·K)、0.55W/(m·K)和 0.0183W/(m·K)。

1. 气体的导热系数

气体的导热系数通常很小,一般在 $\lambda \approx 0.006 \sim 0.6$ W/(m·K)范围内,因此它们一般具有良好的绝热性。当物质相变到气态时,原先存在于液态或固态的分子键大大地松开,并使分子间的距离增大,分子可沿任何方向自由地运动,其运动范围只受容器边界壁面或其他分子碰撞的限制。气体的导热机理正是由于分子的热运动和分子间的相互碰撞所引起的热量传递

$$\lambda = \frac{1}{3}\bar{u}\rho l c_v \qquad\qquad (2\text{-}10)$$

式中,$\bar{u}$ 为气体分子的平均运动速度;ρ 为气体密度;l 为分子在两次碰撞间平均自由行程;c_v 气体定容比热容。

分子质量小的气体,由于其分子运动速度较高,所以导热系数较大。如图 2-8 所示,300K 时,氢气的导热系数 λ 约为同温度下空气的 7 倍。

在相当大的压力范围内,可以认为气体的导热系数不随压力变化,这是因为气体的密度随压力升高而增加,但分子的平均自由行程却减小,两者乘积保持不变,所以导热系数不变。除非压力很低($<2.67 \times 10^{-3}$ MPa)或很高时($>2.0 \times 10^3$ MPa),此时导热系数随压力升高而增加。

气体的温度升高时,气体的分子运动速度和定容比热容都将增大,因此导热系数随温度升高而增加,如图 2-8 所示。

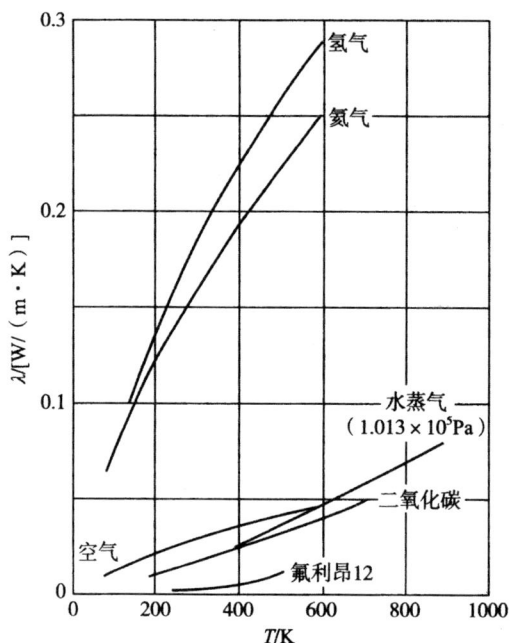

图 2-8　温度对气体导热系数的影响

2. 固体的导热系数

固体的导热系数变化范围很大,取决于晶格和电子的相互作用,一般为 $\lambda \approx 12 \sim 420 W/(m \cdot K)$。固体中热量的输运主要依靠两种机理:自由电子运动和晶格振动波迁移(即晶体晶格中原子、分子在其平衡位置附近的热振动形成的弹性波,从晶体内的热面传递到冷面,类似于电磁波经过空间传递能量)。所谓晶格,即理想的晶体中分子在无限大空间里排列成周期性点阵。

各种材料的导热系数随温度的变化规律不尽相同,纯金属的导热系数一般随温度的升高而降低,这是因为金属的导热主要依靠自由电子的运动。当温度升高时,由于晶格的振动加剧,阻碍了自由电子的运动,从而导致导热系数下降。金属的导电也是依靠自由电子的运动,因此,良导电体也同样是良导热体。若纯金属中掺有少许杂质,该杂质妨碍了自由电子的运动,从而使导热性能下降,所以合金的导热系数比纯金属的导热系数小,如图 2-9 所示。

3. 液体的导热系数

液体的导热系数介于金属和气体之间,一般在 $\lambda \approx 0.07 \sim 0.7 W/(m \cdot K)$

范围内,如图 2-10 所示。

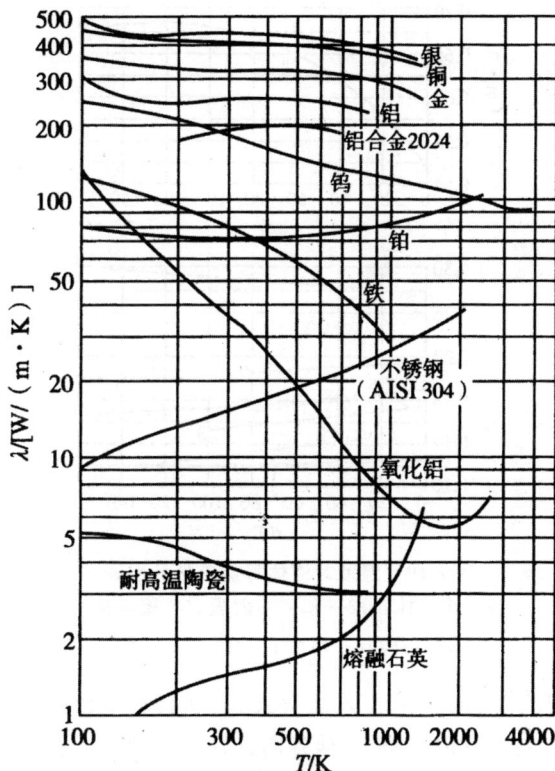

图 2-9　温度对固体导热系数的影响

　　在分子力和分子运动的竞争中,液态是两者势均力敌的状态:理想气体中分子运动占绝对优势(完全无序);理想晶体中分子力占主导地位(完全有序)。

　　对于液体的导热机理,至今还存在着两种不同的观点。一种观点认为液体的导热机理类似于气体,只是情况更为复杂,因为液体分子间的距离比较近,分子间的作用力对碰撞过程的影响远比气体大。另一种观点则认为液体的导热机理类似于非金属固体,主要靠弹性波的作用。在液体中,目前还无法从理论上圆满地解释导热系数随温度(或压力)的变化关系。现有的实验数据证明,大多数液体的导热系数随温度的升高而下降,但是也有少数液体(如水和汞)例外。

　　图 2-8、图 2-9、图 2-10 反映了典型材料的导热系数对温度的依变关系,由图可知,在一定的温度范围区间,大多数材料的 λ 可采用线性近似关系来计算,如式(2-11),这样就方便了允许一定误差的工程实用计算。

$$\lambda = \lambda_0(1 + bt) \tag{2-11}$$

式中,t 为温度;b 为常数;λ_0 为该直线段的延长线在纵坐标上的截距。

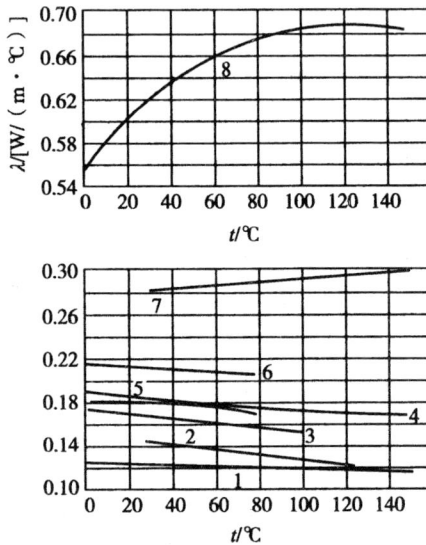

图 2-10　温度对液体导热系数的影响

1—凡士林油;2—苯;3—丙酮;4—蓖麻油;

5—乙醇;6—甲醇;7—甘油;8—水

式(2-11)中的导热系数与空间坐标无关,即材料是各向同性的。对于导热系数在不同方向上有很大差别,即各向异性的材料,如石英、石墨、木材、叠层塑料板和叠层金属板等,在计算中就必须考虑导热系数的方向性,即

$$\begin{cases} q_x = -\left(\lambda_{xx}\dfrac{\partial t}{\partial x} + \lambda_{xy}\dfrac{\partial t}{\partial y} + \lambda_{xz}\dfrac{\partial t}{\partial z}\right) \\[2mm] q_y = -\left(\lambda_{yx}\dfrac{\partial t}{\partial x} + \lambda_{yy}\dfrac{\partial t}{\partial y} + \lambda_{yz}\dfrac{\partial t}{\partial z}\right) \\[2mm] q_z = -\left(\lambda_{zx}\dfrac{\partial t}{\partial x} + \lambda_{zy}\dfrac{\partial t}{\partial y} + \lambda_{zz}\dfrac{\partial t}{\partial z}\right) \end{cases} \tag{2-12}$$

2.2　导热微分方程式及定解条件

2.2.1　导热微分方程

从导热物体中任取一个微元六面体作为研究对象,为简化分析,做以下假定:导热物体为各向同性的连续体;物体内有内热源 Φ,且 Φ 均匀分布,Φ 表示单位体积的导热体在单位时间内产生或消耗的热量、单位为 W/m^3,如化学反应时的反应热,电阻通电发热等。

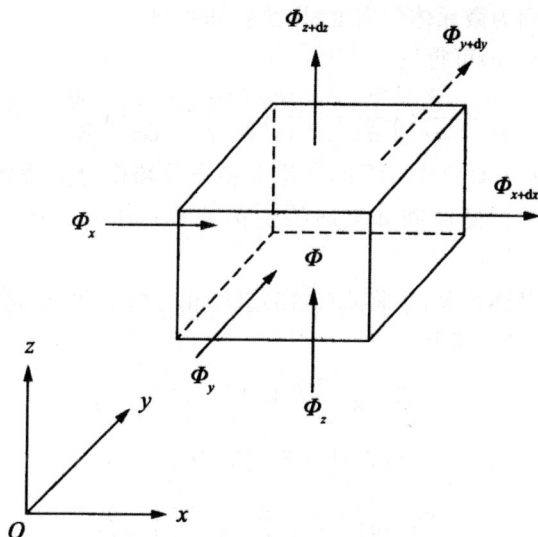

图 2-11 微元体的导热分析

如图 2-11 所示,建立三维直角坐标系。与 $\vec{q}$ 相似,空间任一点的热流量也可以分解为三个坐标方向 x、y、z 的分热流量 Φ_x、Φ_y、Φ_z 分别垂直穿过 $x=x$、$y=y$、$z=z$ 三个微元表面而导入微元体,根据傅里叶定律有

$$
\begin{cases}
\Phi_x = -\lambda\,\dfrac{\partial t}{\partial x}\mathrm{d}y\mathrm{d}z \\[2mm]
\Phi_y = -\lambda\,\dfrac{\partial t}{\partial y}\mathrm{d}x\mathrm{d}z \\[2mm]
\Phi_z = -\lambda\,\dfrac{\partial t}{\partial z}\mathrm{d}x\mathrm{d}y
\end{cases}
\tag{a}
$$

与此同时,通过 $x=x+\mathrm{d}x$、$y=y+\mathrm{d}y$、$z=z+\mathrm{d}z$ 三个微元表面而导出微元体的热流量 $\Phi_{x+\mathrm{d}x}$、$\Phi_{y+\mathrm{d}y}$、$\Phi_{z+\mathrm{d}z}$ 有

$$
\begin{cases}
\Phi_{x+\mathrm{d}x} = \Phi_x + \dfrac{\partial \Phi_x}{\partial x}\mathrm{d}x = \Phi_x + \dfrac{\partial}{\partial x}\left(-\lambda\,\dfrac{\partial t}{\partial x}\mathrm{d}y\mathrm{d}z\right)\mathrm{d}x \\[3mm]
\Phi_{y+\mathrm{d}y} = \Phi_y + \dfrac{\partial \Phi_y}{\partial y}\mathrm{d}y = \Phi_y + \dfrac{\partial}{\partial y}\left(-\lambda\,\dfrac{\partial t}{\partial y}\mathrm{d}x\mathrm{d}z\right)\mathrm{d}y \\[3mm]
\Phi_{z+\mathrm{d}z} = \Phi_z + \dfrac{\partial \Phi_z}{\partial z}\mathrm{d}z = \Phi_z + \dfrac{\partial}{\partial z}\left(-\lambda\,\dfrac{\partial t}{\partial z}\mathrm{d}x\mathrm{d}y\right)\mathrm{d}z
\end{cases}
\tag{b}
$$

根据热力学第一定律,在单位时间内,应有热平衡关系式

导入微元体的总热量 Φ_λ($\Phi_\lambda = \Phi_x + \Phi_y + \Phi_z$)—导出微元体的总热量 $\Phi_{\text{出}}$($\Phi_{\text{出}} = \Phi_{x+\mathrm{d}x} + \Phi_{y+\mathrm{d}y} + \Phi_{z+\mathrm{d}z}$)+微元体内热源生成热 $\dot{\Phi}\mathrm{d}x\mathrm{d}y\mathrm{d}z$=微元体热力学能的增量

$$
\rho c\,\frac{\partial t}{\partial \tau}\mathrm{d}x\mathrm{d}y\mathrm{d}z
\tag{c}
$$

式中，ρ、c、τ 分别为微元体的密度、比热容和时间。

由式(a)(b)(c)可得

$$\rho c \frac{\partial t}{\partial \tau} = \frac{\partial}{\partial x}\left(\lambda \frac{\partial t}{\partial x}\right) + \frac{\partial}{\partial y}\left(\lambda \frac{\partial t}{\partial y}\right) + \frac{\partial}{\partial z}\left(\lambda \frac{\partial t}{\partial z}\right) + \dot{\Phi} \qquad (2\text{-}13)$$

式(2-13)即为直角坐标系的三维非稳态导热微分方程的一般表达式。反映了物体的温度随时间和空间的变化关系。其中 ρ、c、τ 及 $\dot{\Phi}$ 均可以是变量。

针对一些具体情况，可将式(2-13)进行相应的简化，简化如下。

(1)导热系数为常数

$$\rho c \frac{\partial t}{\partial \tau} = \lambda \left(\frac{\partial^2 t}{\partial x^2} + \frac{\partial^2 t}{\partial y^2} + \frac{\partial^2 t}{\partial z^2}\right) + \dot{\Phi} \qquad (2\text{-}14)$$

令 $a = \lambda / \rho c$，式(2-14)可以进一步化简为

$$\frac{\partial t}{\partial \tau} = a \left(\frac{\partial^2 t}{\partial x^2} + \frac{\partial^2 t}{\partial y^2} + \frac{\partial^2 t}{\partial z^2}\right) + \frac{\dot{\Phi}}{\rho c}$$

a 称热扩散率(或导温系数)，单位为 $\mathrm{m^2/s}$。热扩散率反映了导热过程中材料的导热能力 λ 与热量传递途经的物质储热能力(ρc)之间的关系。λ 越大，物体在相同温度梯度下可以传导更多的热量；ρc 表示单位体积物体温度升高1℃所需的热量，ρc 越小，物体温度升高1℃所吸收的热量就越少，可以剩下更多的热量向物体内部传递，使物体内部各点温度趋于一致的能力提高。

(2)导热系数为常数、无内热源

$$\frac{\partial t}{\partial \tau} = a \left(\frac{\partial^2 t}{\partial x^2} + \frac{\partial^2 t}{\partial y^2} + \frac{\partial^2 t}{\partial z^2}\right) \qquad (2\text{-}15)$$

(3)常物性、稳态

$$\left(\frac{\partial^2 t}{\partial x^2} + \frac{\partial^2 t}{\partial y^2} + \frac{\partial^2 t}{\partial z^2}\right) + \frac{\dot{\Phi}}{\lambda} = 0 \qquad (2\text{-}16)$$

式(2-16)在数学上称为泊松方程，是常物性、稳态、三维、有内热源问题的温度场控制方程式。

(4)常物性、稳态、无内热源

$$\frac{\partial^2 t}{\partial x^2} + \frac{\partial^2 t}{\partial y^2} + \frac{\partial^2 t}{\partial z^2} = 0 \qquad (2\text{-}17)$$

用同样的方法可以导出圆柱坐标系和球坐标系的导热微分方程。如图2-12所示，圆柱坐标系的导热微分方程

$$\rho c \frac{\partial t}{\partial \tau} = \frac{1}{r}\frac{\partial}{\partial r}\left(\lambda r \frac{\partial t}{\partial r}\right) + \frac{1}{r^2}\frac{\partial}{\partial \varphi}\left(\lambda \frac{\partial t}{\partial \varphi}\right) + \frac{\partial}{\partial z}\left(\lambda \frac{\partial t}{\partial z}\right) + \dot{\Phi} \qquad (2\text{-}18)$$

球坐标系的导热微分方程

$$\rho c \frac{\partial t}{\partial \tau} = \frac{1}{r^2} \frac{\partial}{\partial r}\left(\lambda r^2 \frac{\partial t}{\partial r}\right) + \frac{1}{r^2 \sin^2\theta} \frac{\partial}{\partial \varphi}\left(\lambda \frac{\partial t}{\partial \varphi}\right) + \frac{1}{r^2 \sin\theta} \frac{\partial}{\partial \theta}\left(\lambda \sin\theta \frac{\partial t}{\partial \theta}\right) + \dot{\Phi}$$

(2-19)

式(2-13)、式(2-18)、式(2-19)都是基于能量守恒定律。

①等号左边是单位时间内微元体热力学能的增量(非稳态项)。

②等号右边前三项之和是通过界面的导热使微元体在单位时间内增加的能量(扩散项),若某坐标方向上温度不变,该方向的净导热量就为零,则相应的扩散项消失。

③等号右边最后一项是源项。

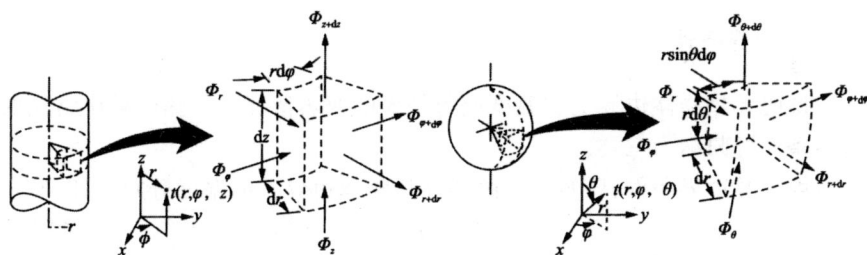

图 2-12　圆柱坐标和球坐标微元体的导热分析

傅里叶定律实际上是基于热扰动的传递速度是无限大的假定之上的,对于一般工程技术中发生的非稳态导热问题,热流密度不很高而过程的作用时间又足够长,傅里叶定律及基于该定律而建立起的导热微分方程是完全适用的。但在下述情形中,傅里叶定律及导热微分方程不适用。

①导热物体温度极低(接近于 0K)时的导热问题。

②极短时间(如 $10^{-8} \sim 10^{-10}$ s)内产生极大的热流密度的导热问题,如激光加工过程。

③导热空间尺寸与微观粒子的平均自由行程相近,如纳米级别的导热。

这些不适用于傅里叶定律的非傅里叶导热问题是近代微米纳米传热学的重要内容之一。

2.2.2　定解条件

因为导热微分方程是根据一般规律推导出来的,它代表的是导热现象的共同规律。求解导热问题的温度场,实质上归结为对导热微分方程的求解。导热微分方程有无数多个解,要从无数多个解中找到某个具体问题的解,必须给出描述该问题特征的具体条件,并以数学形式进行表达。描述某导热问题特征的具体条件统称为定解条件(或称为单值性条件)。导热微分方程及其定解条件构成了求解导热问题的数学模型。对导热问题的温度场的求解,归结为对此数学模型的求解。

定解条件或称为单值性条件,包括几何条件、物理条件、时间条件和边界条件。在已知几何形状与物体的物理性质条件下,定解条件主要是时间条件与边界条件。

1. 初始条件

说明导热过程开始时物体内部的温度分布状况。稳态导热过程与时间无关,无初始条件;对于非稳态导热过程的初始条件可以表示为:$\tau = 0$ 时 $t = t(x,y,z)$。

2. 边界条件

说明导热物体边界上的温度或与外界的换热情况。导热问题中常见的边界条件可归纳为三类。

第一类边界条件:已知任一瞬间导热物体边界上的温度分布。即

$$当 \ \tau > 0 \ 时, t_w = f_1(\tau) \tag{2-20}$$

对于边界温度保持常数的稳态导热,式(2-20)可表达为 $t_w = 常量$。

第二类边界条件:已知导热物体边界上的热流密度的分布及变化规律。即

$$当 \ \tau > 0 \ 时, -\lambda \left(\frac{\partial t}{\partial n} \right)_w = f_2(\tau) \tag{2-21}$$

式中,n 为导热物体边界表面的法线方向。

第二类边界条件相当于已知任何时刻物体边界表面法线方向的温度梯度值。对于绝热边界面,则有 $q_w = -\lambda \left(\frac{\partial t}{\partial n} \right)_w = 0$,即 $\left(\frac{\partial t}{\partial n} \right)_w = 0$;对于稳态导热,则有 $q_w = 常量$。

第三类边界条件:当物体壁面与流体接触进行对流换热时,已知任一时刻边界面周围流体的温度 t_f 和对流换热系数 h。如图 2-13 所示,有

$$-\lambda \left(\frac{\partial t}{\partial n} \right)_w = h(t_w - t_f) \tag{2-22}$$

对于非稳态导热,式中 h、t_f 可以是 τ 的函数;对于稳态导热,h、t_f 均为常量。

以上三类边界条件之间有一定的联系。在一定条件下,第三类边界条件可以转化成第一类、第二类边界条件。当 $h/\lambda \to \infty$ 时,$t_w = t_f$,转化为第一类边界条件;当 $h \to 0$ 时,$\left(\frac{\partial t}{\partial n} \right)_w = 0$,转化为边界绝热的第二类边界条件。

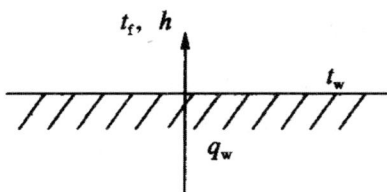

图 2-13　第三类边界条件示意图

2.3　典型一维稳态导热分析

2.3.1　通过平壁的导热

1. 第一类边界条件的单层平壁导热

最简单的一维稳态导热,是大平壁在没有内热源情况下的稳态导热。所谓大平壁是指长和宽比厚度大很多,并且厚度均匀的平壁。设平壁的厚度为 δ,两个表面保持恒定且均匀的温度 t_1、t_2,两侧面的面积均为 F,无内热源。平壁的物理性质参数为常数,不随温度变化,如图 2-14 所示。下面分析稳态时的热流密度和平壁内温度分布。

因为平壁的长和宽比厚度大很多,所以在相同时间内,沿长度和宽度方向传递的热量和沿厚度方向传递的热量相比小得多,可以忽略不计。因此,可认为温度沿长、宽方向无变化,而只沿厚度方向发生变化,因此,此问题为一维稳态导热问题。则该导热问题的数学描写为:

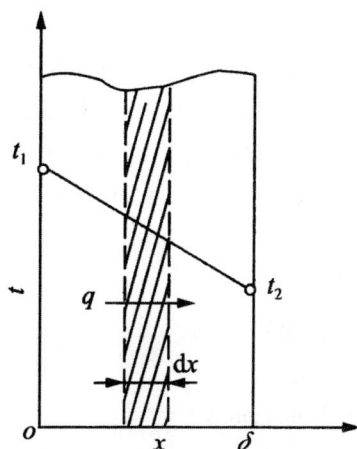

图 2-14　通过平壁的导热

导热微分方程 $\dfrac{\mathrm{d}^2 t}{\mathrm{d}x^2} = 0$

边界条件 $x=0$ 时 $t=t_1$；$x=\delta$ 时 $t=t_2$

对微分方程连续积分两次,得其通解

$$t = c_1 x + c_2$$

式中,c_1、c_2 为积分常数,代入边界条件中,可得

$$c_1 = (t_2 - t_1)/\delta, c_2 = t_1$$

则温度分布为

$$t = \frac{t_2 - t_1}{\delta} x + t_1$$

由于 δ、t_1、t_2 均是定值,所以平壁中的温度成线性分布,即温度分布曲线的斜率是常数(温度梯度)

$$\frac{\mathrm{d}t}{\mathrm{d}x} = \frac{t_2 - t_1}{\delta} \tag{2-23}$$

将上式代入傅里叶定律

$$q = -\lambda \frac{\mathrm{d}t}{\mathrm{d}x}$$

可得热流密度的表达式

$$q = \frac{\lambda(t_1 - t_2)}{\delta} = \frac{\lambda}{\delta} \Delta t \tag{2-24}$$

如换热表面积为 A,则通过平壁的导热热流量为

$$\Phi = \frac{\lambda}{\delta} \Delta t \tag{2-25}$$

2. 第一类边界条件的多层平壁导热

工程上经常遇到多层平壁的导热问题,图 2-15 给出了三层平壁组成的多层平壁,各层材料厚度分别为 δ_1、δ_2 和 δ_3,导热系数分别为 λ_1、λ_2 和 λ_3,且为常数。多层平壁的两外表面温度均匀而恒定,分别为 t_1 和 t_4。假定各层间接触良好,层间分界面无温差,两个分界面的温度分别设定为 t_2 和 t_3,为未知。

由单层平壁导热公式可知

第一层 $q = \dfrac{\lambda_1}{\delta_1}(t_1 - t_2)$,即 $t_1 - t_2 = \dfrac{q}{(\lambda_1/\delta_1)}$

第二层 $q = \dfrac{\lambda_2}{\delta_2}(t_2 - t_3)$,即 $t_2 - t_3 = \dfrac{q}{(\lambda_2/\delta_2)}$

第三层 $q = \dfrac{\lambda_3}{\delta_3}(t_3 - t_4)$,即 $t_3 - t_4 = \dfrac{q}{(\lambda_3/\delta_3)}$

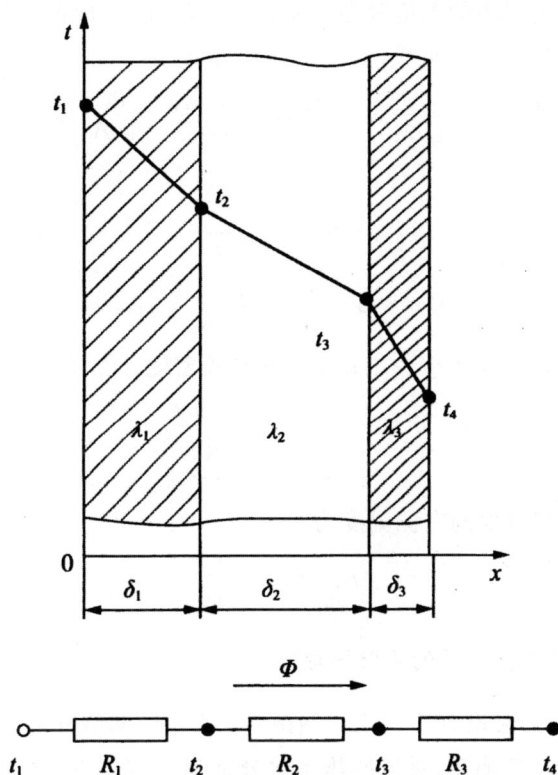

图 2-15 三层平壁的稳态导热

平壁的稳态导热过程中各层的热流密度相等,因此将上述三式相加,得

$$t_1 - t_4 = q\left[\frac{1}{(\lambda_1/\delta_1)} + \frac{1}{(\lambda_2/\delta_2)} + \frac{1}{(\lambda_3/\delta_3)}\right]$$

则得到导热热流密度计算公式

$$q = \frac{t_1 - t_4}{\dfrac{\delta_1}{\lambda_1} + \dfrac{\delta_2}{\lambda_2} + \dfrac{\delta_3}{\lambda_3}} \qquad (2\text{-}26)$$

如换热表面积为 A,则通过多层平壁的导热热流量为

$$q = \frac{t_1 - t_4}{\dfrac{\delta_1}{\lambda_1 A} + \dfrac{\delta_2}{\lambda_2 A} + \dfrac{\delta_3}{\lambda_3 A}} \qquad (2\text{-}27)$$

将解得的热流密度 q 代入各层导热公式,得层间分界面上的未知温度 t_2 和 t_3

$$t_2 = t_1 - q\frac{\delta_1}{\lambda_1}$$

$$t_3 = t_2 - q\frac{\delta_2}{\lambda_2}$$

因为在每一层中的温度分布分别都是直线规律，因此在整个多层平壁导热中的温度分布将是折线，如图 2-15 所示。

令上述公式中的 $r_1 = \dfrac{\delta_1}{\lambda_1}, r_2 = \dfrac{\delta_2}{\lambda_2}, r_3 = \dfrac{\delta_3}{\lambda_3}; R_1 = \dfrac{\delta_1}{\lambda_1 A}, R_2 = \dfrac{\delta_2}{\lambda_2 A}, R_3 = \dfrac{\delta_3}{\lambda_3 A}$

则有

$$q = \frac{t_1 - t_4}{r_1 + r_2 + r_3} \tag{2-28}$$

$$\Phi = \frac{t_1 - t_4}{R_1 + R_2 + R_3} \tag{2-29}$$

无内热源的 n 层平壁一维稳态导热热流密度计算公式

$$q = \frac{t_1 - t_{n+1}}{\displaystyle\sum_{i=1}^{n} r_i} = \frac{t_1 - t_{n+1}}{\displaystyle\sum_{i=1}^{n} \frac{\delta_i}{\lambda_i}} \tag{2-30}$$

其中第 i 层壁面的右侧温度为

$$t_{i+1} = t_i - q \frac{\delta_i}{\lambda_i} \tag{2-31}$$

3. 第三类边界条件的平壁导热

厚度为 δ，表面积为 A 的无内热源单层平壁的两侧分别与温度恒为 t_{f1}、t_{f2} 的流体进行对流换热，对流换热系数分别为 h_1、h_2，平壁的导热系数 λ 为常数。这种两侧为第三类边界条件的导热过程，是常见的热流体通过平壁传热给冷流体的传热过程。

假定平壁两侧温度分别为 t_{w1}、t_{w2}，根据式（2-17）可推得数学描写为

导热微分方程 $\quad \dfrac{\mathrm{d}^2 t}{\mathrm{d}x^2} = 0$

边界条件 $\quad x = 0$ 时 $-\lambda \dfrac{\mathrm{d}t}{\mathrm{d}x} = h_1 (t_{f1} - t_{w1})$

$\qquad\qquad x = \delta$ 时 $-\lambda \dfrac{\mathrm{d}t}{\mathrm{d}x} = h_2 (t_{w2} - t_{f2})$

由平壁一维稳态导热的热流密度公式和温度梯度公式可知

$$q = \frac{\lambda}{\delta} (t_{w1} - t_{w2}) \tag{a}$$

$$\frac{\mathrm{d}t}{\mathrm{d}x} = -\frac{t_{w1} - t_{w2}}{\delta} \tag{b}$$

将式（a）、式（b）代入边界条件中，有

$\qquad x = 0$ 时 $q = h_1 (t_{f1} - t_{w1})$ $\qquad\qquad$ （c）

$\qquad x = \delta$ 时 $q = h_2 (t_{w2} - t_{f2})$ $\qquad\qquad$ （d）

将式(a)、式(c)、式(d)三式联立求解，可得

$$q = \frac{t_{f1} - t_{f2}}{\dfrac{1}{h_1} + \dfrac{\delta}{\lambda} + \dfrac{1}{h_2}} = k(t_{f1} - t_{f2})$$

$$\Phi = \frac{t_{f1} - t_{f2}}{\dfrac{1}{h_1 A} + \dfrac{\delta}{\lambda A} + \dfrac{1}{h_2 A}} = kA(t_{f1} - t_{f2})$$

n 层平壁的第三类边界条件稳态导热过程的计算式

$$q = \frac{t_{f1} - t_{f2}}{\dfrac{1}{h} + \sum_{i=1}^{n} \dfrac{\delta_i}{\lambda_i} + \dfrac{1}{h_2}} \qquad (2\text{-}32)$$

2.3.2　通过圆筒壁的导热

1. 单层圆筒壁的导热

工程中常用圆筒壁作为换热壁面，如锅炉换热管、热力管道、换热器等。这些圆筒壁的长度通常远大于其半径和厚度，沿轴向的温度变化可以忽略不计。在分析此类导热问题时，采用圆柱坐标系更为方便。

一个内外半径分别为 r_1 和 r_2 的圆筒壁，长度为 $l(l \gg r)$，无内热源，导热系数为常数，内外表面温度维持均匀而恒定，分别为 t_1 和 t_2。建立如图 2-16 所示的圆柱坐标系，则该导热问题的数学描写为

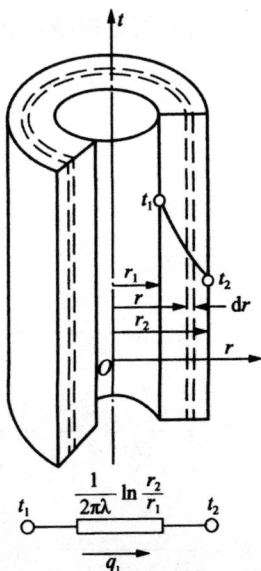

图 2-16　通过圆筒壁的导热

导热微分方程 $\dfrac{\mathrm{d}}{\mathrm{d}r}\left(r\dfrac{\mathrm{d}t}{\mathrm{d}r}\right)=0$

边界条件 $r=r_1$ 时 $t=t_1$；$r=r_2$ 时 $t=t_2$

对微分方程连续积分两次，得其通解

$$t=c_1\ln r+c_2$$

式中，c_1、c_2 为常数，代入边界条件得

$$c_1=\frac{t_2-t_1}{\ln(r_2/r_1)},\quad c_2=t_1-\ln r_1\frac{t_2-t_1}{\ln(r_2/r_1)}$$

上式代入导热微分方程的通解中得圆筒壁的温度分布为

$$t=t_1+\frac{t_2-t_1}{\ln(r_2/r_1)}\ln(r/r_1) \tag{2-33}$$

可见，圆筒壁中的温度分布呈对数曲线。

将式（2-33）代入傅里叶定律，得导热热流密度

$$q=-\lambda\frac{\mathrm{d}t}{\mathrm{d}r}=\frac{\lambda}{r}\frac{t_1-t_2}{\ln\left(\dfrac{r_2}{r_1}\right)} \tag{2-34}$$

由此可见，通过圆筒壁导热时，不同半径处的热流密度与半径成反比。

通过整个圆筒壁面的热流量 Φ 则为

$$\Phi=2\pi rlq=\frac{2\pi\lambda l(t_1-t_2)}{\ln(r_2/r_1)}=\frac{t_1-t_2}{\dfrac{\ln(r_2/r_1)}{2\pi\lambda l}}=\frac{t_1-t_2}{R} \tag{2-35}$$

式中，$R=\dfrac{\ln(r_2/r_1)}{2\pi\lambda l}$ 为长度为 l 的圆筒壁的导热热阻。

由此可见，通过整个圆筒壁面的热流量是恒定的，不随半径的变化而变化。

2. 多层圆筒壁的导热

与多层平壁相同，层间接触良好的多层圆筒壁的一维稳态导热可以采用串联热阻叠加原则进行计算。

三层圆筒壁

$$\Phi=\frac{t_1-t_4}{\dfrac{\ln(r_2/r_1)}{2\pi\lambda_1 l}+\dfrac{\ln(r_3/r_2)}{2\pi\lambda_2 l}+\dfrac{\ln(r_4/r_3)}{2\pi\lambda_3 l}} \tag{2-36}$$

n 层圆筒壁

$$\Phi=\frac{t_1-t_{(n+1)}}{\displaystyle\sum_{i=1}^{n}\frac{1}{2\pi\lambda_i l}\ln\frac{r_{i+1}}{r_i}} \tag{2-37}$$

工程上常采用单位管长的热流量

$$q_l = \frac{\Phi}{l} = \frac{t_1 - t_{(n+1)}}{\displaystyle\sum_{i=1}^{n} \frac{1}{2\pi\lambda_i} \ln \frac{r_{i+1}}{r_i}} \tag{2-38}$$

2.3.3　通过球壁的导热

如图 2-17 所示,对于内外表面维持均匀恒定温度 t_1、t_2 的无内热源的空心球壁的导热,在球坐标系中也是一维稳态导热问题,设其内外半径分别为 r_1、r_2,导热系数为常数,则该球壁的导热微分方程

$$\frac{1}{r^2} \frac{\partial}{\partial r}\left(r^2 \frac{\partial t}{\partial r}\right) = 0$$

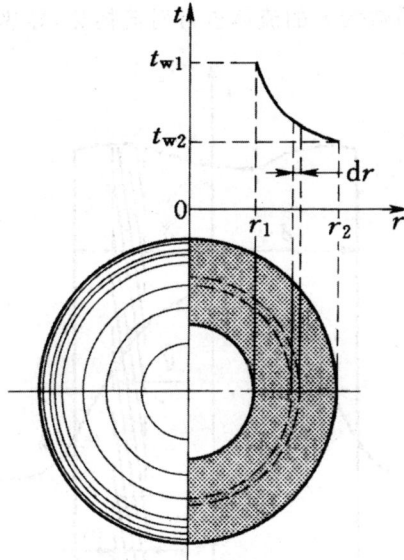

图 2-17　单层球壁的稳态导热

边界条件 $r = r_1$ 时 $t = t_1$;$r = r_2$ 时 $t = t_2$

积分求解后,可得温度分布

$$t = t_2 + (t_1 - t_2)\frac{1/r - 1/r_2}{1/r_1 - 1/r_2} \tag{2-39}$$

由傅里叶定律可得热流密度

$$q = \frac{\lambda(t_1 - t_2)}{r^2(1/r_1 - 1/r_2)} \tag{2-40}$$

导热热流量

$$\Phi = \frac{4\pi\lambda(t_1 - t_2)}{1/r_1 - 1/r_2} \tag{2-41}$$

可见,和圆筒壁导热不同,球壁的导热热流密度和半径的平方成反比。通过球壁的总热流量仍然和半径无关。

导热热阻

$$R = \frac{1}{4\pi\lambda}\left(\frac{1}{r_1} - \frac{1}{r_2}\right) \tag{2-42}$$

2.3.4 具有内热源的导热问题

工程中常会遇上有内热源的导热问题,如化工过程中的放热、吸热反应,燃烧过程,和电流通过时的发热现象等。内热源的存在将会改变导热物体内的温度分布,下面以有内热源的单层平壁进行分析。

如图 2-18 所示,厚度为 2δ 的平壁具有均匀的内热源 $\dot{\Phi}$,其两侧同时与温度为 t_f、对流换热系数为 h 的流体进行对流换热,导热系数 λ 为常数。

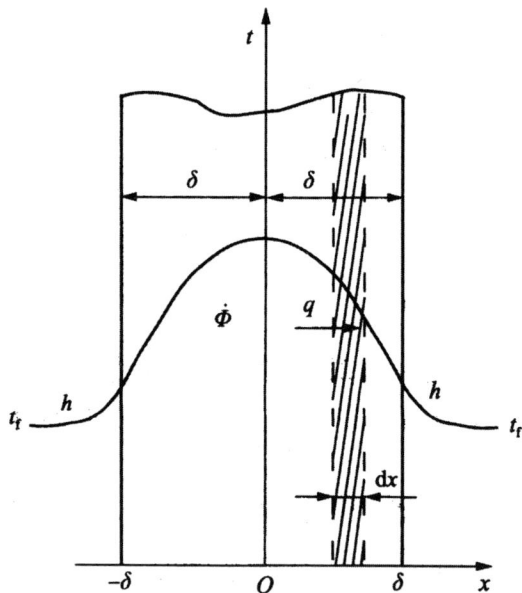

图 2-18 具有均匀内热源的平壁导热

由于对称性,只要研究板厚的一半即可,在板厚的中间建立坐标系的原点,如图 2-18 所示,则该导热问题的数学描写为

导热微分方程 $\dfrac{\mathrm{d}^2 t}{\mathrm{d}x^2} + \dfrac{\dot{\Phi}}{\lambda} = 0$

边界条件 $x=0$ 时 $\dfrac{\mathrm{d}t}{\mathrm{d}x}=0$;$x=\delta$ 时 $-\lambda\dfrac{\mathrm{d}t}{\mathrm{d}x}=h(t-t_f)$

对微分方程连续积分两次,得其通解

$$t = -\frac{\dot{\Phi}}{2\lambda}x^2 + c_1 x + c_2$$

式中，c_1、c_2 为积分常数，代入边界条件得

$$c_1 = 0, c_2 = \frac{\dot{\Phi}}{2\lambda}\delta^2 + \frac{\dot{\Phi}}{h}\delta + t_f$$

上式代入导热微分方程的通解中，得平板中的温度分布为

$$t = -\frac{\dot{\Phi}}{2\lambda}(\delta^2 - x^2) + \frac{\dot{\Phi}}{h}\delta + t_f \tag{2-43}$$

温度梯度为

$$\frac{\mathrm{d}t}{\mathrm{d}x} = -\frac{\dot{\Phi}}{\lambda}x$$

则按傅里叶定律可得任一位置 x 处热流密度

$$q = -\lambda \frac{\mathrm{d}t}{\mathrm{d}x} = \dot{\Phi}x \tag{2-44}$$

与无内热源的平壁导热相比，有内热源的导热的热流密度不再是常数，温度分布也不再是直线而是抛物线，当内热源不为定值时，温度分布规律将更加复杂。

2.3.5　变截面或变导热系数问题

上述求解导热问题的主要途径分两步：先是求解导热微分方程，获得温度场；然后根据傅里叶定律和已获得的温度场计算热流量，这是用分析法求解导热问题的一般顺序。对于稳态、无内热源、第一类边界条件下的一维导热问题，可以不通过温度场计算，直接采用傅里叶定律积分方法而获得热流量，而且对于变截面或变导热系数问题更为有效。

在此情况下，通常导热系数可表示为温度的函数 $\lambda(t)$，沿热流密度矢量方向的导热面积的变化可表示为 $A(x)$，则根据傅里叶定律得

$$\Phi = -\lambda(t)A(x)\frac{\mathrm{d}t}{\mathrm{d}x}$$

因为是稳态导热，所以 Φ 与 x 无关，分离变量后积分，得

$$\Phi\int_{x_1}^{x_2}\frac{\mathrm{d}x}{A(x)} = -\int_{t_1}^{t_2}\lambda(t)\mathrm{d}t = -\frac{\int_{t_1}^{t_2}\lambda(t)\mathrm{d}t}{t_2 - t_1}(t_2 - t_1)$$

式中，$\dfrac{\int_{t_1}^{t_2}\lambda(t)\mathrm{d}t}{t_2 - t_1}$ 是在 $t_1 \sim t_2$ 范围内的 $\lambda(t)$ 的积分平均值，可用 $\vec{\lambda}$ 表示，则

$$\Phi = \frac{\vec{\lambda}(t_1 - t_2)}{\int_{x_1}^{x_2}\dfrac{\mathrm{d}x}{A(x)}} \tag{2-45}$$

当 λ 随温度呈线性分布时，即 $\lambda = \lambda_0(1+bt)$，则 $\vec{\lambda} = \lambda_0\left(1+b\dfrac{t_1+t_2}{2}\right)$。

实际上，不论 λ 如何变化，只要能计算出平均导热系数，就可以利用前面讲过的所有定导热系数公式，只是需要将 λ 换成平均导热系数 $\vec{\lambda}$。

对于变截面问题，只需把 A 与 x 的关系代入式中即可。

2.3.6　肋片导热问题

所谓肋片，是指依附于基础表面上的扩展表面。在换热面上设置肋片，可以增加换热面积，从而达到降低对流换热热阻、增强传热的目的。

肋片导热不同于平壁和圆筒壁的导热，它有一个基本特征，热量沿肋片伸展方向传导的同时，还存在肋片表面与周围流体之间的对流换热。因此在肋片中，沿肋片伸展方向的导热热流量是不断变化的。肋片导热分析的主要任务是确定肋片内的温度分布和肋片的散热量。

肋片的形式很多，一些典型形状的肋片如图 2-19 所示。

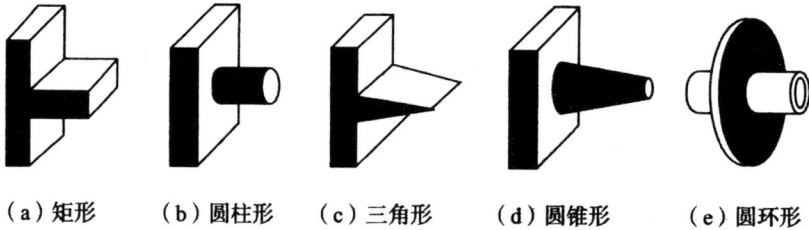

（a）矩形　　（b）圆柱形　　（c）三角形　　（d）圆锥形　　（e）圆环形

图 2-19　常见肋片的几何形状

1. 通过等截面直肋的导热

取如图 2-20(a) 所示的等截面矩形直肋片中的一片为研究对象，设肋片为均质，横截面积为 A，截面周长为 P；肋基（肋片与基础表面相交处）与周围流体温度分别是 t_0 和 t_∞；肋片的导热系数 λ、对流换热系数 h 均为常数，如图 2-20(b) 所示。

为简化分析，做如下假设。

①肋片材料均匀，热导率 λ 为常数。

②肋片根部与肋基接触良好，温度一致，即不存在接触热阻。

③肋片的导热热阻 δ/λ 与肋片表面的对流传热热阻 $1/h$ 相比很小，可以忽略。一般肋片都用金属材料制造，热导率很大，肋片很薄，基本上都能满足这一条件。在这种情况下肋片的温度只沿高度方向发生变化，肋片的导热可以近似地认为是一维的。

④肋片表面各处与流体之间的表面传热系数 h 都相同。

⑤忽略肋片端面的散热量,即认为肋端面是绝热的。

热量从肋基导入肋片,然后从肋根导向肋端,沿途不断有热量从肋的侧面以对流传热的方式散给周围的流体,这种情况可以当作肋片具有负的内热源来处理,于是,肋片的导热过程是具有负内热源的一维稳态导热过程,导热微分方程式为

$$\frac{\mathrm{d}^2 t}{\mathrm{d}x^2} - \frac{hP}{\lambda A}(t - t_\infty) = 0 \tag{2-46}$$

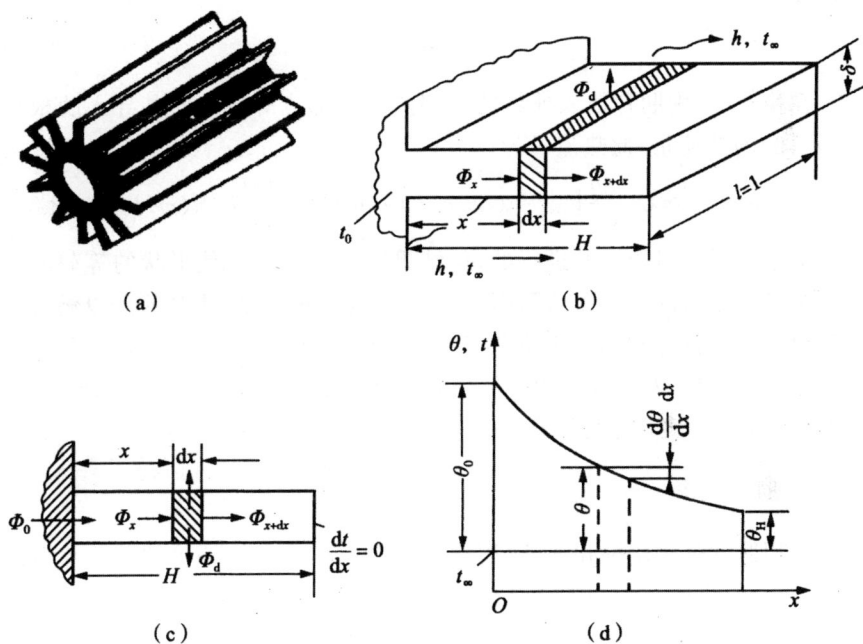

图 2-20　通过等截面直肋的传热

边界条件为

$$x = 0 \text{ 时}, t = t_0; x = H \text{ 时}, \frac{\mathrm{d}t}{\mathrm{d}x} = 0 \tag{2-47}$$

为便于求解二阶非齐次常微分方程,引入过余温度,即令 $\theta = t - t_\infty$,可得关于过余温度的齐次方程

$$\frac{\mathrm{d}^2 \theta}{\mathrm{d}x^2} = m^2 \theta \tag{2-48}$$

$$x = 0 \text{ 时}, t = t_0; x = H \text{ 时}, \frac{\mathrm{d}\theta}{\mathrm{d}x} = 0 \tag{2-49}$$

式中, $m = \sqrt{\dfrac{hP}{\lambda A}}$ 为常量

式(2-48)的通解为

$$\theta = c_1 \mathrm{e}^{mx} + c_2 \mathrm{e}^{-mx} \tag{2-50}$$

应用边界条件式(2-49),可得

$$c_1 = \theta_0 \frac{\mathrm{e}^{-mH}}{\mathrm{e}^{mH} + \mathrm{e}^{-mH}}, \, c_2 = \theta_0 \frac{\mathrm{e}^{mH}}{\mathrm{e}^{mH} + \mathrm{e}^{-mH}} \tag{2-51}$$

最后可得等截面直肋片内的温度分布

$$\theta = \theta_0 \frac{\mathrm{e}^{m(H-x)} + \mathrm{e}^{-m(H-x)}}{\mathrm{e}^{mH} + \mathrm{e}^{-mH}} = \theta_0 \frac{\mathrm{ch}[m(H-x)]}{\mathrm{ch}(mH)} \tag{2-52}$$

肋端处($x = H$)的过余温度为

$$\theta = \theta_0 \frac{1}{\mathrm{ch}(mH)} \tag{2-53}$$

在稳态下,由肋片散入外界的全部热流量都应等于由肋基导入肋根截面($x=0$)的热流量,此热流量为

$$\Phi_0 = -\lambda A \frac{\mathrm{d}\theta}{\mathrm{d}x}\Big|_{x=0} = \lambda A \theta_0 m \cdot \mathrm{th}(mH) = \frac{hP}{m}\theta_0 \mathrm{th}(mH) \tag{2-54}$$

上述分析是对矩形肋进行的,但结果同样适用于其他形状的等截面直肋一维稳态导热问题。对薄而高的肋片,忽略端面散热,上述解足以满足其精度要求。工程上常用修正肋高把肋片端面面积折算到侧面上的简化法近似考虑肋端散热,对于厚 δ 的矩形等截面直肋,用假想肋高 $H' = H + \delta/2$ 代替实际肋高 H,然后进行计算。

2. 肋片效率

采用肋片是为了强化换热,因此为了从散热的角度评价加装肋片后的换热效果,引进肋片效率的概念。

$$\text{肋片效率 } \eta_\mathrm{f} = \frac{\text{实际散热量}}{\text{假设整个肋片表面处于肋基温度下的散热量}}$$

肋片表面温度沿肋高方向逐渐降低,所以沿肋片伸展方向单位表面积的对流换热量也逐渐降低,即肋片效率是个小于 1 的值。

对于等截面直肋,有

$$\eta_\mathrm{f} = \frac{\frac{hP}{m}\theta_0 \mathrm{th}(mH)}{hPH\theta_0} = \frac{\mathrm{th}(mH)}{mH} \tag{2-55}$$

由图 2-21、图 2-22 可知,由 $m = \sqrt{\frac{hP}{\lambda A}}$ 可知,mH 越小 η_f 越高。影响肋效率的主要因素有:肋片材料的导热系数 λ 越大,效率越高,通常选用 λ 较大的金属材料;肋表面与流体之间的换热系数 h 越大,效率越低,通常在 h 较小的一侧加肋较为合理,当壁面与气体换热,尤其是自然对流换热时,加

肋效果很明显;几何形状量 P/A 越小,效率越高;当 m 一定时,肋片越高,效率越低。

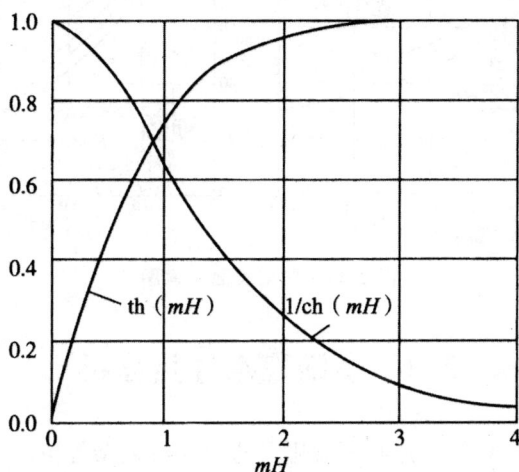

th (mH)　　1/ch (mH)

图 2-21　th (mH) 与 1/th (mH) 变化曲线

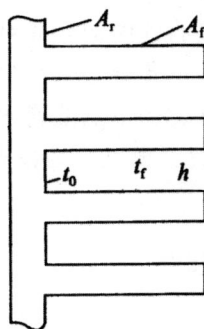

图 2-22　等截面直肋、三角肋及环肋的效率曲线

实际上肋片总是成组地被采用,如图 2-23 所示。设流体的温度为 t_f,流体与整个表面的对流换热系数为 h,肋片的表面积为 A_f,两个肋片之间的根部表面积为 A_r,根部温度为 t_0,所有肋片与根部面积之和为 A_0,则 $A_0 = A_f + A_r$。计算该表面的对流换热量时,若以 $t_0 - t_f$ 为温差,则有

$$\Phi = A_r h(t_0 - t_f) + A_f \eta_f h(t_0 - t_f) = h(t_0 - t_f)(A_r + A_f \eta_f)$$

$$= A_0 h(t_0 - t_f)\left(\frac{A_r + A_f \eta_f}{A_0}\right) = A_0 \eta_0 h(t_0 - t_f) \quad (2\text{-}56)$$

其中 $\eta_0 = \dfrac{A_r + A_f \eta_f}{A_0}$ 称为肋面总效率。显然总效率高于肋片效率。

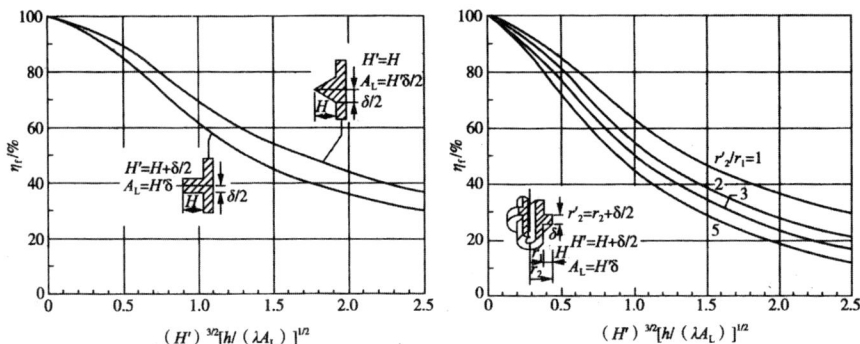

图 2-23　肋化表面示意图

2.4　多维稳态导热分析

对于多维导热、几何形状不规则及边界条件复杂等情况下的导热问题,求解过程相当复杂,甚至无法求解。而数值解法中的有限差分法是求解复杂实际导热问题行之有效的方法。

有限差分法的基本原理是将连续的研究对象离散化,用导热物体空间区域内有限个离散点上温度值的集合,来近似代替物体内实际连续分布的温度场。把导热微分方程式转化为节点温度的差分方程组,解得所有节点的温度值即为温度场的数值解。现以二维稳态无内热源的导热为例进行分析。

1. 研究对象的区域离散化

根据导热体的几何形状选择坐标系如图 2-24(a)所示,沿 x,y 方向分别用一组与坐标轴平行的网格线将求解区域划分为一系列的小矩形子区域,网格线之间的间距 Δx、Δy 称为步长,以网格线的交点作为需要确定温度值的空间位置,称为节点,网格线与物体边界的交点称为边界节点。节点的位置用对应的坐标表示,为了方便分别用 m、n 表示各个节点沿坐标方向的编号,例如坐标为 $(m\Delta x,m\Delta y)$ 的节点表示为 (m,n) 点,其余节点以此类推。每一个节点都代表一个以它为中心的小区域,该小区域称为单元体,它由相邻两节点连线的中垂线围成,如图中有阴影的区域翻为 (m,n) 点所代表的单元体。每个节点的温度就代表它所在单元体的平均温度。

划分网格时步长的大小根据具体问题的需要而定。步长越小,网格分得越细,节点数越多,近似的节点温度集合就越接近于连续的真实温度分布,但是相应的工作量也增大。一般采用等步长的均匀网格,也可以根据具体问题的特点采用非均匀网格,例如在温度变化较大的部分采用密集的网格,在温度变化较小的部分采用稀疏的网格。

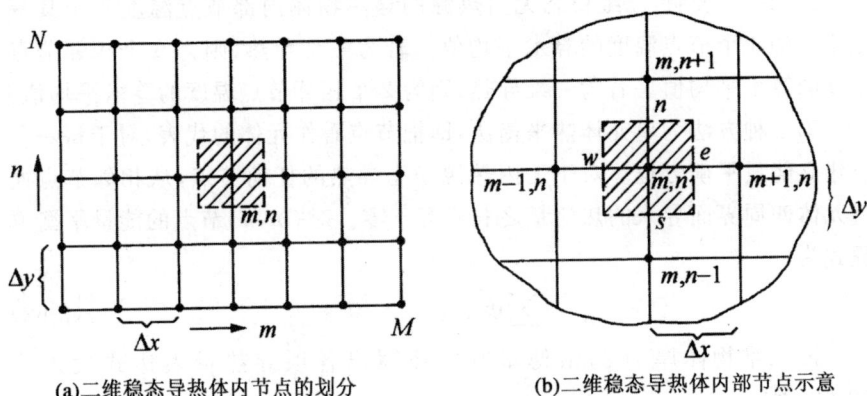

(a)二维稳态导热体内节点的划分　　　　(b)二维稳态导热体内部节点示意

图 2-24　二维稳态导热数值求解示意图

2. 温度节点差分方程的建立

建立温度节点差分方程是有限差分法的重要环节。对于如图 2-24(b)所示的内部节点(m,n)的差分方程可用两种方法来建立。

第一种方法为偏微分方程替代法,即将导热微分方程中的温度和坐标的微分都近似地用有限差分来代替。对于(m,n)节点,二维稳态无内热源的导热微分方程为

$$\frac{\partial^2 t}{\partial x^2} + \frac{\partial^2 t}{\partial y^2} = 0 \tag{2-57}$$

在 x 方向,$\dfrac{\partial t}{\partial x}\big|_{m+\frac{1}{2},n} \approx \dfrac{t_{m+1,n} - t_{m,n}}{\Delta x}$,$\dfrac{\partial t}{\partial x}\big|_{m-\frac{1}{2},n} \approx \dfrac{t_{m,n} - t_{m-1,n}}{\Delta x}$

$$\frac{\partial^2 t}{\partial x^2}\bigg|_{m,n} = \frac{\partial}{\partial x}\left(\frac{\partial t}{\partial x}\right) \approx \frac{\dfrac{\partial t}{\partial x}\big|_{m+\frac{1}{2},n} - \dfrac{\partial t}{\partial x}\big|_{m-\frac{1}{2},n}}{\Delta x} \approx \frac{t_{m+1,n} + t_{m-1,n} - 2t_{m,n}}{(\Delta x)^2} \tag{2-58}$$

同理

$$\frac{\partial^2 t}{\partial y^2}\bigg|_{m,n} \approx \frac{t_{m,n+1} + t_{m,n-1} - 2t_{m,n}}{(\Delta y)^2} \tag{2-59}$$

这里用"≈"号表示用有限差分代替微分是存在截断误差的。将式(2-58)、式(2-59)代入式(2-57)得(m,n)点的温度节点差分方程式为

$$\frac{t_{m+1,n} + t_{m-1,n} - 2t_{m,n}}{(\Delta x)^2} + \frac{t_{m,n+1} + t_{m,n-1} - 2t_{m,n}}{(\Delta y)^2} = 0 \tag{2-60}$$

若取正方形网格,即 $\Delta x = \Delta y$,则式(2-60)可简化为

$$t_{m,n} = \frac{1}{4}(t_{m-1,n} + t_{m+1,n} + t_{m,n-1} + t_{m,n+1}) \tag{2-61}$$

式(2-61)表明:二维稳态无内热源的导热物体内部节点温度等于其等距相邻的 4 个节点温度的算术平均值。若为三维导热,则为 6 个相邻节点温度的算术平均值。若为一维导热,则为 2 个相邻节点温度的算术平均值。

第二种方法为单元体热平衡法,即把节点看作元体的代表,对于每一节点建立能量平衡方程。对于无内热源稳态导热的任何节点,从相邻节点通过元体四周界面导入的热流量之和必等于零。对(m,n)节点的能量平衡方程式为

$$\sum \Phi_{i \to (m,n)} = 0 \tag{2-62}$$

设二维物体厚为 δ,由傅里叶定律写出各项导热量表达式代入式(2-62),得

$$\lambda(\Delta y \cdot \delta)\frac{t_{m-1,n}-t_{m,n}}{\Delta x} + \lambda(\Delta y \cdot \delta)\frac{t_{m+1,n}-t_{m,n}}{\Delta x} + \lambda(\Delta x \cdot \delta)\frac{t_{m,n-1}-t_{m,n}}{\Delta y}$$

$$+ \lambda(\Delta x \cdot \delta)\frac{t_{m,n+1}-t_{m,n}}{\Delta y} = 0 \tag{2-63}$$

取 $\Delta x = \Delta y$,则得与上述(2-61)完全相同的结果。应注意,式(2-62)中各项热流量均以流入元体的方向为正。若导热体内有内热源,则在式(2-63)左边应加上内热源项($\dot{\Phi}_{m,n}\Delta x\Delta y$)。

两种方法的区别在于偏微分方程替代法只适用于内部节点且 λ 为常量的情况;而单元体热平衡法,不论对于内部节点还是复杂的边界节点以及内热源分布不均匀和物性参数随温度变化的情况都比较方便,且物理概念比较清楚,易于理解。

对每个节点列出一个温度节点方程,则构成一个方程组,当导热体是第一类边界条件时,联立求解方程组即可求得所有节点的温度值。若为第二类、第三类边界条件,则边界温度未知,还需列出边界节点差分方程才能求解。边界条件的形式不同,其相应的节点差分方程的形式也不同,现以第二类边界条件(通过边界表面的热流密度为 q_w)下的平直表面边界节点为例导出相应的差分方程。对于如图 2-24 所示的边界节点(m,n)建立能量平衡方程,即通过四周界面流入节点(m,n)的热流量(包括从三个相邻节点导入的热量和从边界上流入的热量)与其内热源产生的热量之和为零。注意到该节点所代表的元体只为内部元体的一半(占有半个方格),因此节点($m,n-1$)和($m,n+1$)参与导热的面积仅为厚度乘以步长的一半,则

$$\lambda\Delta y\delta\frac{t_{m-1,n}-t_{m,n}}{\Delta x} + \lambda\frac{\Delta x}{2}\delta\frac{t_{m,n+1}-t_{m,n}}{\Delta y} + \lambda\frac{\Delta x}{2}\delta\frac{t_{m,n-1}-t_{m,n}}{\Delta y} + \Delta y\delta q_w + \frac{\Delta x}{2}\Delta y\delta\dot{\Phi}_{m,n} = 0$$

取 $\Delta x = \Delta y$，化简整理得

$$t_{m,n} = \frac{1}{4}\left(2t_{m-1,n} + t_{m,n-1} + t_{m,n+1} + \frac{2\Delta x}{\lambda}q_w + \frac{\Delta x^2}{\lambda}\dot{\Phi}_{m,n}\right) \qquad (2\text{-}64)$$

若边界表面绝热（$q_w = 0$），则式（2-64）中 $\frac{2\Delta x}{\lambda}q_w$ 为零。若为第三类边界条件，则建立热平衡式时应以 $q_w = h(t_f - t_{m,n})$ 代入。

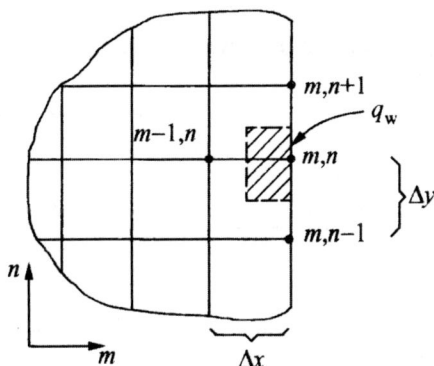

图 2-25　二维稳态导热体平直边界节点示意

同样采用元体热平衡法可建立各种具体条件下边界节点的温度差分方程。表 2-1 列出了二维稳态导热第二、第三类边界条件下的几种边界节点的差分方程。

表 2-1　几种边界节点的温度差分方程

节点位置及边界条件	温度节点差分方程（$\Delta x = \Delta y$）
恒热流边界凸角节点	$t_{m,n} = \dfrac{1}{2}\left(t_{m-1,n} + t_{m,n-1} + \dfrac{2\Delta x}{\lambda}q_w + \dfrac{\Delta x^2}{2\lambda}\dot{\Phi}_{m,n}\right)$
恒热流边界凹角节点	$t_{m,n} = \dfrac{1}{6}\left(2t_{m+1,n} + 2t_{m,n+1} + t_{m-1,n} + t_{m,n-1} + \dfrac{2\Delta x}{\lambda}q_w + \dfrac{3\Delta x^2}{2\lambda}\dot{\Phi}_{m,n}\right)$

续表

节点位置及边界条件	温度节点差分方程（$\Delta x = \Delta y$）
对流边界平直节点	$2\left(\dfrac{h\Delta x}{\lambda}+2\right)t_{m,n}=2t_{m-1,n}+t_{m,n-1}+t_{m,n+1}+2\dfrac{h\Delta x}{\lambda}t_f+\dfrac{\Delta x^2}{\lambda}\dot{\Phi}_{m,n}$，令 $Bi_\Delta=\dfrac{h\Delta x}{\lambda}$ 称为网格毕渥数，则可写为 $$2(Bi_\Delta+2)t_{m,n}=2t_{m-1,n}+t_{m,n-1}+t_{m,n+1}+2Bi_\Delta t_f+\dfrac{\Delta x^2}{\lambda}\dot{\Phi}_{m,n}$$
对流边界凸角节点	$$2\left(\dfrac{h\Delta x}{\lambda}+1\right)t_{m,n}=2t_{m-1,n}+t_{m,n-1}+2\dfrac{h\Delta x}{\lambda}t_f+\dfrac{\Delta x^2}{2\lambda}\dot{\Phi}_{m,n}$$
对流边界凹角节点	$2\left(\dfrac{h\Delta x}{\lambda}+3\right)t_{m,n}=2(t_{m+1,n}+t_{m,n+1})+t_{m-1,n}+t_{m,n-1}+\dfrac{2h\Delta x}{\lambda}t_f+$ $\dfrac{3\Delta x^2}{2\lambda}\dot{\Phi}_{m,n}$

3. 节点差分方程组的求解

由上述可见，运用有限差分法对于每个未知温度的节点都可以建立节点差分方程，求解所有节点差分方程构成的线性代数方程组即可求得各节点的温度值。线性代数方程组的求解方法有消元法、矩阵求逆法、迭代法等，在此仅简单介绍导热数值法中常用的高斯—赛德尔（Gauss-Seidel）迭代法。为方便，各个节点温度用下角标表示节点编号，上角标表示迭代次数，如 t_i^k 表示节点 i 的温度经过第 k 次迭代的结果。其步骤如下。

①首先假设一组节点的温度值 $t_1^0, t_2^0, \cdots, t_n^0$。假设值只影响迭代次数，而不影响最终解的结果。

②将假设的节点温度值代入节点方程组，依次求出各节点温度的新值 $t_1^1, t_2^1, \cdots, t_n^1$（每次总是用各个节点当前最新算出的温度值来计算下一节点的温度值）。

③依此类推，直到相邻两次迭代计算出的两组温度值中各对应节点温度

值的最大偏差小于规定的允许偏差 ε，即 $\max\left|\dfrac{t_i^k-t_i^{k-1}}{t_i^k}\right|<\varepsilon(i=1,2,\cdots,n)$ 第 k 次迭代结果即为所求。

当节点数目较多时，最好借助于计算机求解，且节点数越多，计算机求解的优越性越突出。

2.5　导热形状因子

工程上常需要计算不规则形状物体在两等温壁面之间的导热量，如房屋和炉墙拐角的散热量、热网地下埋设管道的热损失等。

为了便于计算，对于任意形状物体、无内热源、常物性、两个均匀恒温壁面之间的导热量，可采用统一形式的简便计算公式

$$\Phi=\lambda S(t_1-t_2) \tag{2-65}$$

式中，S 为导热形状因子，它完全取决于导热体的几何形状和尺度。

与用热阻计算导热量的计算式 $\Phi=\dfrac{t_1-t_2}{R_\lambda}$ 比较可得

$$S=\frac{1}{\lambda R_\lambda} \tag{2-66}$$

工程中常见的许多复杂结构的导热问题，已经用分析解法或数值解法解出了其形状因子的表达式，部分列于表 2-2 中。

表 2-2　几种导热体的导热形状因子计算式

序号	导热条件	示意图	形状因子 S	适用条件
1			$S=\dfrac{2\pi l}{\mathrm{arch}\dfrac{2H}{d}}$	$l\gg d$
			$S=\dfrac{2\pi l}{\ln\dfrac{4H}{d}}$	$l\gg d$ $H>2d$
2	地下埋管		$S=\dfrac{2\pi l}{\ln\dfrac{4l}{d}}$	$l\gg d$
3			$S=\dfrac{2\pi l}{\ln\left[\dfrac{2\omega}{\pi d}\mathrm{sh}\left(2\pi\dfrac{H}{\omega}\right)\right]}$	$l\gg d$

序号	导热条件	示意图	形状因子 S	适用条件
4	地下深埋双管道之间的导热		$S = \dfrac{2\pi l}{\mathrm{arch}\ \dfrac{\omega^2 - r_1^2 - r_2^2}{2r_1 r_2}}$	$l \gg d_1$ $l \gg d_2$
5	管道偏心热绝缘		$S = \dfrac{2\pi l}{\mathrm{arch}\ \dfrac{d_1^2 + d_2^2 - 4\omega^4}{2d_1 d_2}}$	$l \gg d_2$
6	圆管外包方形绝缘层		$S = \dfrac{2\pi l}{\ln\left(1.08\ \dfrac{b}{d}\right)}$	$l \gg d$
7	炉墙与交边		$S = \dfrac{al}{\Delta x} + \dfrac{bl}{\Delta x} + 0.54l$	内尺寸 a 和 b 均大于 $\dfrac{1}{5}\Delta x$
8	炉墙交角		$S = 0.15\Delta x$	内尺寸均大于 $\dfrac{1}{5}\Delta x$

第3章 非稳态导热过程分析

在自然界和工程上，许多导热问题的温度场是随着时间而变化的，这种导热称为非稳态导热。如汽轮机在启动、停机及变工况时，汽缸、叶片等金属部件的温度会发生急剧变化；加热物料时，物料的温度要按照工艺要求而发生变化；采暖设备间歇供暖或气温发生变化时引起墙内温度场的变化等。

与稳态导热一样，求解非稳态导热问题的关键，在于确定导热物体内部温度场随时间的变化规律，以及在一段时间间隔内物体所传递的热量。

3.1 非稳态导热过程概述

3.1.1 典型非稳态导热过程分析

1. 大平壁一侧突然受热升温时的导热

如图 3-1(a)所示，设有一块大平壁。其内部各处的初始温度是均匀的，都等于环境大气温度 T_0，如图中直线 AD 所示。现在突然使其左侧表面的温度升高到 T_1 并保持不变（如将它与温度恒为 T_1 的高温表面紧密接触），而右侧仍与温度为 T_0 的空气相接触。这时紧挨高温表面那部分的温度很快上升，而其余部分则仍保持初始温度 T_0，如图 3-1 中曲线 HBD 所示。随着时间的推移，τ_1，τ_2，τ_3，…，平壁从左到右各部分的温度也依次升高，从某一时刻开始平壁右侧表面温度逐渐升高，图 3-1 中曲线 HCD、HE、HF 示意性地表示了这种变化过程。经过相当长的时间 τ_∞ 后达到新的稳态，温度分布保持恒定，如直线 HG（导热系数为常数时）所示。

分析上述过程，在平壁右侧表面温度开始升高以前的初始阶段，平壁右侧与周围环境并无换热，从平壁左侧所得到的热量完全储蓄于平壁之中，用以提高自身的温度。从某一时刻开始平壁右侧才向外热，如果以 Φ_1 表示从平壁左侧表面传入的热量，Φ_2 表示右侧表面的散热量，则可得如图 3-1(b)所示的曲线。随着时间的推移，平壁内的温度逐渐升高，Φ_1 随着壁温的升高而减小，而右侧表面只有当其温度开始升高后才向外散热，其散热量 Φ_2 随着右侧壁面温度升高而增大。当 $\Phi_1 = \Phi_2$ 时，平壁进入新的稳态导热阶段。平壁在瞬态导热过程中所获得的热量为图 3-1(b)中阴影部分,其在平壁中的存储形式是以热力学能的形式。

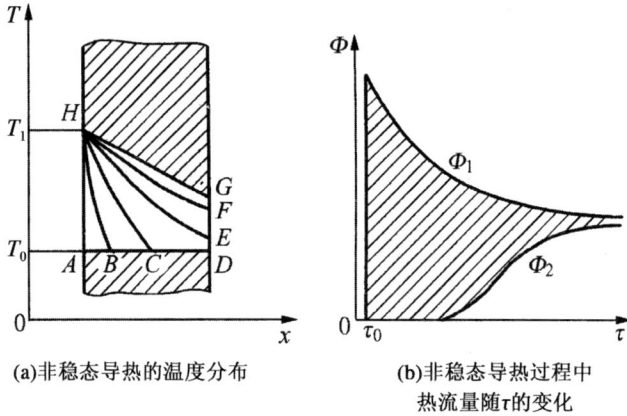

(a)非稳态导热的温度分布

(b)非稳态导热过程中
热流量随τ的变化

图 3-1　平壁单侧受热时的非稳态导热

2. 炽热球体突然置于流体中冷却时的导热

若把一个刚从炉内取出的炽热球形钢锭放在空气中冷却,则从钢锭内部到表面进行着非稳态导热过程,钢锭内各处的温度从表面到球心逐层不断下降,直到钢锭与所处环境达到热平衡而处于稳定状态为止。设钢锭的初始温度为 T_0,空气温度为 T_f,则钢锭内各处的温度随时间和空间位置的变化如图 3-2(a)所示,钢锭散热量随时间的变化如图 3-2(b)所示。

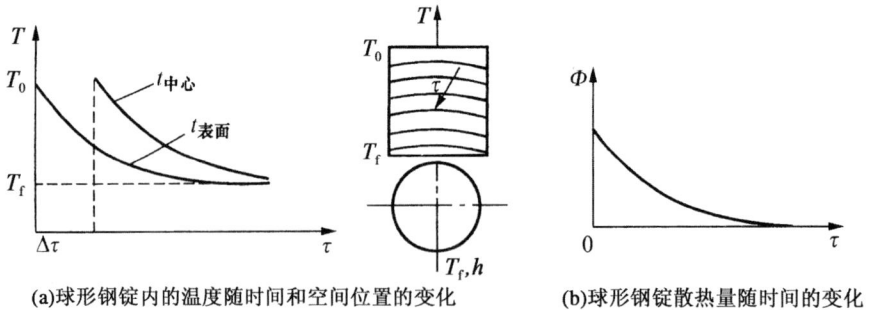

(a)球形钢锭内的温度随时间和空间位置的变化

(b)球形钢锭散热量随时间的变化

图 3-2　球体冷却时的非稳态导热

3.1.2　边界条件对导热系统温度分布的影响

物体处于恒温介质中的非稳态导热过程与物体表面的对流换热热阻和内部导热热阻有关。低热阻可使热流很容易地以低温差通过,高热阻则使热流通过困难,需要较大的温差才能通过。如果物体内部的导热热阻较小而表面的对流换热热阻较大,则物体内部的热量向表面的传递可以在较小的温差下进行,物体内的温度分布在每一时刻都比较均匀,各处的温度接近;反之,则物体内部各处的温度相差较大。表征物体内部导热热阻与物体表面对流换热热阻相对大小的无量纲数(准则数)称为毕渥数。

$$Bi = \frac{物体外部的导热热阻}{物体表面对流交换热热阻}$$

$$= \frac{l/(\lambda A)}{1/(\lambda A)} = \frac{hl}{\lambda}$$

出现在准则数定义式中的几何尺度 l 称为特征长度。

毕渥数的大小对于物体中非稳态导热过程的温度场变化具有重要影响。下面对一简单情形加以分析,图 3-3 表示初始温度为 T_i 的平壁(厚度 2δ)浸没在温度为 T_f,对流换热系数为 h 的流体中进行冷却时的温度随时间变化。

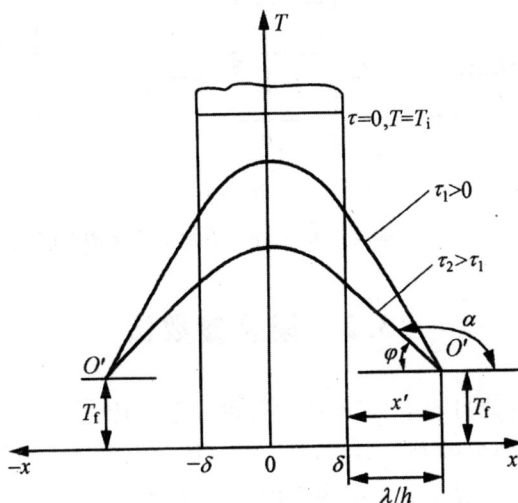

图 3-3 第三类边界条件定向点

无限大平壁在冷却时的第三类边界条件为

$$x = \delta, \quad -\lambda \frac{\partial T}{\partial x}\bigg|_{x=\delta} = h(T|_{x=\delta} - T_f) \tag{3-1}$$

则任意时刻平壁温度分布在壁面处的变化率为

$$\frac{\partial T}{\partial x}\bigg|_{x=\delta} = \frac{T|_{x=\delta} - T_f}{\lambda/h} \tag{3-2}$$

运用图 3-3 所示的几何关系,分析得到在任何时刻,平壁表面温度分布的切线都通过坐标为 $(\delta + \lambda/h, T_f)$ 的 O' 点,称为第三类边界条件的定向点,点 O' 距壁面的距离为

$$x' = \lambda/h = \delta/Bi \tag{3-3}$$

根据上述分析,可以得到毕渥数对于平壁非稳态导热过程温度场变化的影响,如图 3-4 所示。当 $Bi \gg 1$ 时,表面对流换热热阻相对于内部导热热阻而言几乎可以忽略,因而过程一开始平壁的表面温度就在瞬间冷却至流体的温度,随着时间的推移,平壁内部各点温度逐渐下降而趋近于 T_f。在 $Bi \ll 1$ 的情况下,物体内部的导热热阻可以忽略,因而在任何瞬时,平壁内各点的温度几乎是相同的,并且随着时间的推移而逐渐下降,此时,物体内的温度分布只是时间的函数,与空间位置无关。

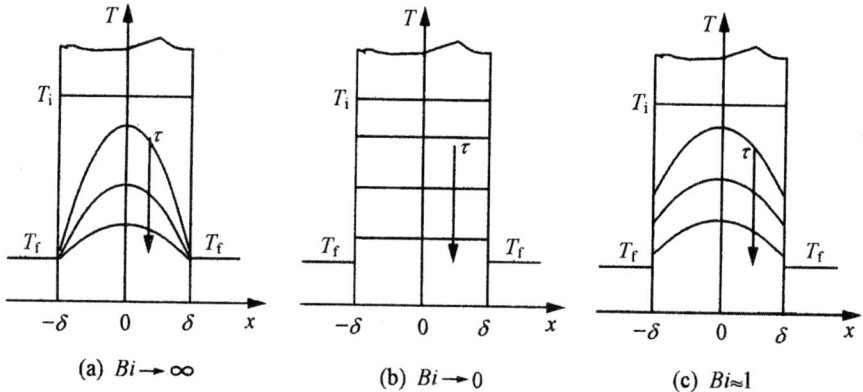

图 3-4　毕渥数 Bi 对平壁温度场变化的影响

3.2　集总参数法

在非稳态导热过程中,当物体内部的导热热阻远小于其表面的换热热阻时,物体内的温度梯度很小,以致于可以认为整个物体各部分的温度在同一时刻都处于同一温度下。则物体内的温度分布与空间坐标无关,而只是时间的函数 $t = f(\tau)$,好像把物体本来连续分布的质量和热容量汇总到一点上了。这种忽略物体内部导热热阻认为物体内温度均匀一致,而只考虑整个物体温度随时间变化的简化分析法称为集总参数法。显然,当物体的导热系数很大,或几何尺寸很小,或表面换热系数极低时都可采用集总参数法,如热电偶测温时其端部接点的导热,许多机械零件淬火、退火时的导热等都是这类问题的典型实例。

如图 3-5 所示,一任意形状的物体,体积为 V,表面积为 A,物性参数 ρ、c、λ 均为常数,无内热源,内部导热热阻很小,其初始温度为 T_0。突然被置于温度为 T_f 的恒温流体中冷却,物体表面与流体之间的换热系数 h 为常数。

该问题可近似地认为是各点温度均匀一致而只随时间变化的非稳态导

热问题。这类问题可直接应用能量平衡关系(即在任一时刻物体表面的换热量等于本身的热力学能变化量)写出其数学描述:

$$hA = (T - T_f) = -\rho c V \frac{dT}{d\tau} \tag{3-4}$$

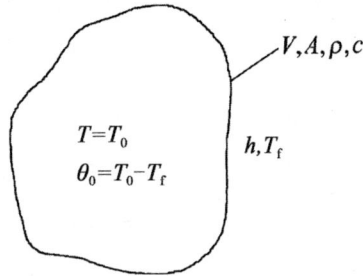

图 3-5　集总参数法分析

实际上,式(3-4)也可通过把物体表面的换热量看作内热源 $\dot{\Phi} = -\dfrac{hA(T - T_f)}{V}$,代入导热微分方程式 $\dfrac{\dot{\Phi}}{\rho c} = \dfrac{dT}{d\tau}$ 的方法求得。为方便求解,引入过余温度 $\theta = T - T_f$ 则式(3-4)改写为

$$hA\theta = -\rho c V \frac{d\theta}{d\tau} \tag{3-5}$$

初始条件为

$$\tau = 0, \theta = \theta_0$$

对式(3-5)分离变量积分

$$\int_{\theta_0}^{\theta} \frac{d\theta}{\theta} = \int_0^{\tau} -\frac{hA}{\rho c V} d\tau$$

可得

$$\ln \frac{\theta}{\theta_0} = -\frac{hA}{\rho c V}\tau \tag{3-6}$$

或写成

$$\frac{\theta}{\theta_0} = e^{-\frac{hA}{\rho c V}\tau} \tag{3-7}$$

即

$$\frac{T - T_f}{T_0 - T_f} = e^{-\frac{hA}{\rho c V}\tau} \tag{3-8}$$

可见,物体内的过余温度随时间呈指数衰减曲线变化,开始变化较快,而后逐渐减缓。由式(3-6)可求出导热体达到某一温度 T 所需要的时间为

$$\tau = \frac{\rho c V}{hA} \ln \frac{\theta_0}{\theta} \tag{3-9}$$

当物体被冷却的时间 $\tau = \dfrac{\rho c V}{hA}$ 时,式(3-6)成为

$$\frac{\theta}{\theta_0} = \mathrm{e}^{-1} = 0.368 = 36.8\%$$

上式表明此时物体的过余温度达到初始过余温度的 36.8%。令 $\tau_c = \dfrac{\rho c V}{hA}$ 具有时间的量纲,称为时间常数,它反映导热体对周围环境温度变化响应的快慢,τ_c 越小,说明物体的温度响应越快,越能迅速接近于周围流体的温度,如图 3-6 所示。由 τ_c 的定义式可知,它取决于导热体的几何参数 $\dfrac{h}{V}$,物性参数 ρ、c 及换热系数 h。导热体自身的热容量($\rho c V$)越小或表面换热条件越好(hA 越大),则 τ_c 越小。对于测温元件,时间常数是重要的参数,它是表征测温元件对流体温度变化响应快慢的指标。当 $\tau = 4\tau_c$ 时 $\dfrac{\theta}{\theta_0} = \mathrm{e}^{-4} = 1.83\%$,即已趋于 T_f。工程上一般认为 $\tau = 4\tau_c$ 时已达到热平衡。

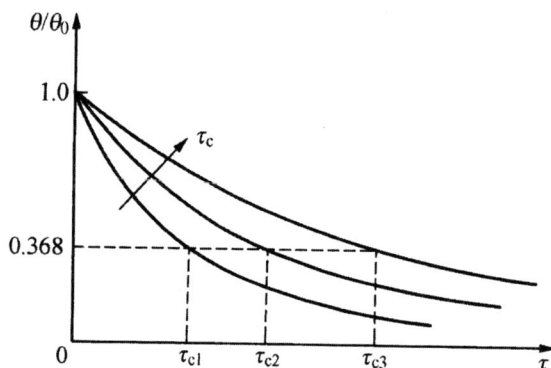

图 3-6　不同时间常数物体的温度变化

导热体在任一时刻 τ,单位时间内与周围环境之间所交换的瞬时热流量为

$$\Phi = hA\theta = hA\theta_0 \mathrm{e}^{-\frac{hA}{\rho c V}\tau} \ \mathrm{W} \tag{3-10}$$

导热体从初始时刻至某一时刻($0 \sim \tau$)的时间间隔内与周围环境所交换的总热流量为

$$Q = \int_0^\tau \Phi \mathrm{d}\tau = \int_0^\tau hA\theta_0 \mathrm{e}^{-\frac{hA}{\rho c V}\tau} \mathrm{d}\tau = \rho c V\theta_0 (1-\mathrm{e}^{-\frac{hA}{\rho c V}\tau})$$

$$= \rho c V(T_0 - T_f)\left[1 - \exp\left(-\frac{hA}{\rho c V}\tau\right)\right] \ \mathrm{J} \tag{3-11}$$

应注意,式(3-10)所计算的是 τ 时刻导热体的热传导速率,而式(3-11)所计算的是 $0 \sim \tau$ 时间间隔内导热体与周围环境所交换的热量。因而式

(3-10)计算结果的单位为 W,式(3-11)计算结果的单位为 J。

还应注意,式(3-7)中 e 的指数 $\dfrac{hA}{\rho c V}\tau$ 也可分解为

$$\frac{hA}{\rho c V}\tau = \frac{h(V/A)}{\lambda}\frac{(\lambda/\rho c)\tau}{(V/A)^2} = Bi_V F_{oV}$$

于是式(3-7)可改写为

$$\frac{\theta}{\theta_0} = e^{Bi_V F_{oV}} \qquad (3\text{-}12)$$

式中,$Bi = hL/\lambda$,称为毕渥数(J. B. Biot 数)。Bi 为一表征物理现象特征的无量纲数,习惯上也称为特征数或准则数,其数值 $Bi = \dfrac{hL}{\lambda} = \dfrac{L/\lambda}{1/h}$ 表示物体内部的导热热阻 L/λ 与表面的传热热阻 $1/h$ 的相对大小。$Fo = a\tau/L^2$,称为傅里叶数。Fo 也是一个无量纲数,其数值 $Fo = \dfrac{a\tau}{L^2} = \dfrac{\tau}{L^2/a}$ 表示瞬态导热过程的无量纲时间。Fo 与 Bi 一起决定了瞬态导热过程中物体内的温度分布。式中 L 为导热体的特征尺寸;对于厚为 2δ 的无限大平壁,$L = \delta$;对于半径为 R 的长圆柱和半径为 R 的球体,$L = R$;此处 Bi_V 和 Fo_V 的下脚标 V 表示其特征尺寸为 $L_V = V/A$。对于厚 2δ 的大平壁,$L_V = (A \cdot 2\delta)/(2A) = \delta$;对于半径为 R 的长圆柱,$L_V = \dfrac{\pi R^2 l}{2\pi R l} = \dfrac{R}{2}$;对于半径为 R 的球,$\dfrac{4/3\pi R^3}{4\pi R^2} = \dfrac{R}{3}$。$Bi$ 与 Bi_V 之间的关系可写另 $Bi_V = M Bi$,M 是与物体几何形状有关的无量纲数,由 Bi 与 Bi_V 中特征尺寸的关系可知,对于大平壁、长圆柱和球,值分别 M 为 1、$\dfrac{1}{2}$ 和 $\dfrac{1}{3}$。

分析表明,Bi 对导热体内的温度分布有很大的影响。Bi 越小,采用集总参数法计算的结果越接近于实际情况。当满足 $Bi < 0.1$,即 $Bi_V < 0.1M$ 时,导热体内各点间的过余温度的偏差小于 5%,所以,一般允许采用集总参数法求解的判别条件为

$$Bi < 0.1$$

或

$$Bi_V = \frac{H(V/A)}{\lambda} < 0.1M \qquad (3\text{-}13)$$

上述各式是在物体被冷却的条件下导出的,同样适用于物体被加热的情况。

【例 3-1】　在模拟涡轮叶片前缘冲击冷却试验中,用温度为 20℃ 的冷空气冲击 300℃ 的铝制模型试件。试件几何尺寸如图 3-7 所示:体积为 $3 \times 10^{-5} \mathrm{m}^3$,冲击表面积为 $6 \times 10^{-3} \mathrm{m}^2$,其余表面绝热。冷吹风 1min 后,试

件温度为 60℃,试问平均对流换热系数为多少? 已知铝的导热系数 $\lambda =$ 200W/(m·K);比热容 $c = 0.9$kJ/(kg·K);密度 $\rho = 2700$kg/m³。

解 由于铝的导热系数较大,因此可先按集总热容体计算,待求出对流换热系数后,再校核是否满足集总参数法计算条件。

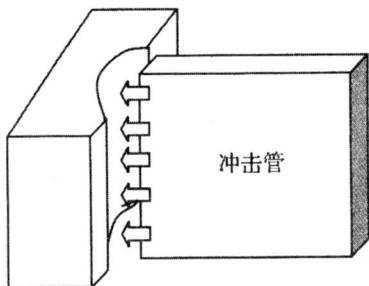

图 3-7 例 3-1 图

$$\text{由} \quad \ln \frac{\theta}{\theta_0} = -\frac{hA}{\rho c V}\tau$$

得

$$h = -\frac{\rho c V}{A\tau}\ln \frac{\theta}{\theta_0} = -\frac{2700 \times 0.9 \times 10^3 \times 3 \times 10^{-5}}{6 \times 10^{-3} \times 60}\ln \frac{60-20}{300-20} = 394\text{W}/(\text{m}^2 \cdot \text{K})$$

校核

$$Bi = \frac{hl}{\lambda} = \frac{h\left(\dfrac{V}{A}\right)}{\lambda} = \frac{394 \times (3 \times 10^{-5}/6 \times 10^{-3})}{200} = 9.85 \times 10^{-3} < 0.1$$

因此,本题采用集总参数分析可行,不会引起太大的误差。

【例 3-2】 为了测定铜球与空气之间的对流换热系数,把一个直径 $D = 50$mm,导热系数 $\lambda = 85$W/(m·K),热扩散率 $a = 2.95 \times 10^{-5}$ m²/s,初始温度 $T_0 = 300$℃的铜球移置于 60℃ 的大气中,经过 21min 后,测得铜球表面温度为 90℃,试求铜球与空气间的对流换热系数及在此时间内的换热量。

解 本题换热系数未知,即 Bi_V 未知,所以无法判断是否满足集总参数法的条件。为此,先假定可采用集总参数法,然后验算。

$$Fo_V = \frac{a\tau}{(V/A)^2} = \frac{2.95 \times 10^{-5} \times 21 \times 60}{(0.025/3)^2} = 535.25$$

由 $\dfrac{\theta}{\theta_0} = e^{Bi_V Fo_V}$ 得

$$Bi_V = -\frac{1}{Fo_V}\ln \frac{\theta}{\theta_0} = -\frac{1}{535.25}\ln \frac{90-60}{300-60} = 3.885 \times 10^{-3}$$

显然,$Bi_V = 3.885 \times 10^{-3} < 0.03333$,故满足集总参数法的适用条件。

由 $Bi_V = \dfrac{h(V/A)}{\lambda}$ 得

$$h = Bi_V \frac{\lambda}{(V/A)} = 3.885 \times 10^{-3} \times \frac{85}{0.025/3}$$

由式(3-10)计算换热量

$$Q = \rho c V (T_0 - T_f) \left[1 - \exp\left(-\frac{hA}{\rho c V}\tau\right) \right] = \frac{\lambda}{a} \frac{\pi}{6} D^3 (T_0 - T_f)(1 - e^{Bi_V Fo_V})$$

$$= \frac{85}{2.95 \times 10^{-5}} \times \frac{\pi}{6} \times 0.05^3 \times (300 - 60)(1 - e^{-2.07945})$$

$$= 39.6 (\text{kJ})$$

3.3　典型一维非稳态导热分析

对于非稳态导热问题的求解,当不满足集总参数法的应用条件时,若采用集总参数法则会产生大于 5% 的误差,这是工程上不允许的。对于工程中常见的第三类边界条件下大平壁、长圆柱及球体的加热或冷却等一维非稳态导热问题,可采用分析解法通过求解导热微分方程式解得其特定条件下的温度分布,但所用数学知识已超出本书范围。本节介绍从微分相似法出发找出影响温度分布的参数,采用线算图求解的图解法。

3.3.1　一维非稳态导热问题的数学描述

现以无限大平壁的非稳态导热为例分析。如图 3-8 所示,一厚为 2δ 的无限大平壁,无内热源,导热系数 λ 和热扩散率 a 均为常数,初始温度为 T_0,在某一瞬间突然被置于温度为 T_f 的恒温流体中,且 $T_f < T_0$,平壁两侧的对流换热系数均为 h。欲求:壁内温度分布随时间的变化规律。

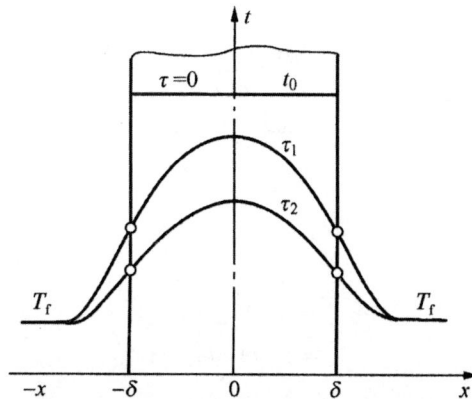

图 3-8　第三类边界条件平壁非稳态导热

该问题为第三类边界条件下无内热源、沿厚度方向进行的一维非稳态导热问题。由于几何及换热的对称性,壁内温度以其中心截面为对称面而对称分布,所以只讨论平壁半厚 δ 的情况即可。

导热微分方程为

$$\frac{\partial T}{\partial \tau} = a\frac{\partial^2 T}{\partial x^2}$$ (3-14)

初始条件

$$\tau = 0, T = T_0 \quad (0 \leqslant x \leqslant \delta)$$

边界条件

$$\tau > 0, x = 0 \quad \frac{\partial T}{\partial x} = 0$$

$$x = \delta - \lambda\frac{\partial T}{\partial x}\Big|_{x=\delta} = h(t\big|_{x=\delta} - T_f)$$ (3-15)

引入过余温度 $\theta = T - T_f$,则式(3-14)改写为

$$\frac{\partial \theta}{\partial \tau} = a\frac{\partial^2 \theta}{\partial x^2}$$

$$\tau = 0 \quad \theta = \theta_0 \quad 0 \leqslant x \leqslant \delta$$

$$\tau > 0 \quad x = 0 \quad \frac{\partial \theta}{\partial x}\Big|_{x=0} = 0$$

$$x = \delta - \lambda\frac{\partial \theta}{\partial x}\Big|_{x=\delta} = h\theta\big|_{x=\delta}$$

3.3.2 微分相似法分析

引入无量纲过余温度 $\Theta = \dfrac{\theta}{\theta_0}$ 及无量纲尺寸 $X = \dfrac{x}{\delta}$,使其数学描述无量纲化,则式(3-15)改写为

$$\frac{\partial \Theta}{\partial \tau} = \frac{a}{\delta^2}\frac{\partial^2 \Theta}{\partial X^2}$$

或

$$\frac{\partial \Theta}{\partial\left(\frac{a\tau}{\delta^2}\right)} = \frac{\partial^2 \Theta}{\partial X^2}$$

即

$$\frac{\partial \Theta}{\partial (Fo)} = \frac{\partial^2 \Theta}{\partial X^2}$$ (3-16)

$$\tau = 0 \quad \Theta = \Theta_0 = 1$$

$$\tau > 0, \quad X = 0, \frac{\partial \Theta}{\partial X}\Big|_{X=0} = 0$$

$$X=1, \frac{\partial \Theta}{\partial X}\bigg|_{X=1}=-\frac{h\delta}{\lambda}\Theta\bigg|_{X=1} \quad 或 \quad \frac{\partial \Theta}{\partial X}\bigg|_{X=1}=-Bi\Theta\bigg|_{X=1}$$

由式(3-16)可见

$$\Theta=\frac{\theta}{\theta_0}=f(Bi,Fo,X) \tag{3-17}$$

式(3-17)说明当不满足 $Bi<0.1$ 时,物体内的温度分布不仅取决于 Fo、Bi,而且还与空间位置 X 有关。这正体现了与集总参数法的根本区别。

3.3.3　计算线图的使用

工程上为了计算方便,将 $\Theta=\frac{\theta}{\theta_0}=f(Bi,Fo,X)$ 的关系绘制成了线算图,若以 θ_m 表示 τ 时刻平壁中心截面处的过余温度,则在平壁中心截面处,$X=x/\delta=0$ 为一定值,由式(3-17)得

$$\frac{\theta_m}{\theta_0}=f(Bi,Fo)$$

按该式绘制的线算图如图 3-9 所示,图中以 $Fo=a\tau/\delta^2$ 为横坐标,$1/Bi=\lambda/(h\delta)$ 为参变量,纵坐标为 θ_m/θ_0 之值。由任意两个已知量即可从图上查出相应的第三个量,当已知加热或冷却的时间时,可查出相应的 θ_m/θ_0 之值,从而根据已知的 $\theta_0=T_0-T_f$,由 $\theta_m=T_m-T_f$,求得平壁中心温度 T_m。当已知平壁中心温度 T_m 时,可查出相应的 $Fo=\frac{a\tau}{\delta^2}$ 之值,从而求得所需加热、冷却的时间。

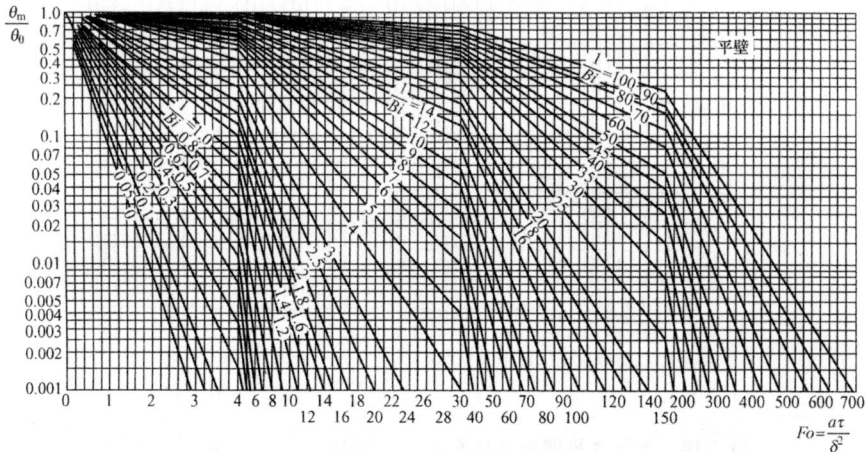

图 3-9　无限大平壁无量纲中心温度 $\frac{\theta}{\theta_0}=f(Bi,Fo,X)$ 的线算图

对于距离平壁中心截面 x 处的截面,在 τ 时刻的过余温度 θ 与同一时

刻的中心截面过余温度 θ_m 之比为

$$\frac{\theta}{\theta_m} = f(Bi, X) \tag{3-18}$$

按该式绘制的线算图如图 3-10 所示,图中以 $1/Bi$ 为横坐标,$X = x/\delta$ 为参变量,由这两个参数值即可查出纵坐标上相应的 θ/θ_m 之值。于是 τ 时刻平壁内任意截面 x 处的过余温度 θ 与初始时刻的过余温度 θ_0 之比可由下式算出

$$\frac{\theta}{\theta_0} = \frac{\theta}{\theta_m} \frac{\theta_m}{\theta_0} \tag{3-19}$$

根据 θ/θ_0 的值和已知的 $\theta_0 = T_0 - T_f$;$\theta = T - T_f$ 即可求得壁内任意截面处的温度 T。

若要确定使壁内某处的温度达到某一定值所需加热或冷却的时间时,可先由图 3-9 根据 $1/Bi$ 和 $X = x/\delta$ 查得 θ/θ_m,此时 θ 值已知即可求得 θ_m。然后算出 θ_m/θ_0 之值,再由图 3-10 根据 $1/Bi$ 和 $X = x/\delta$ 查得相应的 Fo,根据 $Fo = a\tau/\delta^2$ 即可求出达到此温度所需时间。

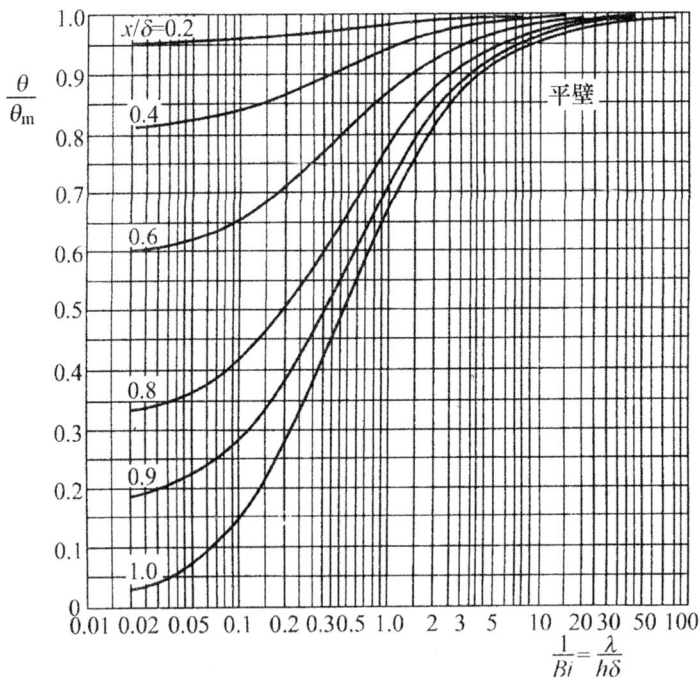

图 3-10 无限大平壁任意位置无限量刚温度 $\dfrac{\theta}{\theta_m} = f\left(Bi, \dfrac{x}{\delta}\right)$ 曲线

上述线算图适用于厚为 2δ 的大平壁处于恒温介质第三类边界条件下的瞬态导热,不论物体是被加热还是被冷却。对于厚为 δ 的大平壁一

侧绝热、另一侧为对流换热边界条件下的加热或冷却问题也适用,这是由于这两种问题的数学描述完全一致。此外,还可应用于第一类边界条件的情况,因为当 $h \to \infty$ 时 $Bi \to \infty$,意味着在过程开始的瞬间,物体表面就达到了周围介质温度,这时恒温介质第三类边界条件转化为恒壁温第一类边界条件,所以线算图中 $1/Bi = 0$ 的曲线实质上就代表恒壁温第一类边界条件的解。

对于温度只沿半径方向变化的圆柱体(如无限长圆柱体或两端面绝热的圆柱体)和球体在第三类边界条件下的一维非稳态导热问题,同理分别在圆柱坐标系和球坐标系中进行与上述类似的分析,可得类似的结果

$$\frac{\theta}{\theta_0} = f\left(Fo, Bi, \frac{r}{R}\right) \tag{3-20}$$

式中,R 为圆柱体或球体的半径,r 为圆柱体或球体内的任意半径,$Fo = a\tau/R^2$。类似地可绘制出 $\theta_m/\theta_0 = f(Fo, Bi)$ 和 $\theta/\theta_m = f(Bi, r/R)$ 的线算图,对于长圆柱体的线算图如图 3-11、图 3-12 所示,关于球体的线算图可参阅有关文献。

从非稳态导热过程开始时刻到导热体与周围介质达到热平衡为止,整个过程中所交换的热量为 $Q_0 = \rho c V(t_0 - t_f)$,当已知任一 τ 时刻导热体的温度分布时,导热体从 $0 \sim \tau$ 时间间隔内与周围流体交换的热量 Q 与 Q_0 的比值为

$$\frac{Q}{Q_0} = 1 - \frac{\theta}{\theta_0} = f(Bi, Fo) \tag{3-21}$$

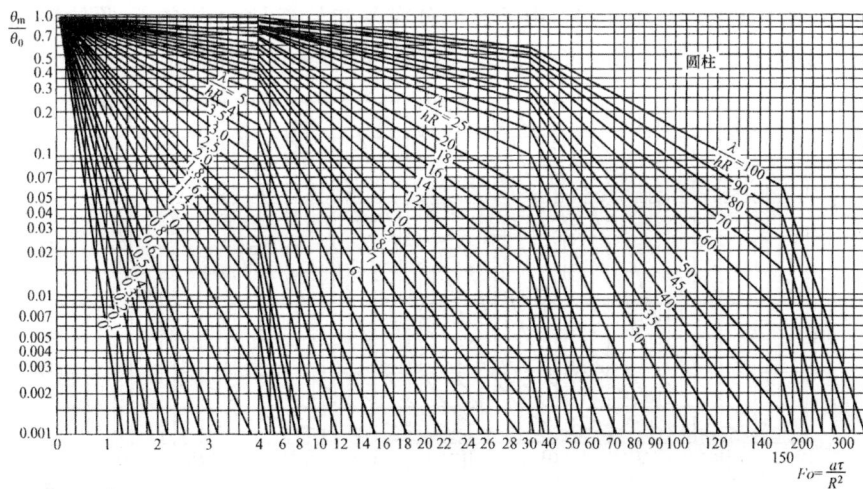

图 3-11　无限长圆柱无量纲中心温度 $\dfrac{\theta_m}{\theta} = f(Bi, Fo)$

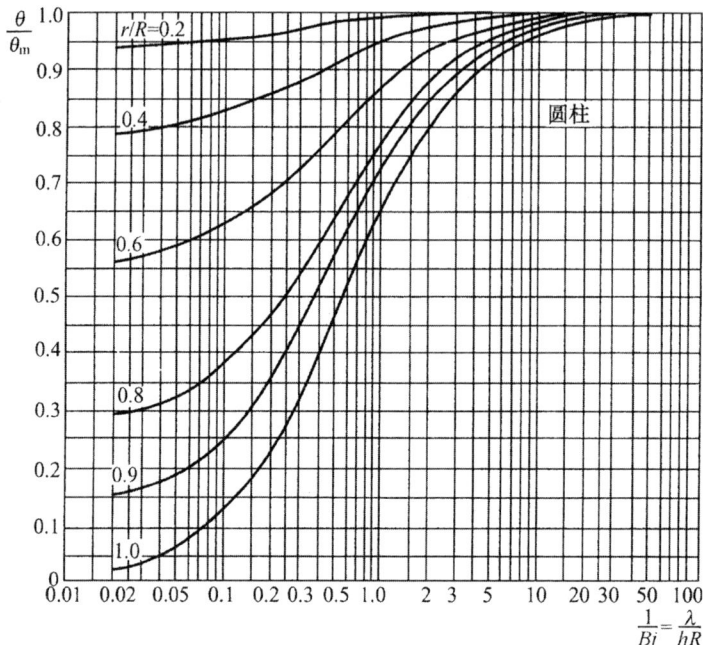

图 3-12　无限长圆柱体任意位置无量纲温度 $\dfrac{\theta}{\theta_m} = f\left(Bi, \dfrac{r}{R}\right)$ 曲线

对于大平壁和长圆柱，根据式（3-21）绘制的线算图如图 3-13、图 3-14 所示，图中以 $Bi^2 Fo = h^2 a\tau / \lambda^2$ 横坐标，Bi 为参变量，由这两个量即可查出相应的 Q/Q_0 之值，从而可求得 Q。

需要注意的是，上述线算图仅适用于 $Fo \geqslant 0.2$ 的场合（即正规状况情况）。对于 $Fo < 0.2$ 的情况，由于温度分布受初始条件的影响，问题的解必须采用数学描写的完整分析解的公式计算，可参阅有关文献。

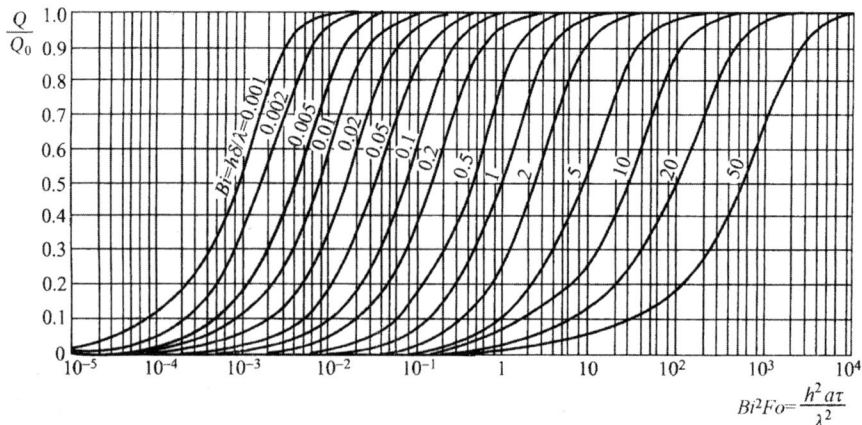

图 3-13　无限大平壁的 $\dfrac{Q}{Q_0}$ 图

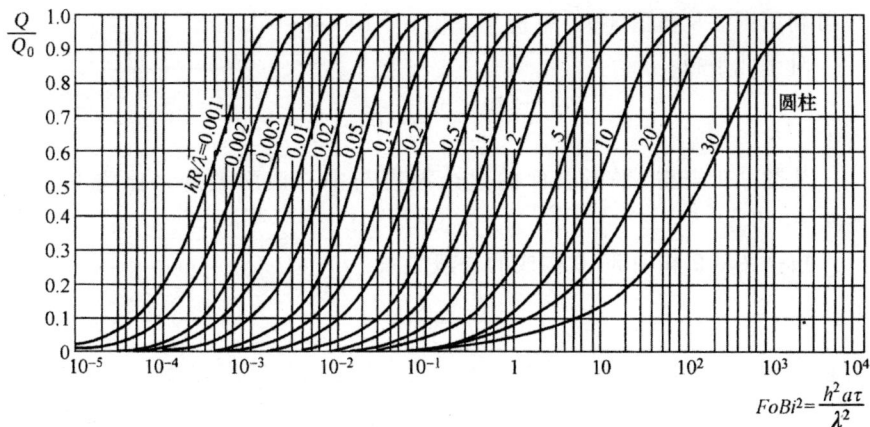

图 3-14　无限长圆柱的 $\dfrac{Q}{Q_0}$ 线算图

【例 3-3】　一无限大平板，热扩散系数 $a = 1.8 \times 10^{-6}\ \mathrm{m^2/s}$，厚度为 25mm，具有均匀初始温度 150℃。若突然把表面温度降到 30℃，试计算 1min 后平板中间的温度。

解　依题意：

$$a = 1.8 \times 10^{-6}\ \mathrm{m^2/s}, \quad 2\delta = 0.25\mathrm{m}, \quad \tau = 60\mathrm{s}$$

$$T_\mathrm{m} = 150℃, \quad T_\mathrm{f} = T_\mathrm{w} = 30℃, \quad x = \delta = 0.0125\mathrm{m}$$

由以上数据，代入计算式

$$\frac{\theta}{\theta_\mathrm{m}} = \frac{T - T_\mathrm{f}}{T_\mathrm{m} - T_\mathrm{f}} = \frac{4}{\pi} \sum_{n=1}^{\infty} \frac{1}{n} \mathrm{e}^{-\left(\frac{n\pi}{2\delta}\right)^2 a\tau} \sin \frac{n\pi x}{2\delta}, n = 1,3,5\cdots$$

若只取前面非零的四项（$n = 1,3,5,7$）计算，得

$$\frac{T - T_\mathrm{f}}{T_\mathrm{m} - T_\mathrm{f}} = \frac{4}{\pi}(0.18177 - 7.22 \times 10^{-8} + 6.15 \times 10^{-20} - 5.21 \times 10^{-37}) = 0.2314$$

由此求得在 1min 后，平板中间温度为

$$T = 0.2314(T_\mathrm{m} - T_\mathrm{f}) + T_\mathrm{f} = 0.2314 \times (150 - 30) + 30 = 57.8℃$$

讨论一般以 $Fo \geqslant 0.2$ 为界，判断非稳态导热过程进入正规状况阶段。此时无穷级数的解可以用第一项来近似地代替，所得的物体中心温度与采用完整级数计算得到的值的差别基本能控制在 1% 以内。本例题中 $Fo = 0.69$，可以看出，级数的第一项较后几项高出多个数量级。

【例 3-4】　一块厚度为 100mm 的钢板放入温度为 1000℃ 的炉中加热，钢板一面受热，另一面可近似地认为是绝热的。钢板初始温度为 200℃。求钢板受热表面的温度达到 500℃ 时所需的时间，并计算此时剖面上的最大温差。取加热过程中的平均表面对流换热系数 $h = 174\ \mathrm{W/(m^2 \cdot K)}$，钢板的导热系数 $\lambda = 34.8\ \mathrm{W/(m \cdot K)}$，热扩散系数 $a = 5.55 \times 10^{-6}\ \mathrm{m^2/s}$。

解　依题意，这一问题相当于厚度为 200mm 的平板对称受热的情形，

故可利用图 3-8 和图 3-9。平板半厚度 $\delta=100\text{mm}=0.1\text{m}$。

对于此平板

$$Bi=\frac{h\delta}{\lambda}=\frac{174\times0.1}{34.8}=0.5,\frac{x}{\delta}=1.0$$

从图 3-9 查得,平板表面的过余温度与中心截面温度之比为 0.8,即 $\theta/\theta_m=0.8$。

根据图 3-9 和图 3-10 构成的一般关系

$$\frac{\theta_0}{\theta_m}=\frac{\theta_0}{\theta}\frac{\theta}{\theta_m}$$

得到

$$\frac{\theta}{\theta_m}=\frac{\dfrac{\theta_0}{\theta_m}}{\dfrac{\theta_0}{\theta}}=\frac{\dfrac{T-T_f}{T_m-T_f}}{\dfrac{\theta_0}{\theta}}=\frac{\dfrac{500-1000}{20-1000}}{0.8}=\frac{0.51}{0.8}=0.637$$

据 $\dfrac{\theta}{\theta_m}$ 和 Bi 的数值,从图 3-9 上查得 $Fo=1.2$,所以

$$\tau=Fo\frac{\delta^2}{a}=1.2\times\frac{0.1^2}{5.55\times10^{-6}}=2.16\times10^3\text{s}$$

剖面上最大温差应该是中心截面和表面温度之差。

由 $\theta/\theta_m=0.637$,得到平板中心截面温度为

$$T=0.637\theta_m+T_f=0.637\times(20-1000)+1000=376℃$$

故得剖面上最大温差为

$$\Delta T_{max}=T_m-T=500-376=124℃$$

3.4 半无限大物体的非稳态导热分析

无限厚的大平板只有一个界面,称做"半无限大物体"。物体的长和宽也是无限大的,热流方向和 $x=0$ 的平面相垂直。"半无限大物体"在工程上有广泛的应用,如大部件表面硬化和淬火等。四周被绝热的长杆,初始温度均匀一致,一端被冷却或加热时,也是一种等效的半无限大物体。

图 3-15 所示的半无限大物体,其初始温度为 T_0,表面突然与温度为 T_f 的流体相接触,表面温度从 T_0 升高到 T_f,并保持不变。由此引起的非稳态导热是一维问题。假设物性参数为常数;则导热微分方程式的形式为

$$a\frac{\partial^2 T}{\partial x^2}=\frac{\partial T}{\partial\tau}$$

初始条件　$\tau=0$　$T(x,0)=T_0$

边界条件　$\tau>0$　$T(0,\tau)=T_f$

此问题的解为

$$\frac{T(x,\tau)-T_\mathrm{f}}{T_0-T_\mathrm{f}}=\operatorname{erf}\frac{x}{2\sqrt{a\tau}} \tag{3-22}$$

式中，$\operatorname{erf}\dfrac{x}{2\sqrt{a\tau}}$ 称为误差函数，其定义为

$$\operatorname{erf}\frac{x}{2\sqrt{a\tau}}=\frac{2}{\sqrt{\pi}}\int_0^{x/2\sqrt{a\tau}}\mathrm{e}^{-\eta^2}\mathrm{d}\eta \tag{3-23}$$

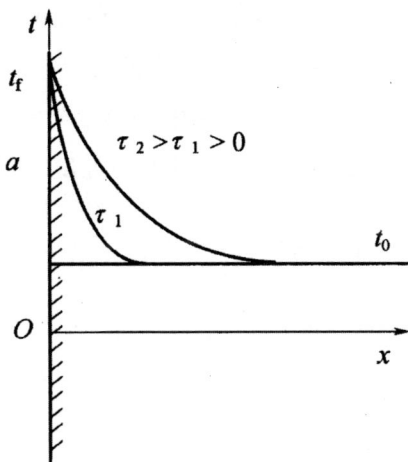

图 3-15　半无限大物体的受热过程

式中，η 为虚变量，积分是其上限的函数。将误差函数定义式代入式（3-21）中，温度分布的表达形式为

$$\frac{T(x,\tau)-T_\mathrm{f}}{T_0-T_\mathrm{f}}=\frac{2}{\sqrt{\pi}}\int_0^{x/2\sqrt{a\tau}}\mathrm{e}^{-\eta^2}\mathrm{d}\eta \tag{3-24}$$

任意点的热流可由傅里叶定律得到。

$$Q_x=-\lambda F\frac{\partial t}{\partial x}$$

对式（3-23）求偏导数得

$$\frac{\partial T}{\partial x}=(T_0-T_\mathrm{f})\frac{2}{\sqrt{\pi}}\mathrm{e}^{-\frac{x^2}{4a\tau}}\frac{\partial}{\partial x}\left(\frac{x}{2\sqrt{a\tau}}\right)=\frac{(T_0-T_\mathrm{f})}{\sqrt{\pi a\tau}}\mathrm{e}^{-\frac{x^2}{4a\tau}}$$

$$Q_x=-\lambda F\frac{T_0-T_\mathrm{f}}{\sqrt{\pi a\tau}}\mathrm{e}^{-\frac{x^2}{4a\tau}} \tag{3-25}$$

通过该表面的热流为

$$Q_0=-\lambda F\frac{T_0-T_\mathrm{f}}{\sqrt{\pi a\tau}} \tag{3-26}$$

半无限大物体的温度分布可参考图 3-16。误差函数的数值可参看有

关数学书籍及附录中附表。

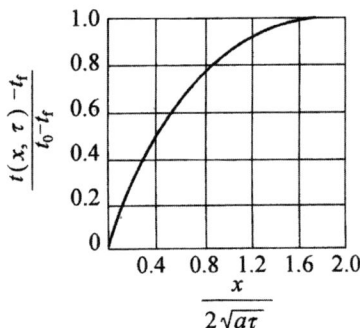

图 3-16　半无限大物体中的温度分布

【例 3-5】　一块大铝板处于 200℃ 的均匀温度下,其表面温度突然降至 70℃。求距表面 4.0cm 深处的温度降至 120℃ 时,单位表面积总共放出了多少热量。(铝的导温系数、导热系数分别为 $a = 8.4 \times 10^{-5} \, \text{m}^2/\text{s}$,$\lambda = 215 \text{W}/(\text{m} \cdot \text{K})$)

解　应首先求出温度达到 120℃ 需要多少时间。

由式(3-21)得

$$\frac{T(x,\tau) - T_f}{T_0 - T_f} = \frac{120 - 70}{200 - 70} = 0.3847 = \text{erf} \, \frac{x}{\sqrt{a\tau}}$$

查误差函数表得

$$\frac{x}{2\sqrt{a\tau}} = 0.3553$$

$$\tau = \frac{0.04^2}{4 \times 0.3553^2 \times 8.4 \times 10^5} = 37.72\text{s}$$

对式(3-25)进行积分得从单位表面散出的总热量为

$$q_0 = \frac{Q_0}{F} = \int_0^\tau \frac{\lambda(T_f - T_0)}{\sqrt{\pi a \tau}} d\tau = 2\lambda(T_f - T_0)\sqrt{\frac{\tau}{\pi a}}$$

$$= 2 \times 215 \times (70 - 200)(\frac{37.72}{\pi \times 8.4 \times 10^{-5}})^{\frac{1}{2}}$$

$$= -21.13 \times 10^6 \text{J/m}^2$$

3.5　多维非稳态导热分析

3.5.1　多维非稳态导数的乘积法

数学上可以证明,对于几种特定的典型几何形状的物体,在第三类(或者第一类)边界条件下,能够借助于一维非稳态问题的分析解获得多维问题的分析解。下面以无限长长方柱体的非稳态导热问题为例来作说明。如图3-17(a)所示的长方形柱体截面,其尺寸为 $2\delta_1 \times 2\delta_2$,坐标系 Oxy 的原点建在截面的中心点处。这里无限长的矩形柱体可以看做两个无限大平板垂直相交所截出的物体,如图 3-17(b)与图 3-17(c)所示。本节就是讨论这个长方形柱体的二维截面上温度场与这两块无限大平板的温度场间的关系。

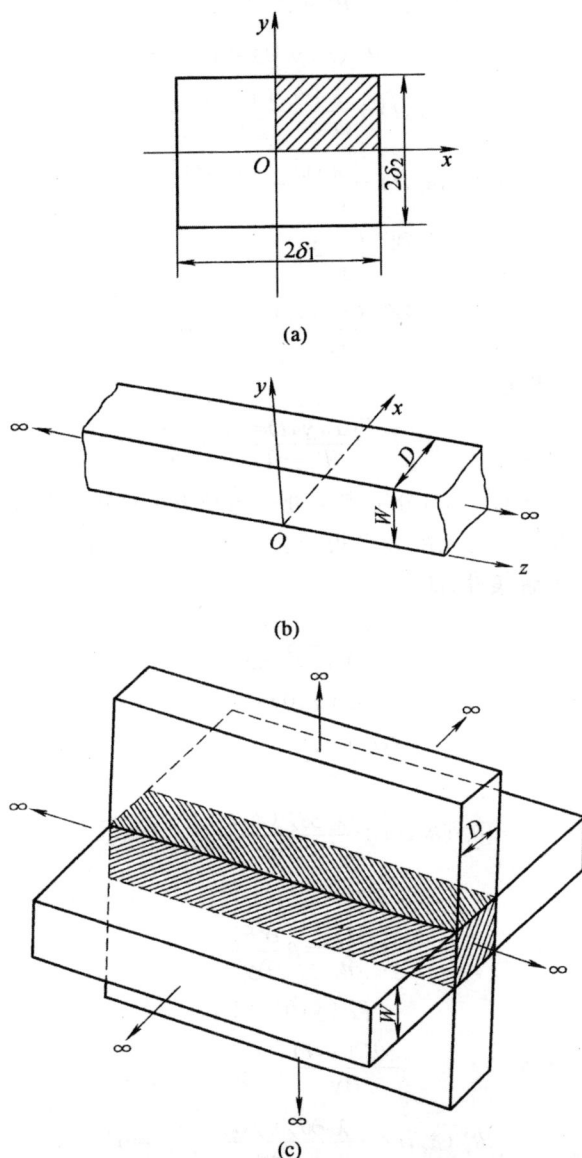

(a)

(b)

(c)

图 3-17　无限长柱体的横截面及柱体的形成

设方柱体的初始温度为 T_0，过程开始时刻时柱体置于温度为 T_f 的流体中，假定表面与流体间的表面传热系数为 a，试求方柱截面的温度场分布。显然，由于坐标系原点取在截面中心处，因此仅需要考虑图 3-16(a) 中有阴影线的四分之一截面就可以了。引进过余温度 θ，于是所讨论截面上温度分布 $T(x,y,t)$ 满足的导热微分方程和定解条件为

$$\frac{\partial \theta^*}{\partial t} = \beta \left(\frac{\partial^2 \theta^*}{\partial x^2} + \frac{\partial^2 \theta^*}{\partial y^2} \right) \tag{3-27}$$

$$\theta^*(x,y,0) = 1 \tag{3-28}$$

$$\theta^*(\delta_1, x, t) + \frac{\lambda}{a} \frac{\partial \theta^*(x,y,t)}{\partial x} \Big|_{x=\delta_1} = 0 \tag{3-29}$$

$$\theta^*(x, \delta_2, t) + \frac{\lambda}{a} \frac{\partial \theta^*(x,y,t)}{\partial y} \Big|_{y=\delta_2} = 0 \tag{3-30}$$

$$\frac{\partial \theta^*(x,y,t)}{\partial x} \Big|_{x=0} = 0 \tag{3-31}$$

$$\frac{\partial \theta^*(x,y,t)}{\partial y} \Big|_{y=0} = 0 \tag{3-32}$$

式中，θ^* 由下式确定

$$\theta^* = \frac{T(x,y,t) - T_f}{T_0 - T_f} = \frac{\theta}{\theta_0} \tag{3-33}$$

如果令 $\theta_x^*(x,t)$ 与 $\theta_y^*(y,t)$ 分别表示处于与长方形柱体同样定解条件下厚度分别为 $2\delta_1$ 与 $2\delta_2$ 的无限大平板的分析解，它们分别满足如下各自的导热微分方程与定解条件，即

$$\frac{\partial \theta_x^*}{\partial t} = \beta \frac{\partial^2 \theta_x^*}{\partial x^2} \tag{3-34}$$

$$\theta_x^*(x,0) = 1 \tag{3-35}$$

$$\frac{\partial \theta_x^*(x,t)}{\partial x} \Big|_{x=0} = 0 \tag{3-36}$$

$$\theta_x^*(\delta_1, t) + \frac{\lambda}{a} \frac{\partial \theta_x^*(x,t)}{\partial x} \Big|_{x=\delta_1} = 0 \tag{3-37}$$

以及

$$\frac{\partial \theta_y^*}{\partial t} = \beta \frac{\partial^2 \theta_y^*}{\partial y^2} \tag{3-38}$$

$$\theta_y^*(y,0) = 1 \tag{3-39}$$

$$\frac{\partial \theta_y^*(y,t)}{\partial y} \Big|_{y=0} = 0 \tag{3-40}$$

$$\theta_y^*(\delta_2, t) + \frac{\lambda}{a} \frac{\partial \theta_y^*(y,t)}{\partial y} \Big|_{x=\delta_2} = 0 \tag{3-41}$$

很容易证明，这两块无限大平板分析解的乘积就是上述无限长方形柱体的

解,即

$$\theta^*(x,y,t)=\theta_x^*(x,t)\theta_y^*(y,t) \tag{3-42}$$

同理,可以证明对于短圆柱体、短方柱体等二维、三维的非稳态导热问题也可以用相应的二个或三个一维问题解的乘积表达,这就是多维非稳态导热的乘积解法。但应指出的是,这种乘积解法并不适用于一切边界条件,有关这方面相关的分析可参阅本章参考文献等。

3.5.2　多维非稳态导热的数值解法

首先介绍几个差分算子:$\delta_x^\pm$,$\delta_y^\pm$,δ_x^0,δ_y^0 对于函数 $f(x)$ 来讲差分算子作用到 f 后的表达式为

$$\delta_x^+ f(x)=\frac{f(x+\Delta x)-f(x)}{\Delta x}（向前差分） \tag{3-43}$$

$$\delta_x^- f(x)=\frac{f(x)-f(x-\Delta x)}{\Delta x}（向后差分） \tag{3-44}$$

$$\delta_y^+ f(y)=\frac{f(y+\Delta y)-f(y)}{\Delta y}（向前差分） \tag{3-45}$$

$$\delta_y^- f(y)=\frac{f(y)-f(y-\Delta y)}{\Delta y}（向后差分） \tag{3-46}$$

$$\delta_x^0 f(x)=\frac{f(x+\Delta x)-f(x-\Delta x)}{\Delta x}（中心差分） \tag{3-47}$$

$$\delta_y^0 f(y)=\frac{f(y+\Delta y)-f(y-\Delta y)}{\Delta y}（中心差分） \tag{3-48}$$

对于时间导数项来讲,它的向前和向后差分分别为

$$\frac{\partial T}{\partial t}\Big|_{i,j}=\frac{T_{i,j}^{k+1}-T_{i,j}^k}{\Delta t}+o(\Delta t)=\delta_t^+ T^k\big|_{i,j}+o(\Delta t) \tag{3-49}$$

$$\frac{\partial T}{\partial t}\Big|_{i,j}=\frac{T_{i,j}^k-T_{i,j}^{k-1}}{\Delta t}+o(\Delta t)=\delta_t^- T^k\big|_{i,j}+o(\Delta t) \tag{3-50}$$

式中,通常把 k 时间层称为当前时间层,把 $(k+1)$ 层称为下一时刻层,$(k-1)$ 层称为前一时刻层。对于二阶导数扩散项,多采用中心差分各式,其表达式为

$$\frac{\partial^2 T}{\partial x^2}\Big|_{i,j}=\frac{T_{i+1,j}+T_{i-1,j}-2T_{i,j}}{(\Delta x)^2}+o[(\Delta x)^2]\equiv(\delta_x^2)^0 T_{i,j}+o[(\Delta x)^2]$$

$$\tag{3-51}$$

$$\frac{\partial^2 T}{\partial y^2}\Big|_{i,j}=\frac{T_{i+1,j}+T_{i-1,j}-2T_{i,j}}{(\Delta y)^2}+o[(\Delta y)^2]\equiv(\delta_y^2)^0 T_{i,j}+o[(\Delta y)^2]$$

$$\tag{3-52}$$

二维常物性无内热源的非稳态导热问题的微分方程是

$$\frac{\partial T}{\partial t} = \beta \left(\frac{\partial^2 T}{\partial x^2} + \frac{\partial^2 T}{\partial y^2} \right) \qquad (3\text{-}53)$$

将式(3-49)、式(3-51)、式(3-52)代入式(3-53)，得到

$$\delta_t^+ T^k \big|_{i,j} = \beta \left[(\delta_x^2)^0 T_{i,j}^k + (\delta_y^2)^0 T_{i,j}^k \right] \qquad (3\text{-}54)$$

如果取空间步长 Δx 与 Δy 相等，即

$$\Delta x = \Delta y = \Delta s \qquad (3\text{-}55)$$

则此时式(3-54)可改写为

$$T_{i,j}^{k+1} = Fo(T_{i+1,j}^k + T_{i-1,j}^k + T_{i,j+1}^k + T_{i,j-1}^k) + (1-4Fo) T_{i,j}^k \qquad (3\text{-}56)$$

式中，Fo 称为网格傅里叶数。其表达式为

$$Fo = \frac{\beta \Delta t}{(\Delta s)^2} \qquad (3\text{-}57)$$

注意，式(3-55)只适用于内节点；对于边界节点应采用如下处理能量平衡方法，又称为热平衡方法，它是能量守恒定律在所选取的固定控制体上的重新解释与描述，即

$$\begin{bmatrix} 进入控制体 \\ 的所有形式 \\ 的能量 R_i \end{bmatrix} + \begin{bmatrix} 控制体内本 \\ 身所产生的 \\ 能量 R_g \end{bmatrix} = \begin{bmatrix} 流出控制体 \\ 的所有形式 \\ 的能量 R_o \end{bmatrix} + \begin{bmatrix} 控制体内 \\ 储存能量 \\ 的变化 R_s \end{bmatrix}$$

用公式描述便为

$$R_i + R_g = R_0 + R_s \qquad (3\text{-}58)$$

考虑常物性、无内热源、一维非稳态导热问题的边界节点 i，它与周围环境的换热以及与相邻节点 $(i-1)$ 的导热情况如图 3-18 所示；节点 i 表示厚度为 $\Delta x/2$ 的单元体，以单位面积计算则其热平衡方程式(3-58)可退化为

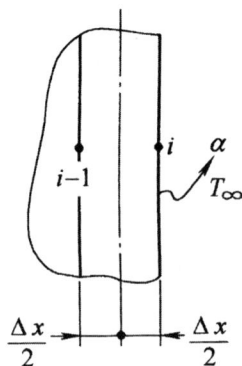

图 3-18　第三类边界条件下的边界节点

相邻节点导入的热量＋边界的对流换热量＝边界单元体单位时间内焓的增量即

$$\lambda \frac{T_{i-1}^k - T_i^k}{\Delta x} + \alpha(T_f - T_i^{(k)}) = \rho c \frac{\Delta x}{2} \frac{T_i^{(k+1)} - T_i^k}{\Delta t} \tag{3-59}$$

整理后得到

$$T_i^{(k+1)} = \left[1 - \frac{2}{M}(1+N)\right]T_i^{(k)} + \frac{2}{M}(T_{i-1}^{(k)} + NT_f) \tag{3-60}$$

式中

$$M \equiv \frac{(\Delta x)^2}{\beta \Delta t} \quad N \equiv \frac{a\Delta x}{\lambda} \tag{3-61}$$

显然，式(3-61)中的 M 代表着有限差分时的 Fo 的倒数；N 为有限差分时的 Bi；为了保证边界点处的差分格式数值稳定，就必须保证式(3-60)里右端项中 T_i^k 的系数为正，即必须有

$$M \geqslant 2(1+N) \tag{3-62}$$

用类似的方法可推出二维非稳态导热下，具有对流外部拐角上的节点所满足的有限差分方程，例如图 3-19 中所示拐角节点 O 所满足的差分方程为

$$T_o^{k+1} = \frac{2}{M}(T_1^k + T_2^k) + \frac{4N}{M}T_f + \left[1 - \frac{4}{M}(1+N)\right]T_o^k \tag{3-63}$$

此表达式的稳定准则是

$$M \geqslant 4(N+1) \tag{3-64}$$

对于图 3-19 中的表面节点 2，可以证明它所满足的有限差分方程为

$$T_2^{k+1} = \frac{1}{M}(T_o^k + T_4^k + 2T_3^k) + \frac{2N}{M}T_f + \left[1 - \frac{2}{M}(N+2)\right]T_2^k$$

得到改差分方程的稳定条件为

$$M \geqslant 2(N+2)$$

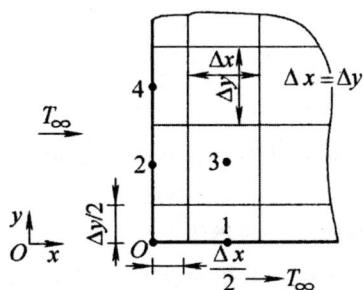

图 3-19　二维非稳态导热下对流边界外部拐角上的节点

第4章　热辐射及辐射换热的计算

热辐射是不同于热传导和热对流的另一种热量传递方式,它不需要通过任何介质来实现热量的传递,而是由物体直接发出热射线借助电磁波来达到能量传递的目的。以热辐射方式进行的热量交换称为辐射传热。辐射传热在热能动力工程、核能工程、冶金、化工、航天、太阳能利用、干燥技术以及日常生活中的加热、供暖等方面具有非常广泛的应用。

本章首先介绍热辐射的物理基础,然后介绍热辐射的基本定律与实际物体的辐射特性,最后介绍被透明介质隔开的表面之间的辐射换热问题。

4.1　热辐射概述

4.1.1　热辐射的本质

电磁辐射有很多种形式,热辐射只是其中的一种。由于热的原因而产生的电磁波辐射称为热辐射。只要物体的温度高于绝对零度(即 0K),物体总是不断地把热能转变为辐射能向外发出热辐射。不论辐射的形式如何,它们都以光速在空间传播,即如下式

$$c = \lambda v \tag{4-1}$$

式中,c 为光速,真空中 $c = 2.9979 \times 10^8 \, \text{m/s}$;$\lambda$ 为波长,μm;v 为频率,1/s。

按照波长不同,电磁波可分为:无线电波、红外线、可见光、紫外线,X 射线,射线等,电磁波波长从零到无穷大。它们按波长和频率的排列如图 4-1 所示。从理论上说热辐射的电磁波波长也包括整个波谱,但工业上有实际意义的热辐射的波长范围约为 $0.1 \sim 100\mu m$,它主要包括红外线和可见光,也有少量紫外线。在物体发射的热辐射中,可见光和红外线所占比例主要决定于物体温度。在工业技术常用温度范围($300 \sim 2500$K)内,90%以上的能量集中在 $0.76 \sim 40\mu m$ 的红外线部分,因此,工程上所说的热辐射主要是指红外辐射。

4.1.2　辐射能的吸收、反射和透射

热辐射与可见光一样,具有同样的光学特性。当热射线投射到物体表面上时,其中一部分被吸收,一部分被反射,其余的则透过物体。假定外界

投射到物体表面上的总辐射能为 G，物体吸收的部分为 G_a、反射部分为 G_ρ、透射部分为 G_τ，如图 4-2 所示，根据能量守恒原理可得式（4-2），将等式两端同除以总辐射能 G，则得式（4-3）。

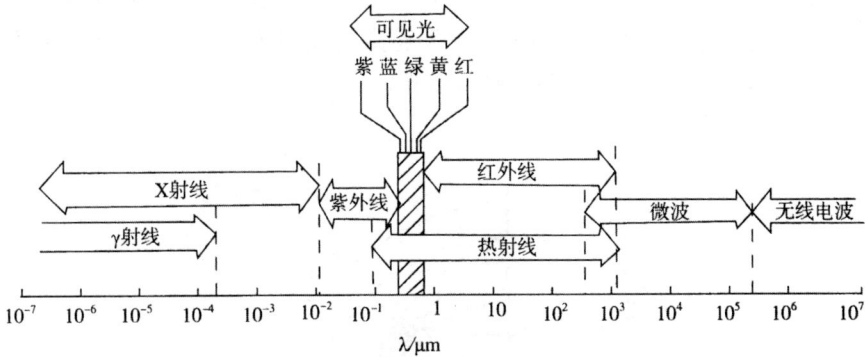

图 4-1　电磁波光谱

$$G_a + G_\rho + G_\tau = G \qquad (4\text{-}2)$$

$$\alpha + \rho + \tau = 1 \qquad (4\text{-}3)$$

式中，$\alpha = \dfrac{G_a}{G}$ 称为物理的吸收率；$\rho = \dfrac{G_\rho}{G}$ 称为物理的反射率；$\tau = \dfrac{G_\tau}{G}$ 称为物理的透射率。

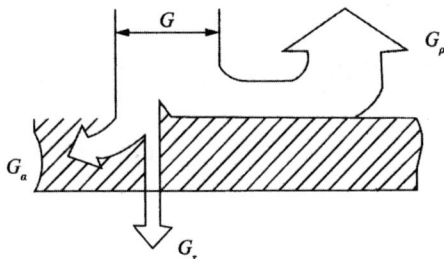

图 4-2　物体对热射线的吸收、反射和透射

若物体的 $\alpha = 1$，$\rho = \tau = 0$，这表明该物体能将外界投射来的辐射能全部吸收，这种物体称为"黑体"。在所有的物体之中，黑体吸收热辐射的能力最强。若物体的 $\rho = 1$，$\alpha = \tau = 0$，这表明该物体能将外界投射来的热辐射能全部反射，这种物体称为"白体"。若物体 $\tau = 1$，$\alpha = \rho = 0$，这表明投射到物体上的辐射能全部透过物体，这种物体称为"透明体"。

4.1.3　辐射强度与辐射力

1. 方向特性

描述物体辐射特性的参数有：吸收率、反射率、透过率和发射率。这些参数不仅与自身温度、表面状况有关,而且还与波长、方向角有关。因此这些参数均涉及方向特性和光谱特性。

方向特性用方向角和立体角来描述。

设有一半球,半径为 r,在基圆中心有一微元表面 dA。微元面发射一微元束能量,微元束的中心轴表示此微元束的发射方向(图 4-3)。描述方向特性的参数主要有:天顶角、圆周角、立体角。

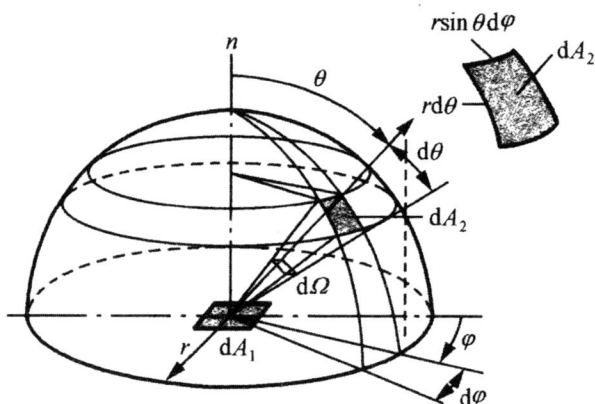

图 4-3 方位角示意图

天顶角 θ:θ 是 dA_1 平面的法线与微元束中心轴的夹角,也称纬度、纬度角。

圆周角 φ:φ 是微元束中心轴在基圆上的投影线与 x 轴的夹角,也称经度、经度角。

立体角 Ω:用给定方向上半球面被立体角所切割的面积 dA_2 除以半径的平方。立体角的度量单位为球面度 sr(图 4-4)。

$$\Omega = \frac{dA_2}{r^2} = \frac{r\sin\theta d\varphi r d\theta}{r^2} = \sin\theta d\varphi d\theta \tag{4-4}$$

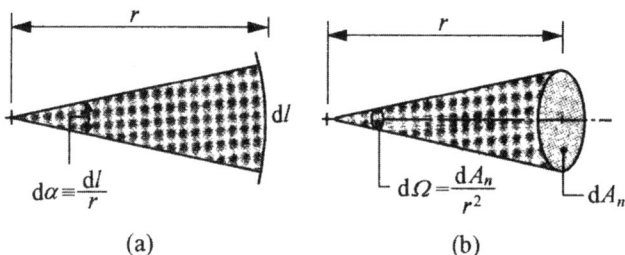

(a)   (b)

图 4-4 平面角和立体角定义

2. 辐射强度

辐射强度是描述物体辐射能在空间分布的一个重要参量。

辐射场中，物体表面 *r* 处在 *s* 方向上的光谱（单色）辐射强度 $I_r[\text{W}/(\text{m}^2 \cdot \mu\text{m} \cdot \text{sr})]$ 定义为（图 4-5）：在单位时间内，沿某指定方向单位立体角内，垂直于该方向的单位投影面积上所发射的某一波长附近的单位波长范围内的能量。

$$I_r = \frac{\mathrm{d}Q_\lambda}{\mathrm{d}A_s \mathrm{d}\Omega \mathrm{d}\lambda \mathrm{d}\tau} = \frac{\mathrm{d}\Phi_\lambda}{\mathrm{d}A_s \mathrm{d}\Omega \mathrm{d}\lambda} \tag{4-5}$$

式中，$\mathrm{d}A_s$ 是与 *s* 垂直的微元面积；$\mathrm{d}\Omega$ 是 *s* 方向上的微元立体角；$\mathrm{d}Q_\lambda$ 是辐射热量；$\mathrm{d}\Phi_\lambda$ 是辐射热流量。

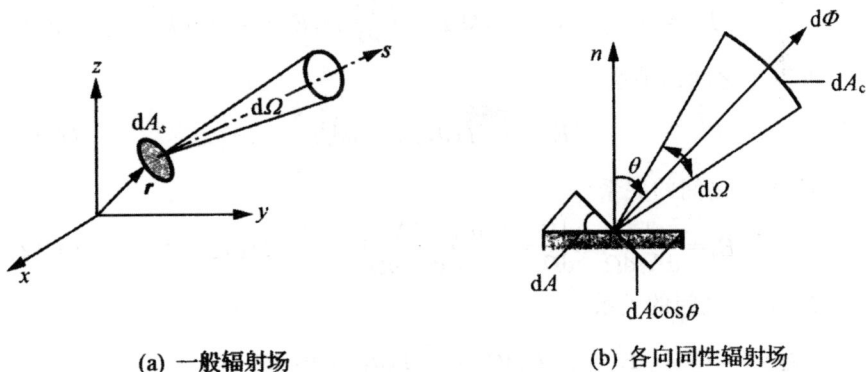

(a) 一般辐射场　　　　　　**(b) 各向同性辐射场**

图 4-5　辐射强度定义

一般地，光谱辐射强度是表面位置、方向、波长和时间的函数。

$$I_\lambda = I_\lambda(\boldsymbol{r}, \boldsymbol{s}, \lambda, \tau) \tag{4-6}$$

辐射强度 $I[\text{W}/(\text{m}^2 \cdot \text{sr})]$ 是对光谱辐射强度在波长上进行积分，得到的全波长的辐射能量（如图 4-5 所示）。

$$I = I(\boldsymbol{r}, \boldsymbol{s}, \tau) \tag{4-7}$$

若辐射强度不随位置变化 $I \neq I(\boldsymbol{r})$，则称此辐射场是均匀的；辐射强度不随时间变化 $I \neq I(\tau)$，则称此辐射场是稳定的。

在大多数情形下，可以认为辐射强度在圆周角 φ 上是均匀分布的。

$$I = I(\theta) \tag{4-8}$$

3. 辐射力

辐射力 $E(\text{W}/\text{m}^2)$：发射体每单位面积、在单位时间、向半球空间所发射的全波长能量。

光谱(单色)辐射力 $E_\lambda[\text{W}/(\text{m}^2 \cdot \mu\text{m})]$：发射体每单位面积、在单位时间、向半球空间所发射的某一波长附近的单位波长的能量。

定向辐射力 $E_\theta[\text{W}/(\text{m}^2 \cdot \text{sr})]$：发射体的单位面积、在单位时间内、向某个方向单位立体角内发射的辐射能。

光谱定向辐射力 $E_{\lambda\theta}[\text{W}/(\text{m}^2 \cdot \mu\text{m} \cdot \text{sr})]$：发射体的单位面积、在单位时间内、向半球空间的某给定方向单位立体角内，在某一波长附近的单位波长间隔内发射的辐射能量。

I 与 I_r 之间的关系

$$I(\theta,\varphi) = \int_0^\infty I_\lambda(\theta,\varphi)\,\mathrm{d}\lambda \tag{4-9}$$

E 与 E_λ 之间的关系

$$E_\lambda = \int_0^{2\pi} I_\lambda(\theta,\varphi)\cos\theta\,\mathrm{d}\Omega = \left(\frac{\mathrm{d}E}{\mathrm{d}\lambda}\right)_\lambda,\ E = \int_0^\infty E_\lambda\,\mathrm{d}\lambda \tag{4-10}$$

E 与 I 之间的关系

$$E = \int_0^{2\pi} I(\theta,\varphi)\cos\theta\,\mathrm{d}\Omega \tag{4-11}$$

E_θ 与 I 之间的关系

$$E_\theta = \frac{\mathrm{d}\Phi}{\mathrm{d}A_1\,\mathrm{d}\Omega} = \frac{\mathrm{d}E}{\mathrm{d}\Omega} = \frac{I(\theta,\varphi)\,\mathrm{d}A_1\cos\theta\,\mathrm{d}\Omega}{\mathrm{d}A_1\,\mathrm{d}\Omega} = I(\theta,\varphi)\cos\theta \tag{4-12}$$

E 与 E_θ 之间的关系

$$E = \int_0^{2\pi} E_\theta\,\mathrm{d}\Omega = \int_0^{2\pi} I(\theta,\varphi)\cos\theta\,\mathrm{d}\Omega \tag{4-13}$$

4.2 黑体辐射基本定律

4.2.1 斯忒藩-玻耳兹曼定律

斯忒藩(J. Stefan)-玻耳兹曼(D. Boltzmann)定律给出了黑体的辐射力 E_b 与热力学温度 T 的关系

$$E_b = \sigma T^4 = C_0 \left(\frac{T}{100}\right)^4 \tag{4-14}$$

式中，$\sigma = 5.67 \times 10^{-8}\,\text{W}/(\text{m}^2 \cdot \text{K}^4)$ 称为黑体辐射常数；$C_0 = 5.67\,\text{W}/(\text{m}^2 \cdot \text{K}^4)$ 称为黑体辐射系数。

斯忒藩-玻耳兹曼定律说明 E_b 随着温度的上升而激剧增加。

4.2.2 普朗克定律

1900 年，普朗克(M. Planck)在量子假设的基础上，从理论上确定了黑体辐射的光谱分布规律,给出了黑体的光谱辐射力 $E_{b\lambda}$ 与热力学温度 T、波长 λ 之间的函数关系,称为普朗克定律

$$E_{b\lambda} = \frac{C_1 \lambda^{-5}}{e^{C_2/(\lambda T)} - 1} \tag{4-15}$$

式中,$C_1 = 3.7419 \times 10^{-16} \, \text{W} \cdot \text{m}^2$ 称为普朗克第一常数;$C_1 = 1.4388 \times 10^{-2} \, \text{m} \cdot \text{K}$ 称为普朗克第二常数。

不同温度下黑体的光谱辐射力随波长的变化如图 4-6 所示。

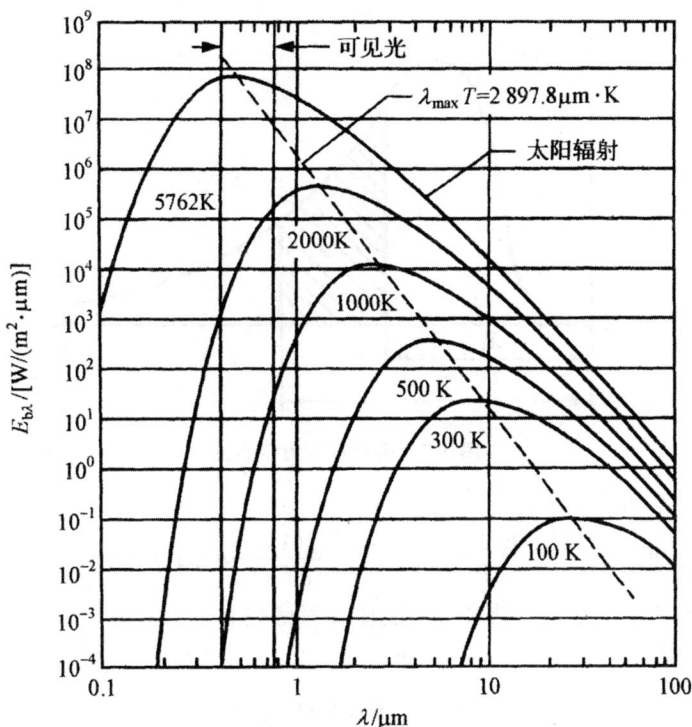

图 4-6　黑体辐射的光谱

由图 4-6 可以看出,在同一温度下,光谱辐射力随着波长的增加,先是增大后减小;光谱辐射力最大处的波长 λ_{max} 也随温度不同而变化,且随着温度的增高,曲线的峰值向左移动,即移向较短的波长。

4.2.3　维恩位移定律

1891 年,维恩(Wien)通过实验发现同一温度下的光谱辐射力存在一最大值 λ_{max},并运用经典热力学理论推导出了偏移定律

$$\lambda_{max} T = 2897.6 \mu\text{m} \cdot \text{K} \tag{4-16}$$

利用维恩位移定律,在获得黑体辐射的最大光谱辐射力所对应的波长

后,可以确定黑体的温度。

在辐射换热计算中,常需要计算黑体在给定波段中所发射的辐射能,或计算黑体在给定波段中所发射的辐射能占全波段辐射能的份额(图 4-7)。

$$E_{b(\lambda_1 \sim \lambda_2)} = \int_{\lambda_1}^{\lambda_2} E_{b\lambda} \mathrm{d}\lambda = \int_0^{\lambda_2} E_{b\lambda} \mathrm{d}\lambda - \int_0^{\lambda_1} E_{b\lambda} \mathrm{d}\lambda \tag{4-17}$$

式中,$E_{b(0 \sim \lambda)}$ 表示 $0 \sim \lambda$ 波段的黑体辐射力,它是温度和波长的函数。

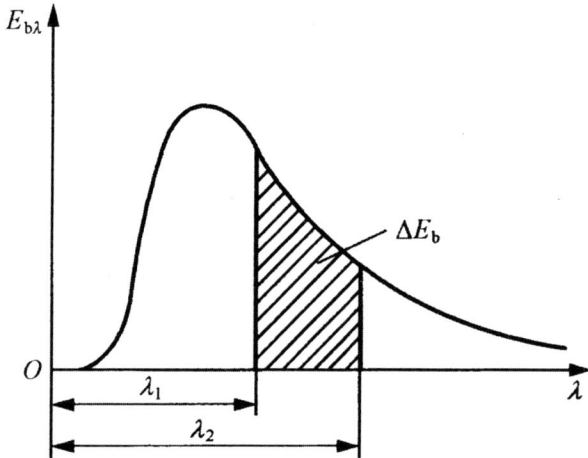

图 4-7 相对辐射力示意图

进一步定义相对辐射力

$$F_{b(0 \sim \lambda T)} = \frac{E_{b(0 \sim \lambda)}}{E_b} = \int_0^{\lambda T} \frac{E_{b\lambda}(\lambda, T)}{\sigma T^5} \mathrm{d}(\lambda T) = f(\lambda T) \tag{4-18}$$

也称为黑体辐射函数。表 4-1 为黑体辐射函数表。则

$$E_{b(\lambda_1 \sim \lambda_2)} = F_{b(\lambda_1 T - \lambda_2 T)} E_b = \left[F_{b(0 \sim \lambda_2 T)} - F_{b(\lambda_1 T - \lambda_1 T)} \right] E_b \tag{4-19}$$

表 4-1 黑体辐射函数表

$\lambda T/$ $(\mu m \cdot K)$	$F_{0 \sim \lambda T}$	$\lambda T/$ $(\mu m \cdot K)$	$F_{0 \sim \lambda T}$	$\lambda T/$ $(\mu m \cdot K)$	$F_{0 \sim \lambda T}$	$\lambda T/$ $(\mu m \cdot K)$	$F_{0 \sim \lambda T}$
200	0	3200	0.3181	6200	0.7542	11000	0.9320
400	0	3400	0.3618	6400	0.7693	11500	0.9390
600	0	3600	0.4036	6600	0.7833	12000	0.9452
800	0	3800	0.4434	6800	0.7962	13000	0.9552
1000	0.0003	4000	0.4809	7000	0.8032	14000	0.9630
1200	0.0021	4200	0.5161	7200	0.8193	15000	0.9690

$\lambda T/$ $(\mu m \cdot K)$	$F_{0\sim\lambda T}$	$\lambda T/$ $(\mu m \cdot K)$	$F_{0\sim\lambda T}$	$\lambda T/$ $(\mu m \cdot K)$	$F_{0\sim\lambda T}$	$\lambda T/$ $(\mu m \cdot K)$	$F_{0\sim\lambda T}$
1400	0.0078	4400	0.5488	7400	0.8296	16000	0.9739
1600	0.0197	4600	0.5793	7600	0.8392	18000	0.9809
1800	0.0394	4800	0.6076	7800	0.8481	20000	0.9857
2000	0.0667	5000	0.6338	8000	0.8563	40000	0.9981
2200	0.1009	5200	0.6580	8500	0.8747	50000	0.9991
2400	0.1403	5400	0.6804	9000	0.8901	75000	0.9998
2600	0.1831	5600	0.7011	9500	0.9032	100000	1.0000
2800	0.2279	5800	0.7202	10000	0.9143		
3000	0.2733	6000	0.7379	10500	0.9238		

4.2.4　兰贝特定律

对于黑体或漫辐射体,辐射强度与方向无关,由此可以得到兰贝特定律的两种表达形式。

①漫辐射体的定向辐射力随天顶角呈余弦规律变化,如图 4-8 所示,黑体的辐射能在空间不同方向的分布是不均匀的,法线方向最大,切线方向最小。

$$E_\theta = I(\theta)\cos\theta = I_n\cos\theta = E_n\cos\theta \tag{4-20}$$

②漫辐射体的辐射力是辐射强度的 π 倍

$$E = \int_0^{2\pi} I(\theta)\cos\theta\sin\theta d\theta d\varphi = I(\theta)\int_{\theta=0}^{\frac{\pi}{2}}\int_{\varphi=0}^{2\pi}\cos\theta\sin\theta d\theta d\varphi = \pi I \tag{4-21}$$

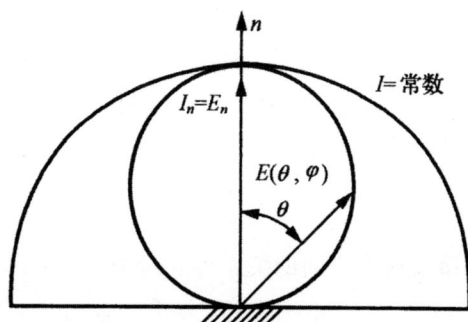

图 4-8　漫辐射体

4.3 实际物体的辐射和吸收特性

4.3.1 实际物体的辐射特性——发射率

实际物体的光谱辐射力往往随波长和温度做不规则的变化,并不遵循普朗克定律,只能从该物体在一定温度下的辐射光谱试验来测定。图 4-9 中曲线给出了黑体、灰体和实际物体的光谱辐射力 E_λ 与波长 λ 的关系。图 4-9 中不同曲线下的面积分别表示各物体的辐射力。显然,试验结果表明,实际物体表面的辐射力均小于黑体表面的辐射力。为了研究实际物体辐射力的大小,引入了发射率。把实际物体的表面辐射力与同温度下黑体辐射力的比值称为实际物体的发射率(又叫黑度),用 s 表示。根据辐射力的不同定义,可以得到不同的发射率。

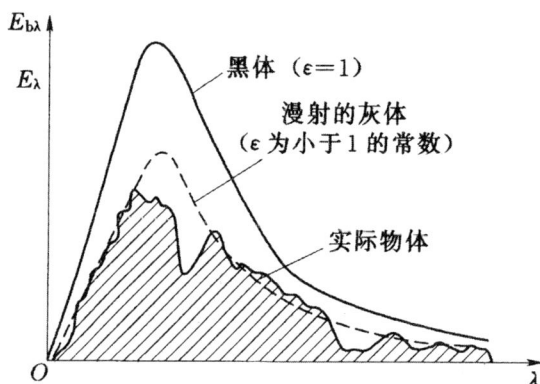

图 4-9　光谱辐射力 E_λ 随波长 λ 的变化

①总发射率,简称发射率,习惯上称为黑度,实际物体的表面辐射力与同温度下黑体辐射力的比值

$$\varepsilon = \frac{E}{E_b} \tag{4-22}$$

②光谱发射率(单色发射率),即实际物体的表面光谱辐射力与同温度下黑体光谱辐射力的比值

$$\varepsilon_\lambda = \frac{E_\lambda}{E_{b\lambda}} \tag{4-23}$$

总发射率与光谱发射率之间的关系可表示为

$$\varepsilon = \frac{E}{E_b} = \frac{\int_0^\infty \varepsilon_\lambda E_{b\lambda}\,\mathrm{d}\lambda}{E_b} = \frac{\int_0^\infty \varepsilon_\lambda E_{b\lambda}\,\mathrm{d}\lambda}{\sigma T^4} \tag{4-24}$$

需要指出,实验结果发现,实际物体的辐射力并不严格与热力学温度的四次方成正比,但要对物体采用不同次方的规律来计算,实用上很不方便。所以,在工程计算中仍看成一切实际物体的辐射力与热力学温度的四次方是成正比的,而把由此引起的误差包括到实验方法、确定的发射力中。由于这个原因,辐射力还与温度有依变关系,如图 4-10、图 4-11 所示。

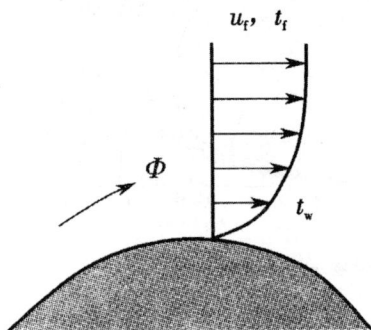

图 4-10　光谱发射率 ε_λ 随波长 λ 的变化　　图 4-11　定向发射率 ε_θ 随方向角 θ 的变化

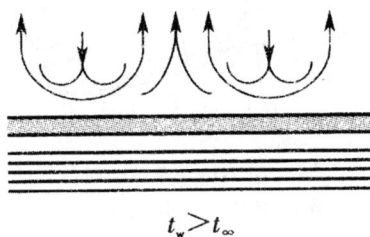

③定向发射率 ε_θ,即实际物体在 θ 方向上的方向辐射力 E_θ 与同温度黑体辐射在该方向上的方向辐射力 $E_{b\theta}$ 之比称为该物体在 θ 方向的定向发射率。即

$$\varepsilon_\theta = \frac{E_\theta}{E_{b\theta}} = \frac{I(\theta)}{I_b} \tag{4-25}$$

图 4-12 和图 4-13 描绘了几种金属和非金属材料表面的定向发射率 ε_θ 随方向角 θ 的变化情况。图中可以看出 ε_θ 并不等于常数,对于磨光的金属,从 $\theta=0$ 开始,在一个小的 θ 角范围内,ε_θ 可近似看作常数,然后随着 θ 角增大,ε_θ 激剧增大,直到 θ 接近 90°才有减小。对于非金属表面,从 θ 为 0°~60° 的范围内,ε_θ 基本上为一个常数值,表现出等强度辐射的特征,而在 $\theta>60°$ 之后明显的激剧减小,直至 90°时降为零。

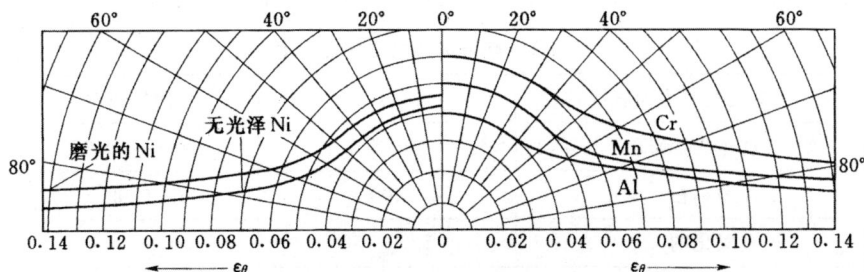

图 4-12　几种金属材料的定向发射率 $\varepsilon_\theta (t=150°)$

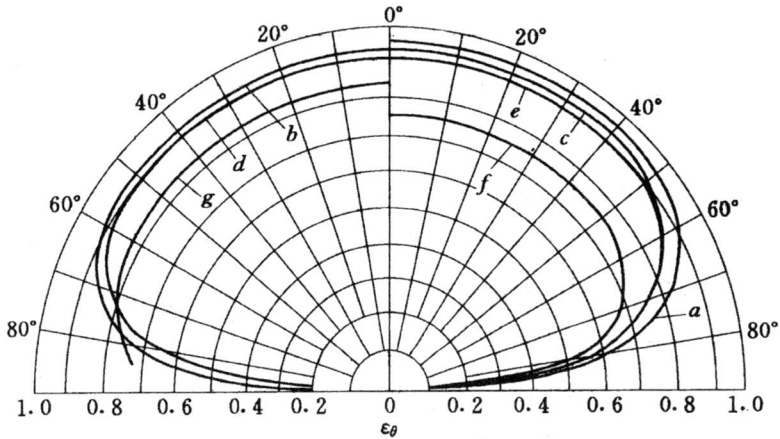

图 4-13　几种金属材料的定向发射率 ε_θ（$t=0℃\sim93.3℃$）
a. 潮湿的冰；b. 木材；c. 玻璃；d. 纸；e. 黏土；f. 氧化铜；g. 氧化铝

工程上主要应用的是沿半球空间的平均辐射率，即总辐射率。因为辐射率多为实验方法测定，而测量法线方向辐射率最为简单，所以测量物体表面的辐射率是法线方向上的方向辐射率 $\varepsilon_\theta=0$。实测表明，半球总发射率 ε 与 $\theta=0$ 时的法向发射率 ε_n 相比变化不大。可以近似认为大多数材料服从兰贝特定律，其发射率与法线发射率之比 $\varepsilon/\varepsilon_\theta=0$，对于金属表面取 $\varepsilon/\varepsilon_n=1.0\sim1.2$，对于非金属表面取 $\varepsilon/\varepsilon_n=0.95\sim1.0$。

需要注意的是，物体表面的发射率只取决于发射体本身，与外界条件无关。除了前述的表面温度外，还包括表面的性质、状况，如粗糙度、氧化和沾污程度。表面涂层厚度等都对物体的发射率有很大影响。目前，除了高度磨光的金属外，还不能用分析方法说明所有这些因素的影响。一般情况，非金属材料的发射率高于金属，粗糙表面的发射率高于光滑表面。

对于工程设计中遇到的绝大多数材料，都可以忽略 ε_θ 随 θ 的变化，近似地看作漫发射体。发射率数值大小取决于材料的种类、温度和表面状况，通常由实验测定。表 4-2 中列举了一些常用材料的法向发射率值。

表 4-2　常用材料的法向发射率

材料类别与表面状况	温度（℃）	法向发射率 ε_n
铝：高度抛光，纯度 98%	50～500	0.04～0.06
工业用铝板	100	0.09
严重氧化的	100～150	0.2～0.31
黄铜：高度抛光的	260	0.03

续表

材料类别与表面状况	温度(℃)	法向发射率 ε_n
无光泽	40～260	0.22
氧化的	40～260	0.46～0.56
铜:高度抛光的电解铜	100	0.02
轻微抛光的	40	0.12
氧化变黑的	40	0.76
金:高度抛光的纯金	100～600	0.02～0.035

4.3.2　实际物体的吸收特性——吸收率

对于黑体,发射率为 1,吸收比也是 1,发射率等于吸收比;对于实际物体,发射率小于 1,实际物体不能完全吸收投射到其表面上的辐射能,吸收比也小于 1。

实际物体的光谱吸收比 α_λ 也与黑体、灰体不同,是波长的函数。图 4-14、图 4-15 分别绘出了几种金属和非金属材料在室温下的光谱吸收比随波长的变化。可以看出,有些材料,如磨光的铜和铝,光谱吸收比随波长变化不大;但有些材料,如阳极氧化的铝、粉墙面、白瓷砖等,光谱吸收比随波长变化很大。这种辐射特性随波长变化的性质称为辐射特性对波长的选择性。

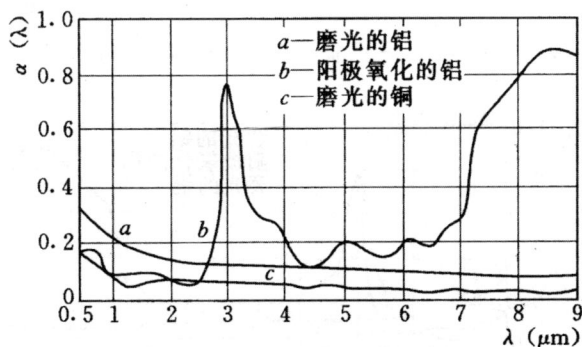

图 4-14　一些金属材料的光谱吸收比

人们经常利用这种选择性来为工农业生产服务,例如植物与蔬菜栽培使用的太阳能温室就是利用玻璃对阳光的吸收较少而对红外线的吸收较多的特性,使大部分太阳能穿过玻璃进入室内,而阻止室内物体发射的辐射能透过玻璃散到室外,以达到保温的目的。当太阳光照射到玻璃上时,由于玻璃对波长小于 $3\mu m$ 的辐射能的穿透比很大,从而使大部分太阳能可以进入到温室;温室中的物体(植物与土壤)由于温度低,其辐射能绝大部分位于波长大于 $3\mu m$ 的红外线范围内,玻璃对波长大于 $3\mu m$ 的红外线辐射能的穿透比小,从而阻止了辐射能向温室外的散失,这就是所谓的"温室效应"。焊接工人在焊接工件时要戴上一副黑色的墨镜,就是为了使对人眼睛有害的紫外线能被这种特殊玻璃所吸收。特别值得指出,世上万物呈现不同的颜色,主要原因也在于选择性的吸收与辐射。当阳光照射到一个物体表面上时,如果该物体几乎全部吸收各种可见光,它就呈现黑色;如果几乎全部反射可见光,它就呈现白色;如果几乎均匀地吸收各色可见光并均匀地反射,它就呈灰色;如果只反射了一种可见光而几乎全部吸收了其他可见光,则它就呈现被反射的这种辐射线的颜色,如图 4-16、图 4-17 所示。

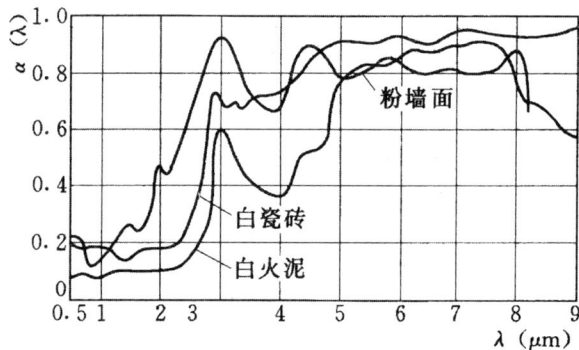

图 4-15　一些非金属材料的光谱吸收比

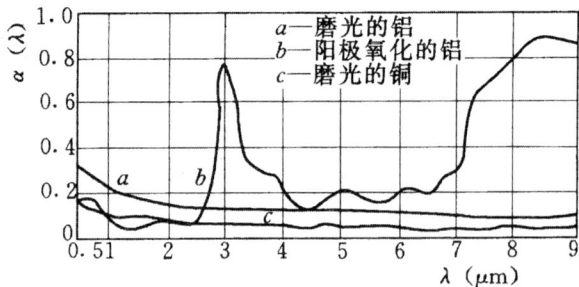

图 4-16　一些金属材料的光谱吸收比与波长

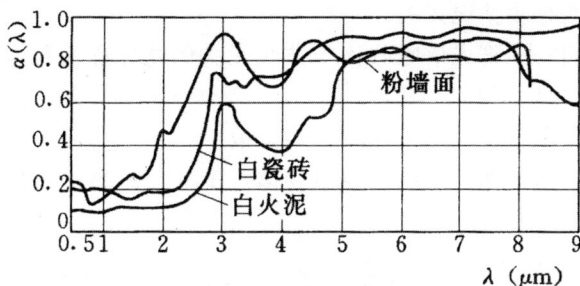

图 4-17 一些非金属材料的光谱吸收比与波长

正是由于实际物体的光谱吸收比对波长具有选择性,使实际物体的吸收比 α 不仅取决于物体本身材料的种类、温度及表面性质,还和投入辐射的波长分布有关,因此和投入辐射能的发射体温度有关。图 4-18 绘出了一些材料在室温($T_1 = 293K$)下对黑体辐射的吸收比随黑体温度 T_2 的变化。

实际物体光谱辐射特性随波长的变化给辐射传热计算带来很大的困难,因此为简化计算,引进光谱辐射特性不随波长变化的假想物体——灰体的概念。

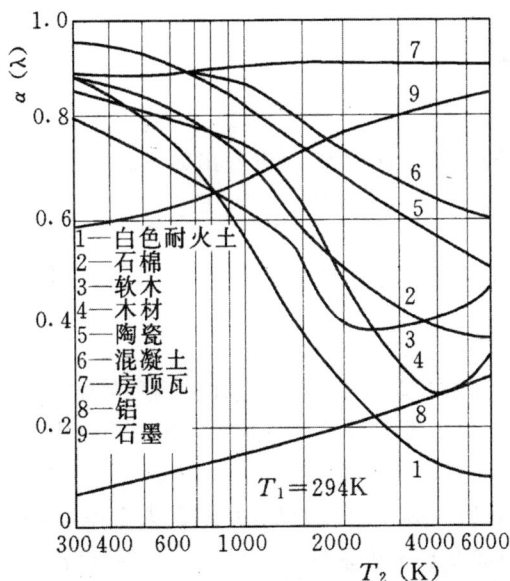

图 4-18 一些材料对黑体辐射的吸收比随黑体温度的变化

如果物体的光谱吸收比与波长无关,即 $\alpha_\lambda =$ 常数,则不管投入辐射的分布如何,吸收比 α 都是一个常数。换句话说,这时物体的吸收比只取决于它本身情况,而与外界情况无关。

在辐射分析中,把光谱吸收比与波长无关的物体称为灰体。对于灰体在自身的一定温度下有

$$\alpha = \alpha_\lambda = 常数 \tag{4-26}$$

像黑体一样,灰体也是一种理想物体。工业上的辐射传热计算一般都按灰体来处理。

4.3.3 吸收比与发射率的关系——基尔霍夫定律

基尔霍夫定律可以通过研究两个表面的辐射传热导出。假设两个表面之间的距离很小,所以从一个表面发出的辐射能全部落到另一个表面上。若表面 1 为黑体表面,表面 2 为任意表面,表面 1 的辐射力和表面温度分别为 E_b 和 T_b,表面 2 的辐射力、吸收比和表面温度分别为 E、α 和 T。对于表面 2,单位时间内单位面积辐射出去的能量为 E,当这部分能量全部落到表面 1 时,由于表面 1 为黑体表面,E 全部被表面 1 吸收。与此同时,表面 1 辐射出去的能量 E_b 只有 αE_b 被表面 2 吸收,其余部分 $(1-\alpha)E_b$ 被反射回表面 1,并被黑体表面全部吸收。由此得两表面之间的辐射传热量为

$$q = E - \alpha E_b \tag{4-27}$$

当系统处于热平衡状态时,$T_b = T$,$q = 0$,则

$$\alpha = \frac{E}{E_b} \tag{4-28}$$

把这种关系推广到任意物体,可以写出如下的关系式

$$\frac{E_1}{\alpha_1} = \frac{E_2}{\alpha_2} = \cdots = \frac{E}{\alpha} = E_b \tag{4-29}$$

根据发射率定义式还可以改写成

$$\alpha = \frac{E}{E_b} = \varepsilon \tag{4-30}$$

式(4-29)、式(4-30)就是基尔霍夫定律的两种数学表达式。式(4-29)表明物体在某温度下的辐射力与其对同温度黑体的吸收比之比恒等于该温度下黑体的辐射力,而式(4-30)表明物体对黑体投入辐射的吸收比等于同温度下该物体的发射率。必须注意的是,基尔霍夫定律是在热平衡的条件下导出的,该结论只有在热平衡条件下才成立。不难看出,吸收比高的物体其辐射能力也越强,即善于辐射的物体也善于吸收。黑体的吸收比最大,因而辐射能力也就最强。

基尔霍夫定律表明,物体的吸收比等于发射率,但它必须是在物体与黑体处于热平衡时才成立。在进行工程辐射传热计算时,投入辐射既不是黑

体辐射,也不会处于热平衡。所以基尔霍夫定律对于物体间的辐射传热计算并不能带来方便。

我们来研究一下漫射灰体的情形。首先,按定义灰体的吸收比与波长无关,在一定温度下是一个常数;其次,物体的发射率是物性参数,与环境条件无关。假设在某温度 T 下,一个灰体与黑体处于热平衡,按基尔霍夫定律有 $\alpha(T)=\varepsilon(T)$。所以,对于漫灰表面,不论物体与外界是否处于热平衡,也不论投入辐射是否来自黑体,其吸收比总是等于同温度下的发射率,即 $\alpha=\varepsilon$,可见,灰体是无条件满足基尔霍夫定律的。由于大多数情况下的物体可按灰体对待,上述结论对辐射传热计算带来实质性的简化,故基尔霍夫定律可广泛用于工程计算。

4.4　角系数

4.4.1　角系数的定义及计算假设

1. 角系数定义

有两个表面,编号为 1 和 2,表面 1 与表面 2 之间充满对辐射透明的介质,表面 1 辐射的能量落在表面 2 上的百分数,称为表面 1 对表面 2 的角系数,表示为 $X_{1,2}$,即

$$X_{1,2}=\frac{离开表面 1 并直接到达表面 2 的辐射能}{离开表面 1 的总辐射能} \tag{4-31}$$

同理,也可以定义表面 2 对表面 1 的角系数 $X_{2,1}$。角系数所研究的表面必须为漫射体,而且每个表面的温度、辐射特性及投入辐射分布应是均匀的。

2. 角系数的性质

(1)相对性

如图 4-19 所示,对于任意两个表面,根据两黑体之间辐射换热公式,当 $T_1=T_2$ 时,有

$$A_1 X_{12}=A_2 X_{21} \tag{4-32}$$

式(4-32)描述了两个任意位置的漫射表面之间角系数的相互关系,称为角系数的相对性(或互换性)。只要已知其中一个角系数,就可以根据相对性求出另一个角系数。

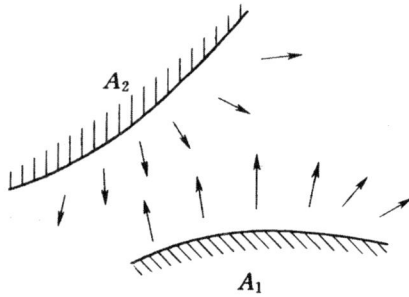

图 4-19 有限大小的两个表面之间的辐射换热

（2）完整性

从辐射传热的角度看，任何物体都处于其他物体（实际物体或假想物体，如太空背景）的包围之中。换句话说，任何物体都与其他所有参与辐射传热的物体构成一个封闭空腔，如图 4-20 所示，它所发出的辐射能百分之百地落在封闭空腔的各个表面上，也就是，它对构成封闭空腔的所有表面的角系数之和等于 1，即

$$X_{1,1} + X_{1,2} + X_{1,3} + \cdots + X_{1,n} = \sum_{i=1}^{n} X_{1,i} = 1 \qquad (4\text{-}33)$$

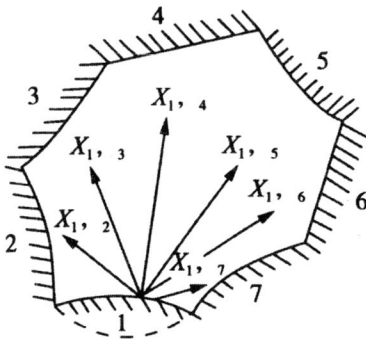

图 4-20 角系数的完整性

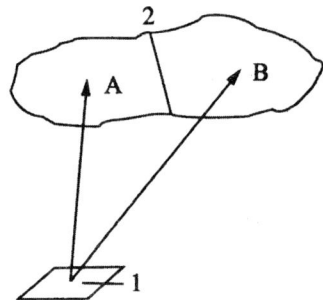

图 4-21 角系数的可加性

（3）可加性

如图 4-21 所示，表面 2 可分为 2A 和 2B 两个面，当然也可以分为 n 个面。由能量守恒可知，由表面 1 上发出并落在表面 2 上的总能量，等于落在表面 2 上各部分能量之和，于是

$$\begin{aligned} \Phi_{1,2} &= \Phi_{1,2A} + \Phi_{1,2B} \Rightarrow A_1 E_{b1} X_{1,2} \\ &= A_1 E_{b1} X_{1,2A} + A_1 E_{b1} X_{1,2B} \Rightarrow X_{1,2} \\ &= X_{1,2A} + X_{1,2B} \end{aligned} \qquad (4\text{-}34)$$

则角系数的可加性为

$$X_{1,2} = \sum_{i=1}^{n} X_{1,2i} \tag{4-35}$$

值得注意的是,图 4-21 中的表面 2 对表面 1 的角系数不存在上述的可加性。表面 2 对表面 1 的能量守恒情况

$$\Phi_{2,1} = \Phi_{2A,1} + \Phi_{2B,1} \Rightarrow A_2 E_{b2} X_{2,1}$$
$$= A_{2A} E_{b2} X_{2A,1} + A_{2B} E_{b2} X_{2B,1} \Rightarrow X_{1,2}$$
$$= \frac{A_{2A}}{A_2} X_{2A,1} + \frac{A_{2B}}{A_2} X_{2B,1} \tag{4-36}$$

由此可以看出,角系数的可加性,只是对角系数符号中第二个角码可加,对角系数符号中第一个角码不存在可加性。

4.4.2　角系数的计算方法

1. 直接积分法

所谓直接积分法是按角系数的基本定义通过求解多重积分而获得角系数的方法。对于如图 4-22 所示的两个有限大小面积 A_1,A_2,依据角系数的定义有

$$X_{d1,d2} = \frac{L_{b1} \cos\varphi_1 \, dA_1 \, d\Omega}{E_{01} \, dA_1} = \frac{dA_2 \cos\varphi_1 \cos\varphi_2}{\pi r^2} \tag{4-37}$$

$$X_{d1,d2} = \frac{dA_1 \cos\varphi_1 \cos\varphi_2}{\pi r^2} \tag{4-38}$$

微元面积 dA_1 对 dA_2 的角系数应为

$$X_{d1,2} = \int_{A_2} \frac{\cos\varphi_1 \cos\varphi_2 \, dA_2}{\pi r^2} \tag{4-39}$$

而表面 A_1 对 A_2 的角系数则可通过对式(4-42)两端积分得出

$$X_{1,2} = \frac{1}{A_1} \int_{A_1} \int_{A_2} \frac{\cos\varphi_1 \cos\varphi_2 \, dA_1 \, dA_2}{\pi r^2} = \frac{1}{A} \int_{A_1} \int_{A_2} X_{d1,d2} \, dA_1 \tag{4-40}$$

$$X_{1,2} = \frac{\Phi_{1,2}}{\Phi_1} = \frac{\int_{A_1} \int_{A_2} \Phi_{d1,d2}}{\int_{A_1} \Phi_{d1}} = \frac{\int_{A_1} \int_{A_2} L_{b1} \cos\varphi_1 \, d\Omega_1 \, dA_1}{\int_{A_1} \pi L_{b1} \, dA_1}$$

$$= \frac{\int_{A_1} \int_{A_2} L_{b1} \cos\varphi_1 \, dA_2 \cos\varphi_2 \, dA_1}{A_1 \pi L_{b1} r^2}$$

$$= \frac{1}{A} \int_{A_1} \int_{A_2} \frac{\cos\varphi_1 \cos\varphi \, dA_2}{\pi r^2} \, dA_1 \tag{4-41}$$

同理,得出

$$X_{2,1} = \frac{1}{A_2} \int_{A_1} \int_{A_2} \frac{\cos\varphi_1 \cos\varphi_2 \, dA_1 \, dA_2}{\pi r^2} = \frac{1}{A_2} \int_{A_1} \int_{A_2} X_{d2,d1} \, dA_2 \tag{4-42}$$

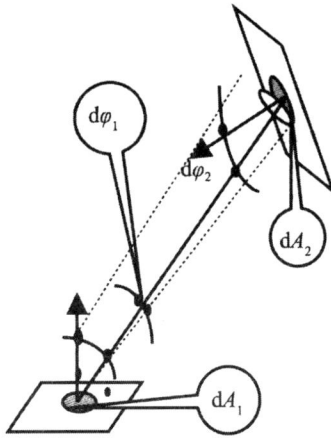

图 4-22　角系数直接积分图示

这就是求解任意两表面之间角系数的积分表达式。式(4-42)为四重积分表达式,因而求解中会遇到一些困难。

对于几何形状和相对位置复杂一些的系统,积分运算将会非常繁琐和困难。为了工程计算方便,已将常见几何系统的角系数计算结果用公式或线算图的形式给出,图 4-23、图 4-24、图 4-25 为一些常见的几何体系的角系数图线,可以方便查阅。

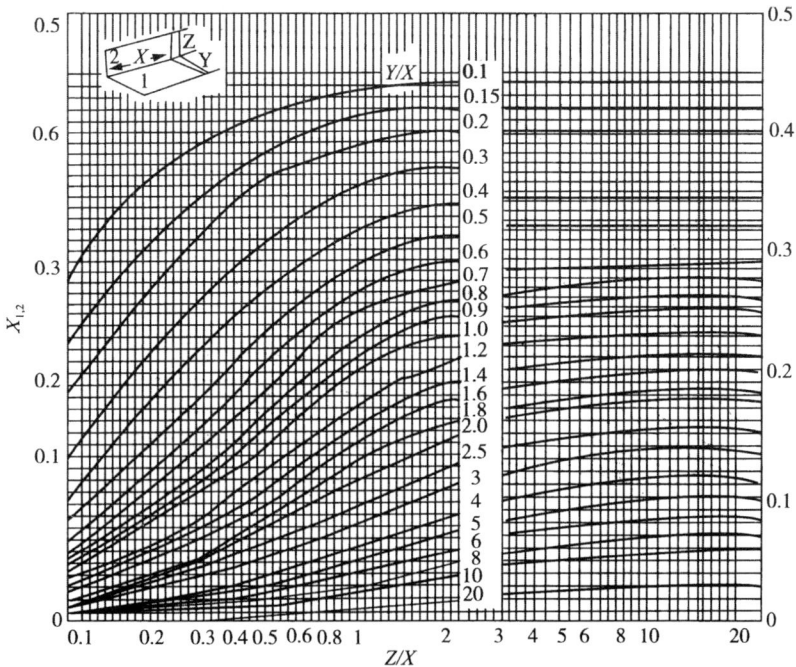

图 4-23　两垂直长方形表面间的角系数

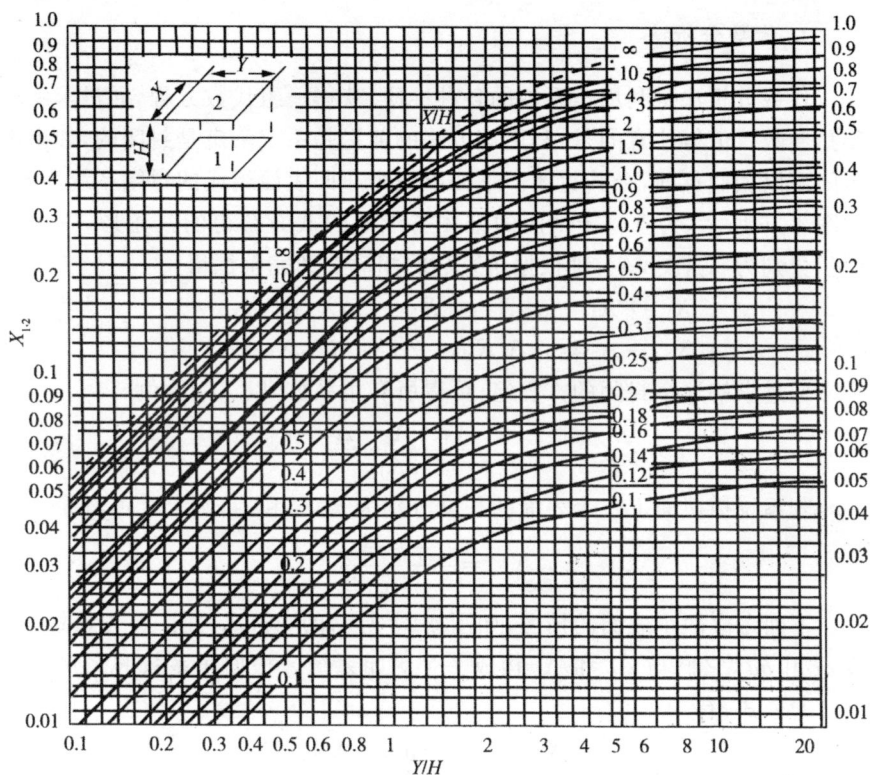

图 4-24 平行长方形表面的角系数

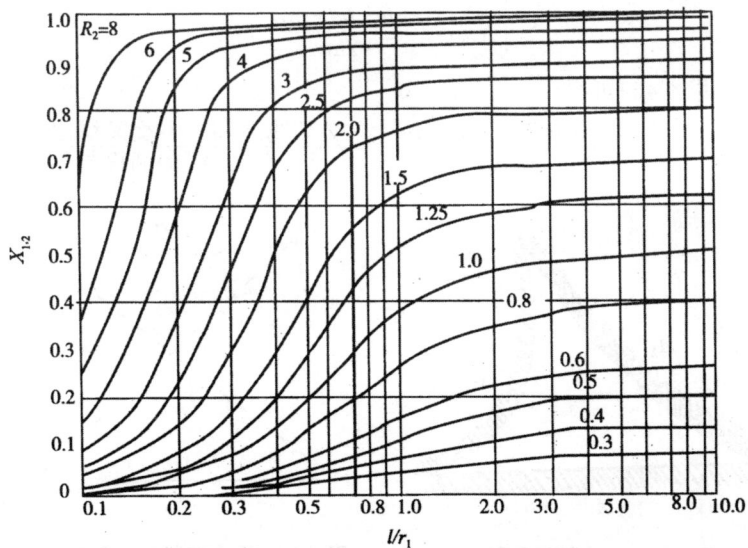

图 4-25 两同轴平行圆盘表面间的角系数

2. 代数分析法

代数分析法是利用角系数的各种性质,获得一组代数方程,通过求解获得角系数。值得注意的是:利用该方法的前提是系统一定是封闭的,如果不封闭可以做假想面,令其封闭。下面以三个非凹表面组成的封闭系统为例,如图 4-26 所示,为垂直于纸面的锥体与纸面的截面获得的三角形,三边的面积分别为 A_1, A_2, A_3,则根据角系数的相对性和完整性得

$$X_{1,2} + X_{1,3} = 1, X_{2,1} + X_{2,3} = 1, X_{3,1} + X_{3,2} = 1$$

$$A_1 X_{1,2} = A_2 X_{2,1}, A_1 X_{1,3} = A_3 X_{3,1}, A_2 X_{2,3} = A_3 X_{3,2}$$

通过求解这个封闭的方程组,可得所有角系数,以 $X_{1,2}$ 为例

$$X_{1,2} = \frac{A_1 + A_2 - A_3}{2A_1} \tag{4-43}$$

若系统横截面上三个表面的长度分别为 l_1, l_2 和 l_3,则上式可写为

$$X_{1,2} = \frac{l_1 + l_2 - l_3}{2l_1} \tag{4-44}$$

下面考察两个表面的情况,如图 4-27 所示的 A_1, A_2 面。首先,做辅助线 ac 和 bd,它们与 A_1 和 A_2 构成一个封闭系统。根据角系数的完整性和上面的公式,有

$$\begin{cases} X_{ab,cd} = 1 - X_{ab,ac} - X_{ab,bd} \\ X_{ab,ac} = \dfrac{ab + ac - bc}{2ab} \\ X_{ab,bd} = \dfrac{ab + bd - ad}{2ab} \end{cases} \tag{4-45}$$

由式(4-45)可得

$$X_{ab,cd} = \frac{(bc + ad) - (ac + bd)}{2ab} = \frac{交叉线之和 - 不交叉线之和}{2 \times 表面 A_1 的断面长度} \tag{4-46}$$

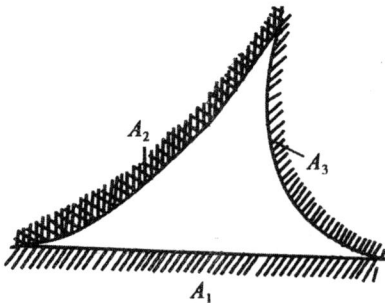

图 4-26　三个封闭表面

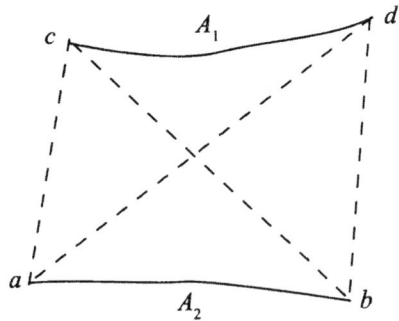

图 4-27　两个非凹表面角系数的计算

该方法又被称为交叉线法。注意:这里所谓的交叉线和不交叉线都是指图中的虚拟面断面的线,或者说是辅助线。

4.5　两表面间的辐射换热计算

4.5.1　被透明介质隔开的两黑体表面间的辐射换热

如图 4-28 所示黑体表面 1、2 在垂直于纸面方向为无限长,则表面 1、2 间的净辐射换热量为

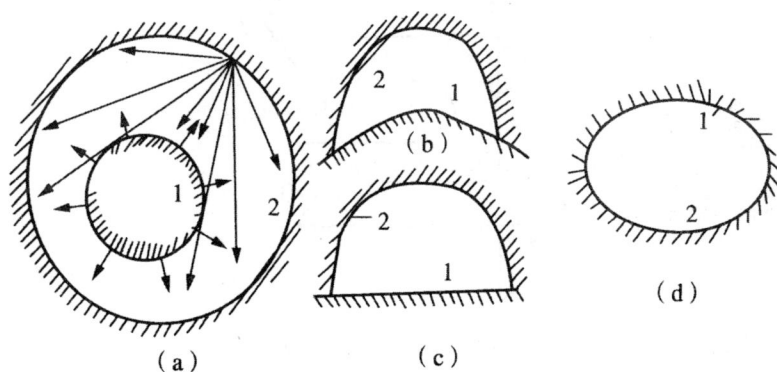

图 4-28　有效辐射示意图

$$\Phi_{1,2} = A_1 E_{b1} X_{1,2} - A_2 E_{b2} X_{2,1}$$
$$= A_1 X_{1,2} (E_{b1} - E_{b2})$$
$$= A_2 X_{2,1} (E_{b1} - E_{b2}) \tag{4-47}$$

由式(4-47)可见,黑体辐射换热量计算的关键在于求得角系数。

4.5.2　被透明介质隔开的灰体表面间的辐射换热

非黑体表面间的辐射换热比黑体表面要复杂,这是因为它不能全部吸收投射在其上的辐射能,必然有部分被反射回去,从而形成多次反射、吸收的现象。漫灰表面的假设使工程辐射换热计算得到了很大简化,同时认为漫灰表面之间的介质是透明的,这样就不必考虑介质参与辐射换热的作用。

在分析被透明介质隔开的漫灰表面之间的辐射换热问题时,有效辐射(radiosity)的概念是非常有意义的。有效辐射 J 为灰体本身的辐射(辐射力 E)与投入辐射 G 的反射辐射(ρG)之和(图 4-29)

$$J_1 = E_1 + \rho_1 G_1 = \varepsilon_1 E_{b1} - (1 - \alpha_1) G_1 \tag{4-48}$$

有效辐射可以看成是单位时间内,由灰体的单位表面积所射离的总能

量。用辐射探测仪能测到的表面辐射实际上就是其有效辐射。由于投入辐射要取决于投射辐射源的温度和辐射特性,因此有效辐射不仅与辐射体本身的辐射特性相关,而且还取决于投射辐射源的辐射特性。在辐射换热计算中,灰体表面向外传出的净辐射换热量也可以归结为有效辐射的函数。灰体表面的净辐射热流密度从表面外部的效果看,是有效辐射与投入辐射之差;而从灰体内部的热平衡来看,则应是本身固有辐射与吸收辐射之差

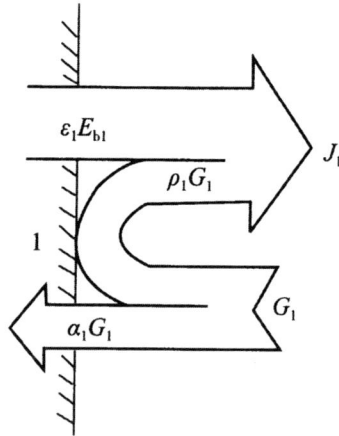

图 4-29　表面的有效辐射

$$q = J_1 - G_1 \tag{4-49}$$

从表面的左侧观察,该表面与外界的辐射换热量为

$$q = E_1 - \alpha_1 G_1 \tag{4-50}$$

有效辐射与表面净辐射换热量间的关系为

$$J = q + G_1 = q + \frac{E-q}{\alpha} = \frac{E}{\alpha} - \frac{1-\alpha}{\alpha}q = E_b - \left(\frac{1}{\varepsilon} - 1\right)q \tag{4-51}$$

式(4-51)中的各个量均是对同一表面而言的,而且以向外界的净放热量为正值。下面应用有效辐射的概念来分析由两个灰体表面组成的封闭系统的辐射换热。由两个等温的漫灰表面组成的二维封闭系统可抽象为如图4-29所示的四种情形。无论对于哪种情形都可写出表面 1、2 间的辐射换热量

$$\Phi_{1,2} = A_1 J_1 X_{1,2} - A_2 J_2 X_{2,1} \tag{4-52}$$

同时应用式(4-51)有

$$J_1 A_1 = A_1 E_{b1} - \left(\frac{1}{\varepsilon_1} - 1\right)\Phi_{1,2} \tag{4-53}$$

$$J_2 A_2 = A_2 E_{b2} - \left(\frac{1}{\varepsilon_2} - 1\right)\Phi_{2,1} \tag{4-54}$$

按能量守恒定律有

$$\Phi_{1,2} = -\Phi_{2,1} \tag{4-55}$$

综合以上等式可得

$$\Phi_{1,2} = \frac{E_{b1} - E_{b2}}{\dfrac{1-\varepsilon_1}{\varepsilon_1 A_1} + \dfrac{1}{A_1 X_{1,2}} + \dfrac{1-\varepsilon_2}{\varepsilon_2 A_2}} \tag{4-56}$$

若两表面为黑体,黑体的发射率 $\varepsilon_1 = \varepsilon_2 = 1$,则式(4-59)可转化为 $\Phi_{1,2} = A_1 X_{1,2}(E_{b1} - E_{b2})$。

若用 A_1 作为计算面积,式(4-56)可以写为

$$\Phi_{1,2} = \frac{A_1(E_{b1} - E_{b2})}{\left(\dfrac{1}{\varepsilon_1} - 1\right) + \dfrac{1}{X_{1,2}} + \dfrac{A_1}{A_2}\left(\dfrac{1}{\varepsilon_2} - 1\right)} = \frac{A_1 X_{1,2}(E_{b1} - E_{b2})}{1 + X_{1,2}\left(\dfrac{1}{\varepsilon_1} - 1\right) + X_{2,1}\left(\dfrac{1}{\varepsilon_2} - 1\right)}$$

$$= \varepsilon_s A_1 X_{1,2}(E_{b1} - E_{b2}) \tag{4-57}$$

定义 ε_s 为系统黑度(或称为系统发射率)

$$\varepsilon_s = \frac{1}{1 + X_{1,2}\left(\dfrac{1}{\varepsilon_1} - 1\right) + X_{2,1}\left(\dfrac{1}{\varepsilon_2} - 1\right)} \tag{4-58}$$

对于下列三种情形,式(4-57)可进一步简化。

①表面 1 为平面或凸表面。

根据角系数的完整性,此时 $X_{1,2} = 1$,于是

$$\varepsilon_s = \frac{1}{\dfrac{1}{\varepsilon_1} + \dfrac{A_1}{A_2}\left(\dfrac{1}{\varepsilon_2} - 1\right)}$$

式(4-57)可化简为

$$\Phi_{1,2} = \frac{E_{b1} - E_{b2}}{\dfrac{1-\varepsilon_1}{\varepsilon_1 A_1} + \dfrac{1}{A_1 X_{1,2}} + \dfrac{1-\varepsilon_2}{\varepsilon_2 A_2}} = \frac{A_1(E_{b1} - E_{b2})}{\dfrac{1}{\varepsilon_1} + \dfrac{A_1}{A_2}\left(\dfrac{1}{\varepsilon_2} - 1\right)} \tag{4-59}$$

②表面积 A_1 与表面积 A_2 相差很小的特例,如图 4-30 所示两平行平壁间的辐射换热:$A_1 = A_2 = A$ 且 $X_{1,2} = X_{2,1}$,则式(4-57)可化简为

$$\Phi_{1,2} = \frac{E_{b1} - E_{b2}}{\dfrac{1-\varepsilon_1}{\varepsilon_1 A_1} + \dfrac{1}{A_1 X_{1,2}} + \dfrac{1-\varepsilon_2}{\varepsilon_2 A_2}} = \frac{A_1(E_{b1} - E_{b2})}{\dfrac{1}{\varepsilon_1} + \dfrac{1}{\varepsilon_2} - 1} \tag{4-60}$$

系统黑度 ε_s 为

$$\varepsilon_s = \frac{1}{\dfrac{1}{\varepsilon_1} + \dfrac{1}{\varepsilon_2} - 1}$$

③表面积 A_2 比表面积 A_1 大得多,即 $A_1/A_2 \to 0$ 的特例,如图 4-31 空腔与内包壁间的辐射换热,则式(4-57)可进一步化简为

$$\Phi_{1.2}=\varepsilon_1 A_1 (E_{b1}-E_{b2})\tag{4-61}$$

则

$$\varepsilon_s=\varepsilon_1$$

图 4-30　两平行平板辐射换热示意图

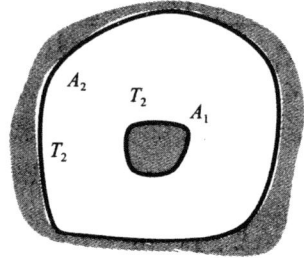

图 4-31　空腔与内包壁间的辐射换热

4.5.3　被透热介质隔开的两表面之间辐射换热的网络求解法

根据有效辐射表达式得

$$q=\frac{E_b-J}{\frac{1-\varepsilon}{\varepsilon}}\ 或\ \Phi=\frac{E_b-J}{\frac{1-\varepsilon}{\varepsilon A}}\tag{4-62}$$

对于两个任意灰体表面构成的封闭腔间的辐射换热量为

$$\Phi_{1.2}=A_1 J_1 X_{1.2}-A_2 J_2 X_{2.1}$$

又根据角系数性质 $A_1 X_{1.2}=A_2 X_{2.1}$，则辐射换热量为

$$\Phi_{1.2}=\frac{J_1-J_2}{\frac{1}{A_1 X_{1.2}}}=\frac{J_1-J_2}{\frac{1}{A_2 X_{2.1}}}\tag{4-63}$$

将式(4-62)及式(4-63)与电学中的欧姆定律相比可见：换热量 Φ 相应于电流强度；(E_b-J) 或 (J_1-J_2) 相当于电势差；而 $\frac{1-\varepsilon}{\varepsilon A}$ 及 $\frac{1}{A_1 X_{1.2}}$ 则相当于电阻，又因为它们分别取决于表面的辐射特性 ε 及表面的空间结构(角系数 X)，故分别称为辐射换热的表面辐射热阻及空间辐射热阻。E_b 相当于电源电势，J 相当于节点电压，则等效电路如图 4-32 所示。利用上述两个单元电路，根据这一等效网络，很容易画出两灰体表面封闭系统间辐射换热的等效网络图 4-33。根据这一等效网络，可以立即写出下列换热量的计算表达式

$$\Phi_{1.2}=\frac{E_{b1}-E_{b2}}{\frac{1-\varepsilon_1}{\varepsilon_1 A_1}+\frac{1}{A_1 X_{1.2}}+\frac{1-\varepsilon_2}{\varepsilon_2 A_2}}\tag{4-64}$$

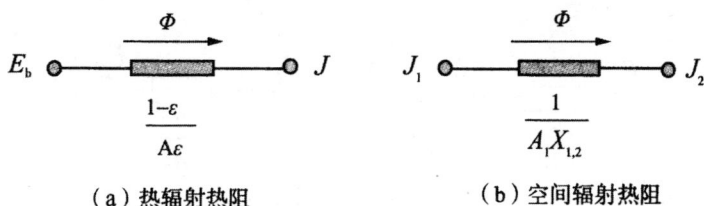

（a）热辐射热阻　　　　　　（b）空间辐射热阻

图 4-32　辐射换热单元网络图

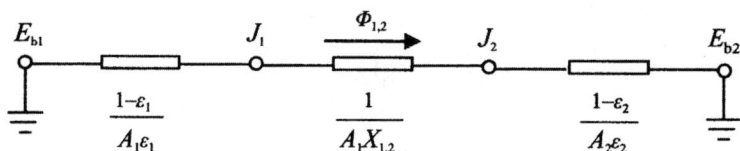

图 4-33　两表面封闭系统辐射换热等效网络

这种把辐射热阻比拟成等效的电阻,从而通过等效的网络图来求解辐射换热的方法,称为辐射换热的网络法。

4.5.4　被透热介质隔开的多表面之间辐射换热的网络求解法

应用网络法还可求解多表面封闭系统辐射换热问题,具体求解步骤如下。

（1）画出等效的网络图。画图时应注意以下两点。

①每一个参与换热的表面(净换热量不为零的表面)均应有一段相应的电路,它包括源电势、与表面热阻相应的电阻及节点电势。

②各表面之间的连接,由节点电势出发通过空间热阻进行。每一个节点电势都应与其他节点电势连接起来。

（2）列出节点的电流方程。画出等效网络图后,辐射换热问题就可作为直流电路问题求解。

以图 4-34 所示的三角表面的辐射换热问题为例,画出等效网络图 4-35。

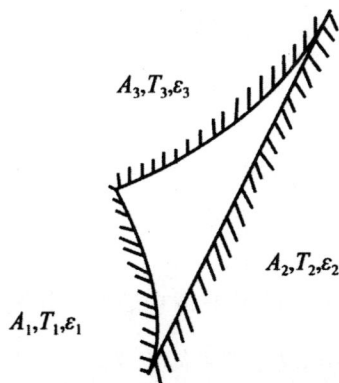

图 4-34　三个表面组成的封闭空间

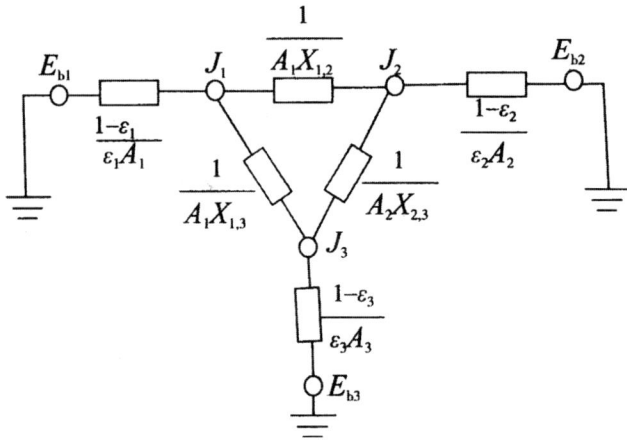

图 4-35 三表面封闭空腔的等效网络图

根据电学基尔霍夫定律来求解:在稳定的电路中,电路任一节点上的电流代数和等于零。

节点 1

$$\frac{E_{b1}-J_1}{\frac{1-\varepsilon_1}{\varepsilon_1 A_1}}+\frac{J_2-J_1}{\frac{1}{X_{1,2}A_1}}+\frac{J_3-J_1}{\frac{1}{X_{1,3}A_1}}=0 \tag{4-65}$$

节点 2

$$\frac{E_{b2}-J_2}{\frac{1-\varepsilon_2}{\varepsilon_2 A_2}}+\frac{J_1-J_2}{\frac{1}{X_{1,2}A_1}}+\frac{J_3-J_2}{\frac{1}{X_{2,3}A_2}}=0 \tag{4-66}$$

节点 3

$$\frac{E_{b3}-J_3}{\frac{1-\varepsilon_3}{\varepsilon_3 A_3}}+\frac{J_1-J_3}{\frac{1}{X_{1,3}A_1}}+\frac{J_2-J_3}{\frac{1}{X_{2,3}A_2}}=0 \tag{4-67}$$

(3)以上三个独立方程,联立求解可得出 J_1、J_2 和 J_3。

(4)按公式 $\Phi_i=\dfrac{E_{bi}-J_i}{\dfrac{1-\varepsilon_i}{\varepsilon_i}}$ 确定每一个表面的净辐射换热量。

在三表面封闭系统中有两个重要的特例可以使计算工作大为简化,它们是有一个表面为黑体或有一个表面绝热,这两个表面的存在可以大大简化计算的工作量。具体说明如下。

①有一个表面为黑体。设图 4-35 中表面 3 为黑体,此时其表面热辐射 $\dfrac{1-\varepsilon_3}{\varepsilon_3 A_3}=0$,从而有 $J_3=E_{b3}$,网络图可简化成如图 4-36(a)所示。这时上述代数方程化简为二元方程组。

②有一个表面绝热，即净辐射换热量 q 为零。设图 4-36 中表面 3 绝热，则

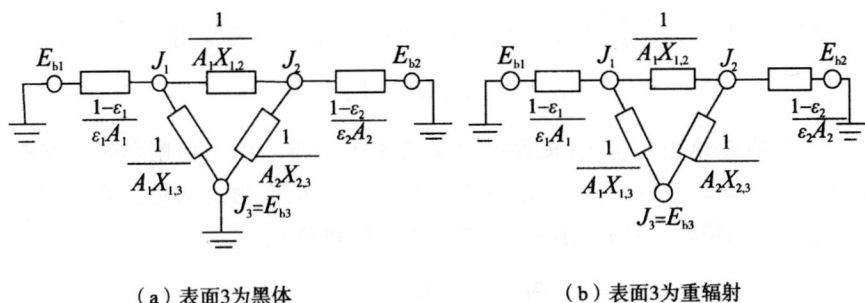

（a）表面3为黑体　　　　　　　　（b）表面3为重辐射

图 4-36　三表面系统辐射换热特例的等效网络图

$$J_3 = E_{b3} - \left(\frac{1}{\varepsilon} - 1 \right) q = E_{b3} \tag{4-68}$$

即该表面的有效辐射等于某一温度下的黑体辐射。但与已知表面 3 为黑体的情形所不同的是，此时绝热表面的温度是未知的，而由其他两个表面所决定，其等效网络如图 4-36(b)所示。辐射换热系统中，这种表面温度未定而净辐射换热量为零的表面称为重辐射面。

4.6　遮热板及其应用

4.6.1　遮热板概述

为了削弱两物体之间的辐射换热，可以采用减少表面发射率及在两个辐射表面之间安插遮热板的方法。所谓遮热板就是指在两个辐射换热表面之间插入薄板。为了说明遮热板的工作原理，下面来分析在平行平板之间插入一块薄金属板所引起的辐射换热的变化。辐射表面和金属板的温度、吸收比如图 4-37 所示。为讨论方便，设平板和金属薄板都是灰体，且根据克希基尔霍夫定律

$$\alpha_1 = \alpha_2 = \alpha_3 = \varepsilon \tag{4-69}$$

则由式(4-60)可得

$$q_{1,3} = \varepsilon_s (E_{b1} - E_{b2}) \tag{4-70}$$

$$q_{3,2} = \varepsilon_s (E_{b3} - E_{b2}) \tag{4-71}$$

式中 $q_{1,3}$ 和 $q_{3,2}$ 分别为表面 1 对遮热板 3、遮热板 3 对表面 2 的辐射换热热流密度。由于三块板的发射率均相同，则表面 1、3 及表面 3、2 两个系统发射率 ε_s 为

$$\varepsilon_s = \frac{1}{\dfrac{1}{\varepsilon} + \dfrac{1}{\varepsilon} - 1} \tag{4-72}$$

稳态时有：$q_{1,3} = q_{3,2} = q_{1,2}$，将式（4-70）与式（4-71）相加得

$$q_{1,2} = \frac{1}{2}\varepsilon_s (E_{b1} - E_{b2}) \tag{4-73}$$

与没有遮热板时相比，辐射换热量减小了一半。为了使削弱辐射换热的效果更为显著，实际上多采用发射率低的金属板作为遮热板。当一块遮热板达不到削弱换热的要求时，可以采用多层遮热板。

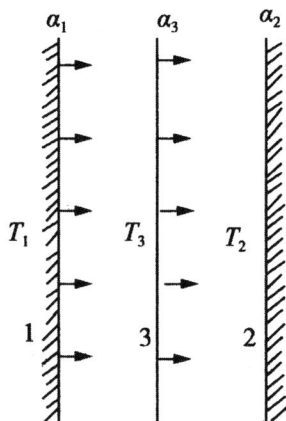

图 4-37　遮热板

4.6.2　遮热板在工程中的应用

工程中遮热板应用十分广泛,例如高温测量是为了提高测量的精确度,经常应用遮热板的原理。图 4-38 为单层遮热罩抽气热电偶测量示意图。如果使用裸露热电偶测量高温气流的温度,高温气流以对流方式把热量传给热电偶,同时热电偶又以辐射形式把热量传给温度较低的容器壁。

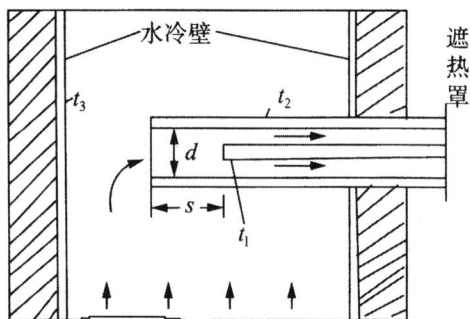

图 4-38　单层遮热罩抽气式热电偶测温示意图

在热平衡时,热电偶温度不再变化,此温度为指示温度,它必低于气体的真实温度。使用遮热罩抽气式热电偶时,热电偶在遮热罩保护下辐射散热减少,抽气作用可增加对流换热,使测量误差减少。为使遮热罩能对热电偶有效地起到屏蔽作用,s/d 应大于 $2\sim2.2$。裸露时测量误差高达 20.7%,用单层遮热罩抽气热电偶时测量误差降 4.9%。

石油在地下数千米,黏度很大,开采时需注射高温高压蒸气使其黏度降低。为减少蒸汽散热损失,可采用如图 4-39 类似的低温保温容器的多层遮热板并抽真空的超级隔热油管。

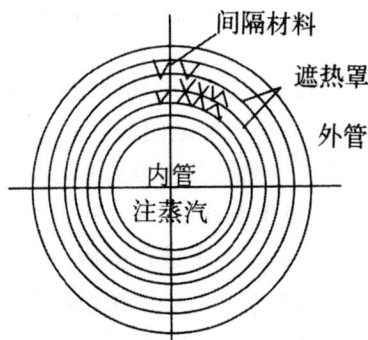

图 4-39　多层遮热板制造而成的超级隔热油管

在低温技术中,储存液态气体的低温容器就是遮热板应用的一个典型实例。储存液氮、液氧的容器如图 4-40 所示,为了达到良好的保温效果,往往采用多层遮热板并抽真空的方法。遮热板用塑料膜制成,其上涂以反射比很大的金属箔层,箔层厚约 $0.01\sim0.05$mm,箔间嵌以质轻且导热系数小的材料作为分隔层,绝热层中抽成高度真空。据测定,当冷面(内壁)温度为 $20\sim80$K,热面(容器外壁)温度为 300K 时,在垂直于遮热板方向上的导热系数可低至 $5\sim10\times10^{-5}$ W/(m・K)。可见,其当量导热阻力是常温下空气的几百倍,故有超级绝热材料之称。

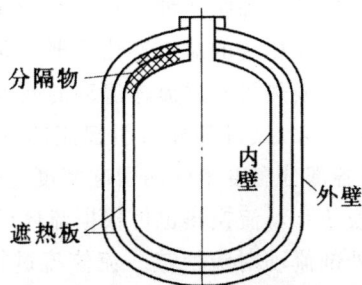

图 4-40　多层遮热板保温容器示意图

第5章 对流换热过程及其相关计算

对流交换热指的是物体表面和流体之间存在相对运动时传递的热量。从机理上说,这种换热,除了紧贴壁面的流体依靠微观粒子运动的导热之外,离开壁面的流体依靠宏观运动储存和输运热量。因而对流换热要涉及流体的运动状况,流体的性质以及与流体相接触的物体的表面形状、大小和部位等复杂因素。

牛顿定律是对流换热的基本计算式,该公式只是对流换热系数 h 的一种定义方式,对流系数与有关物理量之间的关系并不能依靠牛顿定律来解释。对流换热问题的数学描写比导热要复杂得多,只有极少数非常简单的对流换热问题,在一系列的简化条件下,可以获得解析解,许多实际问题,往往得依赖于实验所获得的经验公式来进行分析。

研究对流换热的任务就是要揭示对流换热系数与影响它的有关物理量之间的内在联系,并定量地确定对流换热系数的数值。本章将从基本概念入手,介绍对流换热问题的完整数学描写和简化形式的边界层微分方程组,以及边界层方程的近似解法和对流换热在工程中的应用。

5.1 对流换热概述

5.1.1 对流换热的分类

一般将对流换热分为有相变的对流换热和无相变的对流换热两种形式,这种分类的依据是流体在整个对流换热过程中流体是否发生相变。有相变的对流换热主要有凝结和沸腾两种换热。凝结和沸腾换热广泛应用于各式凝汽器和蒸发器中。无相变的对流换热根据不同的分类方法可分为不同的类型。无相变的对流换热可根据流体流动的起因分为强制对流换热和自然对流换热两大类。由泵、风机等外力引起流体流动时发生的换热称为强制对流换热,流体因各部分温度不同而引起密度差,导致流体流动而发生的换热称为自然对流换热。对流换热也可根据流体所流过的壁面不同分为内部流动对流换热和外部流动对流换热。流体流过管、槽而被加热或冷却时的换热称为内部流动对流换热,流体绕流物体壁面而被加热或冷却时的换热称为外部流动对流换热。还可根据流体的不同流态分为层流、过渡流和湍流,不同流态流动的换热情况不同。

不论哪一种对流换热过程,都可采用牛顿冷却公式,即

$$q = h\Delta T \text{ W/m}^2 \tag{5-1}$$

$$\Phi = hA\Delta T \text{ W} \tag{5-2}$$

式中,ΔT 为流体与壁面间的温差,恒取正值。由式(5-1)和式(5-2)可知,分析计算对流换热过程,实质上就是设法计算各种情况下的对流换热系数 h,进而求出对流换热量。

5.1.2　影响对流换热的主要因素

对流换热是一个很复杂的物理现象,对流换热过程同时涉及流体和固体壁面,因而流体的种类、状态、壁面的几何形状、粗糙度等因素都会影响对流换热的强弱程度。影响流动的因素及流体本身的热物理性质共同构成了影响对流换热的因素。下面五个环节包含了影响对流换热的主要因素。

1. 流体有无相变

相态的变化就是通常意义上的相变,流体的相变主要包括由气体转变为液体,或者液体转变为气体两类。没有相态变化的对流换热称为单相流体的对流换热。有相变的对流换热是指液体的沸腾换热和蒸汽的凝结换热。如电厂中由汽轮机排出的低压水蒸气在凝汽器内的冷凝管外放热凝结成水,然后又送入锅炉内被加热沸腾变为蒸汽。有相变的对流换热与无相变的对流换热相比有很大的区别。对于同一流体,有相变的对流换热系数比单相流体的换热系数要大得多。

2. 流体流动的起因

根据流体的流动原因可以将流体分为强迫对流和自然对流两种形式。前者是由于泵、风机或其他外部动力源所造成的;而后者则是由于流体内部存在密度差所引起的。引起流体流动的力不同,流体的运动规律有差别,所以换热规律也不一样。

3. 流体的物理性质

不同种类的流体,在相同的条件下的换热强度也有很大的差别。例如,对于发电机的内部冷却而言,氢气比空气的冷却效果好,而水冷又比氢冷效果好,可见,流体的热物理性质也是影响对流换热的因素之一。流体的热物

性因种类、温度和压力而变化。它包括:导热系数 $\lambda[\mathrm{W/(m \cdot K)}]$、比定压热容 $c_\mathrm{p}[\mathrm{J/(k \cdot K)}]$、$\rho$ 密度 $[\mathrm{kg/m^3}]$、动力黏度 η $[\mathrm{k/(m \cdot s)}]$、运动黏度 $\nu[\mathrm{m^2/s}]$ 等。如水的导热系数是空气的 20 余倍,常温下,水的比热容与密度之积 ρc_p 是空气 ρc_p 的 3450 倍,故水的对流换热系数比空气的对流换热系数大得多。

4. 流体的流动状态

层流和湍流是流体流动的两种状态,流体热传递的机理更流动状态相关,流动状态不同,热量传递的机理也不同。层流时流体微团沿着主流方向作有规则的分层流动,而湍流时流体内部的速度脉动使得流体微团之间发生剧烈的混合,因而湍流对流换热系数比层流的要大。

5. 换热表面的几何因素

在对流交换过程中,流体是沿着壁面流动的,流体的流态、速度分布、温度分布等都会受到壁面的几何形状、粗糙都和流体与固体壁面的相对位置影响,从而也影响换热系数的大小。例如,流体在管内流动和流体横向绕过圆管时的流动,由于流体接触壁面的几何形状不同,流动的状态不同,这是两种不同的流动情况,换热规律也不同。

流体与固体壁面间的相对位置也影响对流换热过程,如在平板表面加热空气作自然对流时,换热面朝上或换热面朝下空气的流动情况大不一样。如图 5-1 所示,换热面朝下时的对流换热强度要比换热面朝上时小。

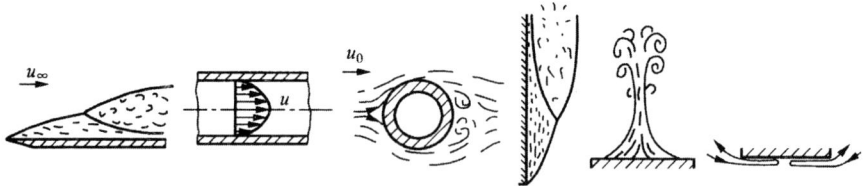

图 5-1 壁面几何因素的影响

综上所述,影响对流换热系数 h 的主要因素,可定性地用函数形式表示为

$$h = f(u, L, \lambda, \rho, \nu, c_\mathrm{p})$$

表 5-1 给出了几种对流换热过程系数的大致范围。可以更直观地感觉上述一些因素对对流换热强度的影响规律。

表 5-1　对流换热系数的数值范围

换热形式		对流换热系数/[W/(m²·K)]
自然对流	空气	1～10
	水	200～1000
强迫对流	空气	20～100
	水	1000～1500
相变换热	空气	2500～35000
	水	5000～25000

5.1.3　对流换热系数

当速度为 u_f,温度为 T_f 的流体流过面积为 A 的平板平面,如果表面的温度 T_w 不等于 T_f,则会发生对流换热,平板 x 处局部热流密度表示为

$$q_x = h_x(T_w - T_f) \tag{5-3}$$

式中,h_x 称为局部对流换热系数,由于流体的流动和温度沿平板 L 是逐点变化的,因此 q_x 和 h_x 也沿表面变化。平板表面总的换热量可由局部热流在整个平板表面积分求得,即

$$\varPhi = \int_A q_x \mathrm{d}A$$

假设壁面温度 T_w 和流体温度 T_f 为常量,则有

$$\varPhi = \int_A h_x(T_w - T_f)dA = (T_w - T_f)\int_A h_x \mathrm{d}A \tag{5-4}$$

定义整个平板表面的平均对流换热系数为 $\overline{h}$,则总换热量

$$\varPhi = \overline{h}A(T_w - T_f) \tag{5-5}$$

由上面两式可求出平均和局部对流换热系数的关系式为

$$\overline{h} = \frac{1}{A}\int_A h_x \mathrm{d}A \tag{5-6}$$

式(5-1)中的 h 就是指 A 表面的平均对流换热系数。

对于图 5-2 所示的平板,h_x 仅沿 x 变化,则式(5-6)可简化为

$$\overline{h} = \frac{1}{L}\int_0^l h_x \mathrm{d}_x$$

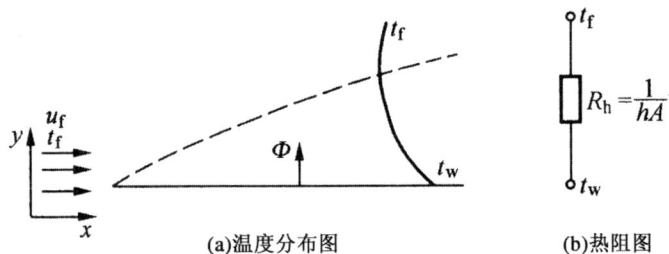

(a)温度分布图   (b)热阻图

图 5-2   流体沿壁面流动时的对流换热

5.1.4   对流换热的分类树

图 5-3 是目前常见的对流换热类型分类树,每种类型对流换热的物理过程特征是学习过程中必须要注意的。

分析法、实验法、类比法、数值法是研究对流换热的大致方法。其中,类比法是通过研究动量传递及能量传递的共性或类似特性,以建立起对流换热系数与阻力系数之间的相互关系,在传热学发展的早期,这一方法曾广泛用来获得湍流换热的计算公式,随着实验测试技术和计算技术的不断发展,以及研究的流动传热问题日趋复杂,近年来这一方法已较少采用;数值法在20 世纪 80 年代得到了迅速发展,并将会在未来的对流换热问题研究中发挥日益重要的作用,与导热问题的数值解法相比,对流换热的数值解法需要涉及一些专门的知识。因此我们主要讨论分析法和实验法。

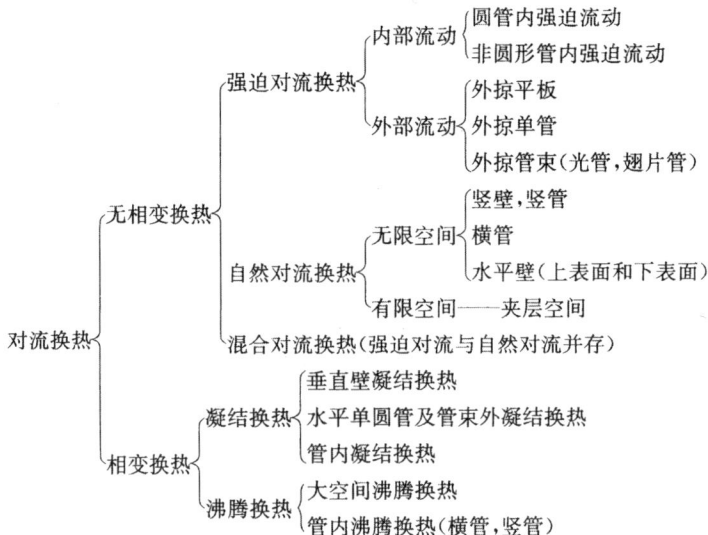

图 5-3   对流换热分类树

5.2　对流换热过程微分方程组

5.2.1　对流换热系数的一般表达式

在对流换热过程的理论分析中,求解出流体的温度分布后,如何从流体的温度分布来进一步求得对流换热系数? 也就是说我们迫切需要解决的问题是发现对流换热系数与流体温度场之间存在的内在联系。

图 5-4 为固体壁面和流体之间的热量传递过程。当流体流过固体表面时,由于流体的黏性作用,紧贴壁面的区域流体将被滞止而处于无滑移状态。壁面与流体间的热量传递必须穿过这层静止的流体层,因此在贴近壁面的这层流体层中,从壁面传入的热量可以根据傅里叶定律确定。

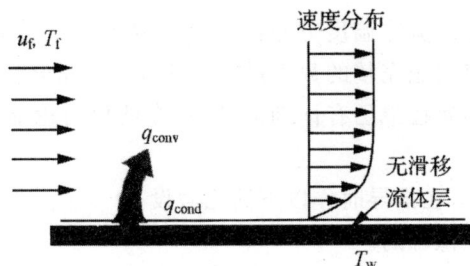

图 5-4　对流换热机理示意图

$$q_{cond} = -\lambda \frac{\partial T}{\partial y}\Big|_{y=0} \tag{5-7}$$

式中,$\partial T/\partial y|_{y=0}$ 为贴壁处壁面法线方向上的流体温度变化率;λ 为流体的导热系数。

在稳定状态下,壁面与流体之间的对流换热量就等于贴壁处静止流体层的导热量。

$$q_{conv} = h(T_w - T_f) = -\lambda \frac{\partial T}{\partial y}\Big|_{y=0} \tag{5-8}$$

所以,对流换热系数与近壁流体层温度梯度的一般关系式为

$$h = \frac{-\lambda \dfrac{\partial T}{\partial y}\Big|_{y=0}}{T_w - T_f} \tag{5-9}$$

从式(5-9)可以看出,对流换热系数与流体的温度场,特别是贴近壁面附近区域的流体的温度分布状况密切相关。式(5-9)给出了计算对流换热壁面上热流密度的公式,也确定了对流换热系数与流体温度场之间的关系。

它清晰地告诉我们,要求解一个对流换热问题,获得相应的对流换热系数,就必须首先获得流体的温度分布,即温度场,然后确定壁面上的温度梯度,最后计算出在参考温差下的对流换热系数。

【例 5-1】 已知温度为 T_∞ 流体外掠平壁在距前缘 x 位置处的壁面附近温度分布为

$$T(y) = A - By - Cy^2$$

A、B 和 C 均为常数。试求局部对流换热系数。

解 由对流换热系数的一般关系式(5-9),得到

$$h = \frac{-\lambda \frac{\partial T}{\partial y}\big|_{y=0}}{T_w - T_f} = \frac{-\lambda(-B - 2Cy)_{y=0}}{(A - By - Cy^2)_{y=0} - T_\infty} = \frac{\lambda B}{A - T_\infty}$$

只要贴近壁面的流体温度分布已知,即可确定对流换热系数。

5.2.2 对流换热过程控制方程组

速度场也是影响流体温度分布的一个重要因素。质量守恒、动量守恒和能量守恒是对流问题完整的数学描写表达式。质量守恒和动量守恒方程的推导在流体力学教程中已有详细的论述,在此仅讨论能量守恒方程的推导过程。

为了方便起见,在推导时作以下简化假设:

①流动是二维稳态的。

②流体为不可压缩的牛顿型流体,即流体服从牛顿黏性定律 $\tau = \mu(\partial u / \partial y)$。

③流体物性为常数,无内热源。

④黏性耗散产生的耗散热可以忽略不计。

将作用与法向力和剪切力表面的流体位移产生的摩擦供转变长热量是黏性耗散的主要物理意义。粘性耗散热为零是指流体的流速完全均匀,没有内摩擦。一般地,对于低速流动或低普朗特数流体,黏性耗散热与能量方程中的其他项相比甚小,可忽略不计。

将流体看为连续体是研究对流换热问题的前提。因此力学和热力学的一些基本定律均适用。分析时常取流体的一个微元控制体作为研究对象,运用质量守恒、动量守恒和能量守恒等基本定律。对于非常稀薄的气体,由于其分子的平均自由行程达到与控制体的尺度为同一量级,若按照连续流体进行分析和计算,则偏差将会很大。

针对图 5-5 所示的微元控制体,能量以扩散和对流的方式进出控制体。

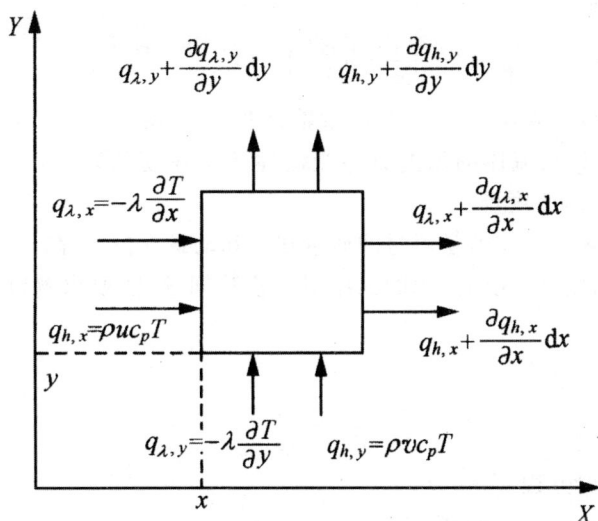

图 5-5　微元控制体热平衡分析模型

通过扩散作用进、出控制体的热流量为

$$\mathrm{d}\Phi_{\lambda,x}=q_{\lambda,x}\mathrm{d}y\cdot1=-\lambda\frac{\partial T}{\partial y}\mathrm{d}y$$

$$\mathrm{d}\Phi_{\lambda,y}=q_{\lambda,y}\mathrm{d}x\cdot1=-\lambda\frac{\partial T}{\partial y}\mathrm{d}x$$

$$\mathrm{d}\Phi_{\lambda,x+\mathrm{d}x}=q_{\lambda,x+\mathrm{d}x}\mathrm{d}y\cdot1=-\lambda\frac{\partial}{\partial x}\Big(T+\frac{\partial T}{\partial y}\mathrm{d}x\Big)\mathrm{d}y$$

$$\mathrm{d}\Phi_{\lambda,y+\mathrm{d}y}=q_{\lambda,y+\mathrm{d}y}\mathrm{d}x\cdot1=-\lambda\frac{\partial}{\partial y}\Big(T+\frac{\partial T}{\partial y}\mathrm{d}y\Big)\mathrm{d}x$$

通过对流作用进、出控制体的热流量为

$$\mathrm{d}\Phi_{\mathrm{h},x}=q_{\mathrm{h},x}\mathrm{d}y\cdot1=\rho u c_{p}T\mathrm{d}y$$

$$\mathrm{d}\Phi_{\mathrm{h},y}=q_{\mathrm{h},y}\mathrm{d}x\cdot1=\rho u c_{p}T\mathrm{d}x$$

$$\mathrm{d}\Phi_{\mathrm{h},x+\mathrm{d}x}=\Big(q_{\mathrm{h},x}+\frac{\partial q_{\mathrm{h},x}}{\partial x}\mathrm{d}x\Big)\mathrm{d}y\cdot1=\rho u c_{p}\Big(u+\frac{\partial u}{\partial x}\mathrm{d}x\Big)\Big(T+\frac{\partial T}{\partial x}\mathrm{d}x\Big)\mathrm{d}y$$

$$\mathrm{d}\Phi_{\mathrm{h},y+\mathrm{d}y}=\Big(q_{\mathrm{h},y}+\frac{\partial q_{\mathrm{h},y}}{\partial y}\mathrm{d}y\Big)\mathrm{d}x\cdot1=\rho u c_{p}\Big(v+\frac{\partial v}{\partial y}\mathrm{d}y\Big)\Big(T+\frac{\partial T}{\partial y}\mathrm{d}y\Big)\mathrm{d}x$$

则微元体在单位时间内由于扩散作用所吸收的热量为

$$\mathrm{d}\Phi_{\lambda}=\lambda\Big(\frac{\partial^{2}T}{\partial x^{2}}+\frac{\partial^{2}T}{\partial y^{2}}\Big)\mathrm{d}x\mathrm{d}y\cdot1 \tag{5-10}$$

在单位时间内控制体由于对流作用而得到的热量为

$$\mathrm{d}\Phi_{\mathrm{h}}=-\rho c_{p}\lambda\Big(u\frac{\partial T}{\partial x^{2}}+v\frac{\partial T}{\partial y}\Big)\mathrm{d}x\mathrm{d}y\cdot1 \tag{5-11}$$

在稳定情况下,无内热源,忽略黏性耗散产生的耗散热,根据能量守恒

定理,可得到

$$\rho c_p \lambda \left(u\, \frac{\partial T}{\partial x^2} + \upsilon\, \frac{\partial T}{\partial y} \right) = \lambda \left(\frac{\partial^2 T}{\partial x^2} + \frac{\partial^2 T}{\partial y^2} \right) \tag{5-12}$$

式(5-12)左端表征流体中热量输运的对流项,右端表征扩散项。式 (5-12)表明,运动流体的温度分布受流体运动速度的影响,为了计算温度场,必须先求出速度场。

结合流体力学中所学习过的质量守恒和动量守恒方程,为了求解稳态、不可压缩、常物性、无内热源的二维对流换热问题,需要求解以下的微分方程组:

质量守恒方程

$$\frac{\partial u}{\partial x} + \frac{\partial \upsilon}{\partial y} = 0 \tag{5-13}$$

动量守恒方程

$$\rho \left(u\, \frac{\partial u}{\partial x} + \upsilon\, \frac{\partial u}{\partial y} \right) = F_x - \frac{\partial p}{\partial x} + u \left(\frac{\partial^2 u}{\partial x^2} + \frac{\partial^2 u}{\partial y^2} \right) \tag{5-14}$$

$$\rho \left(u\, \frac{\partial u}{\partial x} + \upsilon\, \frac{\partial u}{\partial y} \right) = F_y - \frac{\partial p}{\partial y} + u \left(\frac{\partial^2 \upsilon}{\partial x^2} + \frac{\partial^2 \upsilon}{\partial y^2} \right) \tag{5-15}$$

能量守恒方程

$$\rho c_p \left(u\, \frac{\partial T}{\partial x} + \upsilon\, \frac{\partial T}{\partial y} \right) = \lambda \left(\frac{\partial^2 T}{\partial x^2} + \frac{\partial^2 T}{\partial y^2} \right) \tag{5-16}$$

对流换热微分方程

$$h = \frac{-\lambda}{T_w - T_f} \frac{\partial T}{\partial y} \Big|_{y=0} \tag{5-17}$$

式中,F_x,F_y 是体积力在 x,y 方向的分量。

在上述能量方程中,并未考虑由于流体粘性耗散作用所产生的热量。如果计入这一影响,则在能量方程式(5-16)右端加上类似于导热微分方程中的内热源项。

$$\Phi = \mu \left\{ 2 \left[\left(\frac{\partial u}{\partial x} \right)^2 + \left(\frac{\partial \upsilon}{\partial x} \right)^2 + \left(\frac{\partial u}{\partial y} + \frac{\partial \upsilon}{\partial x} \right)^2 \right] \right.$$

单值性条件也是对流换热问题完整的数学描写的基本条件。与导热问题不同的是,对流换热问题应包括速度、压力和温度的初始和边界条件。以能量守恒方程为例,可以规定边界上流体的温度分布(第一类边界条件),也可以给定边界上加热或冷却流体的热流密度(第二类边界条件),一般地,求解对流换热问题时没有第三类边界条件。

由于对流换热问题的完整数学表达式具有非线性的特点,因此尽管式(5-13)~式(5-17)对于 u,υ,T,p 等变量是封闭的,但在数学上求出其解析解却是非常困难的。借助于普朗特提出的边界层概念,上述方程组可以从椭圆型方程转化成抛物型方程,使得分析法求解对流换热问题成为可能。

5.3　边界层理论

流体的流动与对流换热过程密切相关。流体沿壁面流动时,具有黏性的流体在近壁处形成一个具有速度梯度的流体薄层;具有热量扩散能力的流体在近壁处也形成一个具有温度梯度的流体薄层,这种薄层称为边界层。边界层理论的提出,使得能够用分析法求解流体的速度分布和温度分布,并最终求得对流换热系数。以平板流和管内流为例,分析速度边界层和温度边界层的概念。

5.3.1　流体沿平壁流动时的速度边界层

如图 5-6 所示,未受干扰的流体以均匀速度纵掠-平壁,由于流体与平壁间、相对运动的流体之间存在黏滞力,从平壁前缘开始在平壁表面附近形成一层受黏滞力影响的流体薄层。在紧贴壁面处,流体速度为零,即 $u_f|_{y=0}=0$,沿 y 方向流速逐渐增大,到 $y=\delta$ 处,流体速度达到主流速度的99%,即 $u_f|_{y=\delta}=99\%u_f$。这一具有速度剧烈变化的流体薄层,称为速度边界层。速度边界层以外,流速保持不变,维持来流速度,称为主流区或自由流区。速度边界层的厚度用 δ 表示,δ 与平壁长度 L 相比是一个很小的值,即 $\delta \ll L$。例如,当常温下空气以 $u_f=16\text{m/s}$ 的速度流过 0.5m 长的平壁时,平壁末端处的边界层厚度约为 3mm。

将边界层又可分为层流边界和湍流边界是依据流体的流动特征来划分的。在层流流动时,流体具有明显的分层流动现象,各层流动方向与主流一致,相邻层与层之间只有相对滑动和分子的扩散,而没有流体微团的掺混。在湍流流动时,除分子之间的相互扩散外,在与主流垂直的方向上,出现明显而不规则的相互掺混现象,此时,当流体温度与壁面温度不同时,上述掺混现象将有利于热量传递的进行。图 5-6 中示出,当 $x>x_c$,出现层流向湍流过渡区域,当 $x>x_L$ 后,流动进入充分发展的湍流区域。在湍流边界层区,从垂直于平壁的方向又分为三个层次,即层流底层、缓冲层和湍流核心。通常由于缓冲层流动较为复杂,一般认为湍流边界层中仅有层流底层和湍流核心两个区域。湍流核心中流速变化较缓,层流底层流速变化较大,并且壁面处的速度梯度很大,与壁面的热量交换完全依靠流体分子的导热,因此湍流边界层的对流热阻主要在其层流底层内。

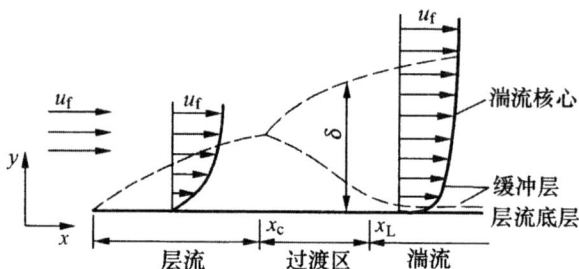

图 5-6　流体沿平壁流动时的边界层的发展

总之,速度边界层有如下重要特点:

①边界层的厚度 δ 与板的尺寸 L 相比是个小量,即 $\delta \ll L$。

②边界层内具有速度梯度,且壁面处法线方向的速度变化最大,即 $\frac{\partial u}{\partial y}\Big|_{y=0}$ 为最大。边界层之外,流体的速度保持不变。

③边界层流动状态分为层流和湍流,湍流边界层内近壁处仍存在层流底层。

④流场可分为主流区和边界层区,在边界层区必须考虑黏性的作用,又称为黏性流区;在主流区不考虑黏性的作用,又称为理想流区。

层流边界层向湍流边界层过渡的临界距离 x_c 位置处,称为转折点,该点的雷诺准则称为临界雷诺准则 Re_c。

由雷诺准则定义,有

$$Re = \frac{u_f \rho x}{\eta} = \frac{u_f x}{\dfrac{\eta}{\rho}} = \frac{u_f x}{\nu}$$

临界雷诺准则 Re_c 为

$$Re_c = \frac{u_f \rho x_c}{\eta} = \frac{u_f x_c}{\nu}$$

上两式中,u_f 为来流速度,m/s;ρ 为流体密度,kg/m³;η 为流体的动力黏度,kg/(m·s);ν 为流体的运动黏度,m²/s;x 和 x_c 为平壁相对于前缘点的距离,m。

流体沿平壁流动时,实际临界雷诺准则 Re_c 的范围为 $5 \times 10^5 \sim 5 \times 10^6$。为简化起见,通常将过渡区视为一个转折点,并认为 $Re_c = 5 \times 10^5$。转折点前为层流边界层,转折点后为湍流边界层。

5.3.2　流体沿平壁流动时的温度边界层

如图 5-7 所示,设平壁表面和来流温度分别为 T_w 和 T_f,且 $T_f < T_w$,流体与壁面之间必然有热量交换,紧贴壁面处流体的温度等于壁面温度,然后

沿壁面法线方向流体的温度逐渐变为远离壁面的来流温度。同速度边界层一样,在壁面附近形成一层流体温度有较大变化的薄层,称为温度边界层,温度边界层外流体的温度可近似视为来流温度。沿壁面法线方向流体的温度由壁面温度变化到来流温度时的距离为温度边界层的厚度 δ,一般取温度边界层内无量纲过余温度 $\dfrac{T-T_{\mathrm{w}}}{T_{\mathrm{f}}-T_{\mathrm{w}}}$ 位置处的壁面法线方向距离作为温度边界层厚度是出于与速度边界层厚度同样的考虑的。

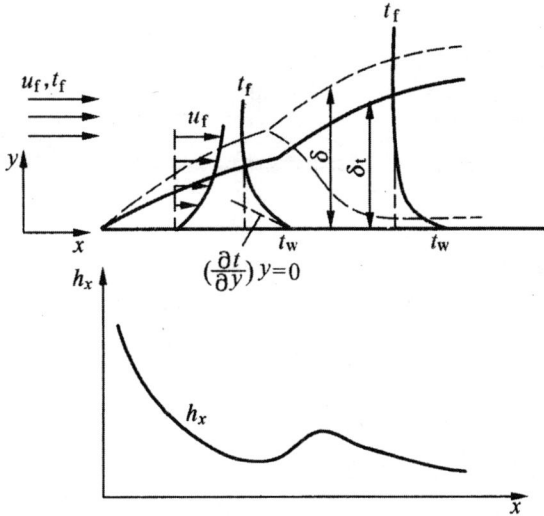

图 5-7　流体沿平壁流动时的温度边界发展

　　温度边界层与速度边界层之间既有联系又有区别。首先,在层流速度边界层内,由于流体作有序分层流动,沿壁面法线方向的热量传递依靠流体分子的导热能力来实现,因此温降较大,即温度梯度较大,而在湍流边界层湍流核心区,流体微团作无序掺混流动,沿壁面法线方向的热量传递不仅依靠流体分子的导热能力,并且由于无序掺混使得流体分子上下层质量交换所引起的热量传递占主导地位,温度的均匀程度增加,即温度梯度较小。由温度分布可知,对流换热的热阻主要集中在速度边界层中属于层流的部分;其次,速度边界层厚度和温度边界层厚度分别反映了流体分子的动量和热量扩散的能力,两者之比取决于流体的流动特性和热特性,判据为普朗特准则,其定义为 $Pr=\dfrac{\nu}{a}$ 或 $Pr=\dfrac{\eta c_{\mathrm{p}}}{\lambda}$。它的大小表征流体动量扩散率与热入量扩散率之比,$Pr$ 数同 ν 和 a 一样是流体的物性参数。

　　当流体流过平壁时,速度边界层和温度边界层都从平壁前缘形成,则 δ 和 δ_{t} 之间的关系可分为下列三种情况:

①$Pr = \dfrac{\nu}{a} > 1$ 时, 这时 $\delta > \delta_t$, 即动量扩散能力大于热量扩散能力, 形成的速度边界层比温度边界层厚, 如图 5-8(a)所示。

②$Pr = \dfrac{\nu}{a} = 1$ 时, 这时 $\delta = \delta_t$, 形成的速度边界层同温度边界层重合, 如图 5-8(b)所示。

③$Pr = \dfrac{\nu}{a} < 1$ 时, 这时 $\delta < \delta_t$, 即形成的温度边界层比速度边界层厚, 如图 5-8(c)所示。

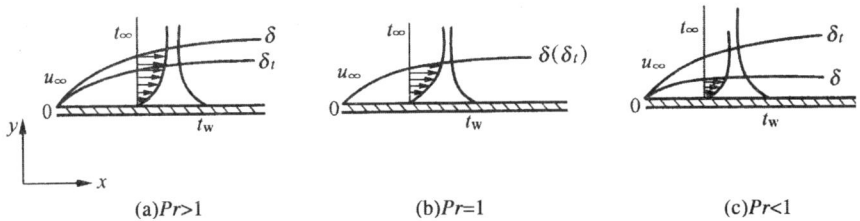

(a)$Pr>1$ (b)$Pr=1$ (c)$Pr<1$

图 5-8 δ 与 δ_t 的关系示意图

δ 与 δ_t 之间的关系, 通过理论分析, 近似有关系式

$$\frac{\delta_t}{\delta} = \frac{1}{1.026} Pr^{-1/3} = 0.97466 Pr^{-1/3} \tag{5-18}$$

综上所述, 温度边界层有如下特点:

①边界层的厚度 δ_t 与板的尺寸 L 相比是个小量, 即 $\delta_t \ll L$。

②在温度边界层内具有温度梯度, 在壁面处温度变化最大, 即 $\dfrac{\partial t}{\partial y}\Big|_{y=0}$ 为最大, 在温度边界层外, $\dfrac{\partial t}{\partial y}\Big|_{y=\delta_t}$。

③温度场分为温度边界层区和主流区, 主流区保持来流温度。对流热阻主要存在于温度边界层内属于层流及层流底层部分, 大部分温度降发生在这里。

5.3.3 管内流动时的速度边界层

由图 5-9 看出, 流体在管内流动时, 速度边界层沿管壁逐渐发展增厚直到管内中心轴线汇合, 即边界层充满整个管道, 这时, 边界层的厚度 $\delta = 2/d$, 此后, 沿流动方向管内速度分布不再变化。边界层汇合之前的流动称为流动入口段, 边界层汇合之后流动称为充分发展段, 管道入口至边界层汇合截面间的距离 L 称为流动入口段长度。

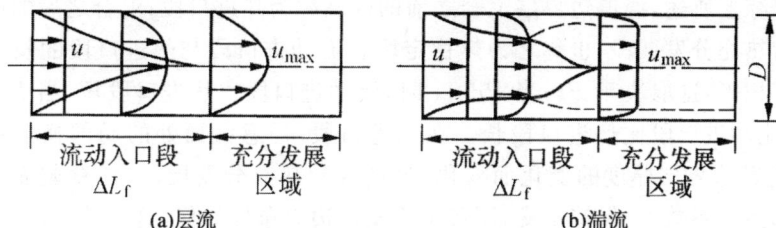

图 5-9　管道入口段的速度分布和速度边界层的发展

管内流动时的流动入口段分层流入口段和混合流入口段。边界层在汇合之前保持层流状态的流动段为层流入口段,而边界层在汇合之前已经过渡到湍流状态的流动段为混合流入口段,一般将层流入口段称为管内流流动,将混合流动段称为为管内湍流流动。

对于管内流动,依然用临界雷诺准则来区别层流和湍流。管内流动时,雷诺准则定义为

$$Re=\frac{\rho ud}{\eta}=\frac{ud}{\nu} \tag{5-19}$$

式中,u 为管内流体截面的平均速度,m/s;ρ 为流体密度,kg/m^3;η 为流体动力黏度,kg/(m·s);ν 为流体运动黏度,m^2/s;d 为管道内径,m。

一般取管内流动的临界雷诺准则 $Re_c=2300$。$Re_c<2300$ 时,管内流动状态为层流;$Re_c>2300$ 时,管内流动状态为过渡流和湍流。

对于管内层流流动,层流入口段的热进口段长度为 $(L_t/d)_{层流}=0.05RePr$,流动进口段 $L/d=0.05Re$;对于湍流流动情况,只要 $L/d>60$ 就认为流动已进入充分发展段。

图 5-10 为管内流动时的温度边界层,如果管内于流体之间存在有热量交换,证明流体温度与壁面温度不同。流体进入管道后,开始形成温度边界层,并逐渐增厚,直到在管子中心汇合,即温度边界层充满整个管道,这时温度边界层的厚度为管径的一半,即 $\delta_t=d/2$,此后沿流动方向由于有热量交换,流体温度会有变化,但不同截面上流体的无量纲温度分布不再变化,而且局部换热系数 h_x 为常数。

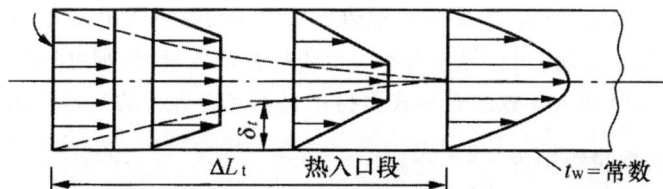

图 5-10　流体在关内流动时的热入口段和热充分发展段

综上所述,温度边界层汇合之前的区域称为热进口段;汇合之后的区域称为热充分发展段,也称之为热稳定段。流动进口段与热进口段的长度不一定相等,这取决于 Pr,当 $Pr>1$ 时,流动进口段比热进口段短,当 $Pr<1$ 时,流动进口段比热进口段长。在热进口段,任意截面处的局部换热系数 h_x 随着边界层厚度的变化而变化;当进入到热充分发展段,任意截面处的局部换热系数 h_x 保持不变,而且不论壁面边界条件如何,这一结论都正确。管内局部换热系数 h_x 随 x 的变化如图 5-11 所示。

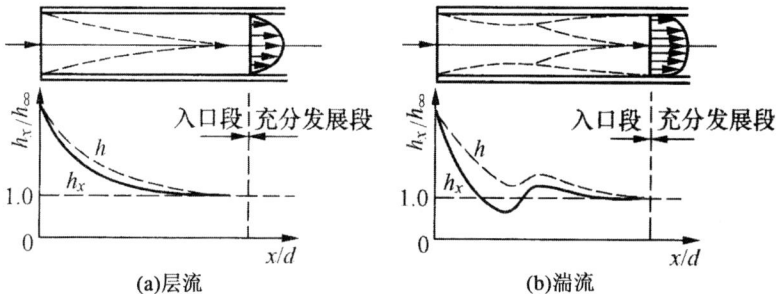

图 5-11 管内流动局部换热系数 h_x 的变化

从图 5-10 可以看出,在管子进口处,边界层最薄 h_x 最大,随着边界层的增厚 h_x 逐渐减小。当管内出现湍流时,h_x 有所回升。鉴于进口段 h_x 的变化,在计算管内平均换热系数时应注意管的长度的修正。

5.3.4 边界层微分方程组

根据边界层的特点,可以运用数量级分析的方法来简化完整的对流换热微分方程组。

数量级分析是工程问题分析中的一个重要方法,通过比较方程中各项的数量级相对大小,对数量级小的项加以舍去而实现方程的合理简化。

分析问题的性质决定如何确定各项的数量级。这里采用各量在作用区间的积分平均绝对值的确定方法。例如,在速度边界层内,从壁面到 $y=\delta$ 处,主流方向流速 u 的积分平均绝对值显然远远大于垂直主流方向的流速 u 的积分平均绝对值。因而如果把边界层内 u 的数量级定义为1,则 v 的数量级必定是个小量,用符号 δ 表示。至于导数的数量级,则可将因变量及自变量的数量级代入导数的表达式而得出,例如 $\partial T/\partial x$ 的数量级为 $1/1=1$,而 $\dfrac{\partial}{\partial y}\dfrac{\partial T}{\partial y}$ 的数量级则为 $\dfrac{1/\delta}{\delta}=\dfrac{1}{\delta^2}$。

下面以能量微分方程的简化来说明数量级分析法的具体应用。

针对图 5-12 所示的外掠平板温度边界层,设边界层内主流方向的坐标

x 的数量级为 1，u 的数量级为 1，T 的数量级为 1，则 y 和 v 的数量级为 δ。于是边界层中二维稳态能量方程的各项数量级可分析如下：

$$u\,\frac{\partial T}{\partial x}+v\,\frac{\partial T}{\partial y}=a\left(\frac{\partial^2 T}{\partial x^2}+\frac{\partial^2 T}{\partial y^2}\right) \tag{5-20}$$

$$1\ \frac{1}{1}\quad \delta\ \frac{1}{\delta}\quad \delta^2\left(\frac{1}{1^2}\quad \frac{1}{\delta^2}\right)$$

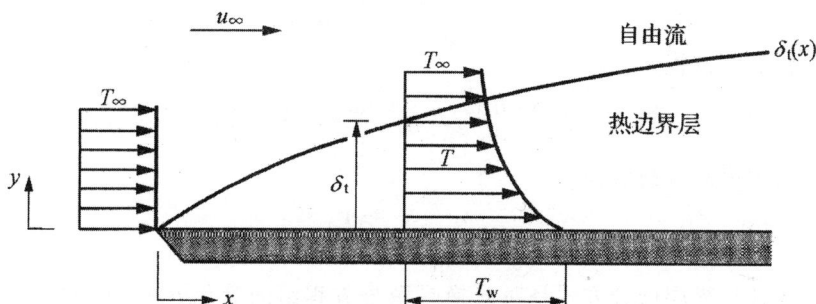

图 5-12　温度边界层

式(5-20)表明，热扩散率 a 必须具备 δ^2 的数量级，且 $\partial^2 T/\partial y^2\gg\partial^2 T/\partial x^2$，因而可以把主流方向的二阶导数项 $\partial^2 T/\partial x^2$ 略去。

式(5-20)因此简化为

$$u\,\frac{\partial T}{\partial x}+v\,\frac{\partial T}{\partial y}=a\,\frac{\partial^2 T}{\partial x^2}$$

在对动量方程进行数量级分析时，若忽略体积力的影响（$F_x=0$，$F_y=0$），式(5-14)和式(5-15)可以简化为

$$u\,\frac{\partial u}{\partial x}+v\,\frac{\partial u}{\partial y}=-\frac{1}{\rho}\frac{\partial p}{\partial x}+v\,\frac{\partial^2 u}{\partial y^2} \tag{5-21}$$

注意到，在运用数量级分析时，由于 y 向的动量方程相对于 x 向动量方程的数量级是一个小量而被略去了，这表明在边界层内 $\partial p/\partial y$ 相对于 $\partial p/\partial y$ 而言是一个小量，也就是意味着在边界层内沿壁面法线方向的压力梯度可视为零（$\partial p/\partial y=0$），即在边界层中 y 方向的压力不发生变化，边界层中的压力只取决于 x。

在同一 x 处流体在层外流体的压力与边界层内的压力相等。因此 $\mathrm{d}p/\mathrm{d}x$ 可以由边界层外理想流体的伯努利方程确定：

$$\frac{\mathrm{d}p}{\mathrm{d}x}=-\rho u_\infty\,\frac{\mathrm{d}u_\infty}{\mathrm{d}x} \tag{5-22}$$

对于流体沿平壁流动，由于 u_∞ 为常数，有 $\mathrm{d}p/\mathrm{d}x=0$。

至此，二维稳态的边界层对流换热微分方程组可归纳为连续方程：

$$\frac{\partial u}{\partial x}+\frac{\partial v}{\partial y}=0 \tag{5-23}$$

动量方程：

$$\left(u\,\frac{\partial u}{\partial x}+v\,\frac{\partial u}{\partial y}\right)=-\frac{1}{\rho}\frac{\mathrm{d}p}{\mathrm{d}x}+\nu\,\frac{\partial^2 u}{\partial y^2} \tag{5-24}$$

能量方程：

$$u\,\frac{\partial T}{\partial x}+v\,\frac{\partial T}{\partial y}=a\,\frac{\partial^2 T}{\partial y^2} \tag{5-25}$$

伯努利方程：

$$\frac{\mathrm{d}p}{\mathrm{d}x}=-\rho u_\infty\,\frac{\mathrm{d}u_\infty}{\mathrm{d}x} \tag{5-26}$$

对流换热系数方程：

$$h=-\frac{\lambda}{T_w-T_\infty}\frac{\partial T}{\partial y}\Big|_{y=0} \tag{5-27}$$

上述边界层微分方式是对流换热微分方程组的简化处理，但其求解过程也离不开数学问题，为了简化解析解，只能对某些特殊流体做求解。

5.4　对流换热过程的相似理论及应用

传热学中通过实验获取对流换热系数的关联式在传热学中占有重要地位，是一种既重要又可靠的方法。对流换热是一种复杂的热量交换过程，所涉及的变量较多，要找出众多变量之间的关联，需要进行大量的实验。以管内强制对流换热为例，要通过实验获得其对流换热系数，需要研究的变量包括：流速 u，管径 d，流体黏度 μ，导热系数 λ、比热容 c_p，密度 ρ。如果每一个变量需要进行 4 次实验，6 个物理量需要进行实验的次数为 4 次。为了减少实验次数，得出具有一定通用性的关联式，应在相似原理的指导下安排实验。

由于受到温度、压力和尺寸的限制在工程实际中很难用直接实验方法来进行实验。而且直接实验结果只适用于某些特定条件，并不具有普遍意义，因而即使花费巨大，也难能揭示现象的物理本质和描述其中各量之间的规律性关系。为了避免直接实验的局限性，应采用以相似原理为基础的模型实验方法，即先在模型实验台上进行实验，然后根据相似原理整理实验数据，找出模型中的对流换热规律，再将这些规律推广到与实验模型相似的各种实际设备中去。

如果用相似原理来进行实验，在实验之前需要解决以下问题：

①如何设计相似实验；

②实验中需要测量哪些变量；

③实验后如何对数据进行处理；

④所得的结果在什么条件下可以应用。

5.4.1　物理现象相似

我们将用一些简单的例子来阐明物理现象相似的概念。例如流体在管内稳态流动时的速度场相似问题。如图 5-13 所示，两根直径和管内流速均不相同的管子，所谓它们的速度场相似，就是管内对应点上的速度成比例。

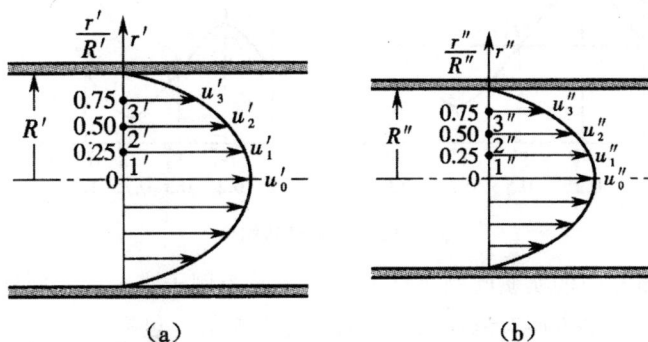

图 5-13　管内稳定流动时的速度场相似

设从两管内半径方向取点 1、2、3、…（分别用"'"，和"""标记(a)、(b)两管），它们离管轴的距离分别为 r'_1、r''_1；r'_2、r''_2；r'_3、r''_3；…若各点 r 之比满足下列关系

$$\frac{r'_1}{r''_1} = \frac{r'_2}{r''_2} = \frac{r'_3}{r''_3} = \cdots \frac{r'}{r''} = C_l$$

则 $1'$、$1''$；$2'$、$2''$；$3'$、$3''$；…在空间构成对应点，当这些对应点上的速度成比例时，即

$$\frac{u'_1}{u''_1} = \frac{u'_2}{u''_2} = \frac{u'_3}{u''_3} = \cdots \frac{u'}{u''} = C_u$$

式中，C_l 为两管几何相似倍数，将(a)管 r'_1、r'_2、r'_3、…分别除以 C_l 就得到(b)管的对应点 r''_1、r''_2、…值；C_u 为两管速度场相似倍数，同样将(a)管对应点上的速度 u'_1、u'_2、u'_3、…分别除以 C_u，就得到(b)管对应点上的速度 u''_1、u''_2、u''_3、…

所谓温度场相似，是指对应点上温度 t' 与 t'' 成比例，即

$$\frac{t'_1}{t''_1} = \frac{t'_2}{t''_2} = \frac{t'_3}{t''_3} = \cdots \frac{t'}{t''} = C_t$$

式中，C_t 是温度场相似倍数，由此把(b)管上对应点的温度乘以 C_t 就得到(a)管上的温度场。

但是,如果上述温度场是随时间变化的非稳态温度场,那么,还必须考虑时间相似,即必须是在时间对应瞬间,空间对应点上温度成比例,才能说两者的温度场相似。设图 5-14 是空间两个对应点上温度随时间的变化规律,对应瞬间就是指

$$\frac{\tau'_1}{\tau''_1} = \frac{\tau'_2}{\tau''_2} = \frac{\tau'_3}{\tau''_3} = \cdots \frac{\tau'}{\tau''} = C_\tau$$

式中,C_τ 为时间相似倍数。

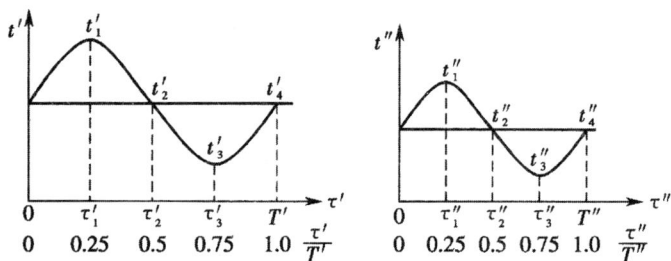

图 5-14 对应时间相似

物理量相似的实质问题可以通过上述两个例子来解释。同样,一个物理现象会受到多方面对流换热因素的综合影响的。包括温度 T、速度 u、导热系数 λ、密度 ρ、粘度 μ、几何尺寸 l 等,每个物理量都有其在换热系统中的分布状况。因此,若两对流换热现象相似,实质是它们的温度场、速度场、粘度场、导热系数场……都分别相似,也就是在对应瞬间对应点上各物理量分别成比例,即

$$\frac{\tau'}{\tau''} = C_\tau$$

$$\frac{x'}{x''} = \frac{y'}{y''} = \frac{z'}{z''} = C_l$$

$$\frac{t'}{t''} = C_t$$

$$\frac{u'}{u''} = C_u$$

$$\frac{\lambda'}{\lambda''} = C_\lambda$$

$$\frac{\mu'}{\mu''} = C_\mu$$

$$\cdots$$

各物理量之间的影响因素不是孤立的,它们之间存在着由对流换热微分方程所规定的关系。因此,各相似倍数之间必定有制约关系,它们的值不是随意给定的,这在以后推导相似准则时,可以得到解释。

还需强调的是在多种多样的物理现象中,相似的可能性只存在于同一类型的物理现象中。所谓同类现象是指那些用相同形式和内容的微分方程式(包括控制方程和单值性条件的方程)所描述的现象。如电场与温度场,虽然它们的微分方程式相仿,但内容不同而不是同类现象;又如对流换热现象中强迫流动换热与自然流动换热,虽然都是对流换热现象,但它们的微分方程和内容都有差异,也不是同类的现象;再如强迫外掠平板和外掠圆管,它们的控制方程相同,但单值性条件不同,也不是同类的现象。不同类的现象影响因素各异,显然不能建立相似关系。

综上所述,影响物理现象的所有物理量场分别相似的综合,就构成了物理相似。在理解这个问题时,要注意三点:①必须是同类现象才能谈相似;②由于描述现象的微分方程式的制约,物理量的相似倍数间有特定的制约关系;③注意物理量的时间性和空间性。

5.4.2　相似原理

相似原理的表示有相似的性质、判别相似的条件和相似准则间的关系。它们分别解决了试验中遇到的三个问题:实验中应测量哪些量? 实验数据如何整理表达? 实验结果如何推广应用于实际现象? 这样,就可以用相似的模型代替实际设备进行实验,从而大大简化了实验的规模,并使得从实验得到的结果能反映一类现象的规律,并推广应用于同类相似现象中去。

1. 相似的性质

如前所述,两物理现象相似时,各物理量分别相似,据此可以导出相似现象的一个重要性质:彼此相似的现象,它们的同名相似准则必定相等。

下面从稳态无相变对流换热过程阐明相似准则是怎样得出的,同时阐明为什么现象相似同名相似准则必定相等。

现以 Nu 准则的导出过程为例。由对流换热微分方程式

$$h = -\frac{\lambda}{\Delta t}\left(\frac{\partial t}{\partial y}\right)_{\text{w}} \tag{5-28}$$

设 a、b 两对流换热现象相似,则由式(5-29)可以分别列出:

现象 a

$$h'\Delta t' = -\lambda'\left(\frac{\partial t'}{\partial y'}\right)_{\text{w}} \tag{5-29}$$

现象 b

$$h''\Delta t'' = -\lambda''\left(\frac{\partial t''}{\partial y''}\right)_{\text{w}} \tag{5-30}$$

因为 a、b 相似,所以它们各物理量场应分别相似,即

$$\frac{h'}{h''}=C_h, \frac{t'}{t''}=C_t \,; \frac{y'}{y''}=C_l, \frac{\lambda'}{\lambda''}=C_\lambda \tag{5-31}$$

由式(5-31)得

$$\left.\begin{array}{l} h'=C_h h'' \\ t'=C_t t'' \\ y'=C_l y'' \\ \lambda'=C_\lambda \lambda'' \end{array}\right\} \tag{5-32}$$

把式(5-32)代入式(5-29),整理后得

$$-\frac{C_h C_l}{C_\lambda}h''\Delta t''=-\lambda''\left(\frac{\partial t''}{\partial y''}\right)_w \tag{5-33}$$

比较式(5-30)和式(5-33),必然是

$$\frac{C_h C_l}{C_\lambda}=1 \tag{5-34}$$

式(5-34)表达了两对流换热现象相似时,相似倍数间的制约关系。再将式(5-31)代入式(5-34),得

$$\frac{h'y'}{\lambda'}=\frac{h''y''}{\lambda''} \tag{5-35}$$

因为习惯上把系统的几何量用换热表面定型尺寸表示,而$\frac{y'}{y''}=\frac{l'}{l''}=C_l$,所以上式改写为

$$\frac{h'l'}{\lambda'}=\frac{h''l''}{\lambda''}$$

即

$$Nu'=Nu'' \tag{5-36}$$

式(5-36)表明,a、b两对流换热现象相似,必然$\frac{hl}{\lambda}$数群保持相等。这就是努塞尔准则(Nu数)相等。以上导出准则的方法,称为相似分析。

采用同样方法,从动量微分方程式(5-13)可导出

$$\frac{u'l'}{\nu'}=\frac{u''l''}{\nu''} \tag{5-37}$$

即

$$Re'=Re'' \tag{5-38}$$

说明两现象流体运动相似,(Re)数相等。

同理,从能量微分方程式(5-12),还可以导出

$$\frac{u'l'}{a'}=\frac{u''l''}{a''}$$

式中,a为导温系数。

即

$$Pe' = Pe'' \tag{5-39}$$

说明两换热现象相似,贝克来准则(Pe)相等,而

$$Pe = \frac{\nu}{a} \cdot \frac{ul}{\nu} = Pr \cdot Re$$

式中,Pr 为普朗特数,$Pr = \frac{\nu}{a}$。

可见两换热现象相似,Pr 数必相等。

对于自然对流流动,由于温度差而引起的浮升力不可忽略,这时动量微分方程式(5-11)应改写为

$$u\frac{\partial u}{\partial x} + \nu\frac{\partial u}{\partial y} = \nu\frac{\partial^2 u}{\partial y^2} + ga\Delta t$$

对此式进行相似分析,可以得出一个新的准则

$$Gr = \frac{ga\Delta t l^3}{\nu^2} \tag{5-40}$$

式中,Gr 为格拉晓夫准则,a 为流体容积膨胀系数,1/K,g 为重力加速度,m/s^2;l 为壁面定型尺寸,m;Δt 为流体与壁面温度差,K;ν 为运动粘度,m/s^2。

根据相似的这种性质,在实验中只需测量各准则所包含的量,从而避免了测量的盲目性。

以上导得的几个相似准则,反映了换热过程中各物理量间的内在联系,都具有一定的物理意义。

①雷诺准则 $Re = \frac{ul}{\nu}$。从动量微分方程的相似分析可知,它是由惯性力项和黏滞力的相似倍数之比得出的,反映流体强迫流动时惯性力和黏滞力的相对大小。Re 数大,表明流体所受到的惯性力相对较大,容易出现湍流;反之,则容易保持为层流。因此,可用 Re 数来标志流体流动时的状态。

②格拉晓夫准则 $Gr = \frac{ga\Delta t l^3}{\nu^2}$。它是从自然对流换热动量微分方程式中的浮升力项和黏滞力相似倍数之比导出的,表征浮升力与黏滞力的相对大小。Gr 数大,表明

浮升力作用相对增大,自然对流增强。

③努塞尔准则 $Nu = \frac{hl}{\lambda}$。$q_x = -\lambda\left(\frac{\partial T}{\partial y}\right)_{w,x}$ 两边同乘以 l,略去脚码 x,并引用无量纲过余温度 $\Theta = \frac{T - T_w}{T_f - T_w}$,经整理后得

$$\frac{hl}{\lambda} = \frac{\partial\left(\dfrac{T-T_{\mathrm{w}}}{T_{\mathrm{f}}-T_{\mathrm{w}}}\right)}{\partial(y/l)} = \left(\frac{\partial\varTheta}{Y}\right)_{\mathrm{w}}$$

式中,Y 为离开壁面的无因次距离,$Y = y/l$。

可见,Nu 准则表示壁面处流体的无量纲温度梯度,其大小反映对流换热的强弱。这里要注意,不要把 Nu 准则与毕渥准则 Bi 相混淆。在 Nu 准则的表达式中,λ 为流体的导热系数,而 Bi 准则中的 λ 则为固体的导热系数。此外,这两个准则中所包含的特性尺度 l 不相同。Nu 中的 l 是指与流体直接接触的固体表面的特性尺度,而 Bi 中的 l 则指导热固体的特性尺度。

④普朗特准则 $Pr = \dfrac{\nu}{a}$。完全由流体的有关物性参数所确定,故又称物性准则。它反映流体的速度分布与温度分布这两者的内在联系,表征流体动量扩散和热量扩散能力的相对大小。根据 Pr 的大小,流体可分为三类:高 Pr 数流体,如各种油类,粘度大而导温系数小,Pr 可达几十至几千;低 Pr 数流体,粘度小而导温系数大,如液态金属,Pr 为 $10^{-2} \sim 10^{-3}$;普通 Pr 数流体,如空气和水,Pr 数为 $0.7 \sim 10$。

2. 相似准则间的关系

将微分方程组所控制的各变量之间的关系式转化为独立准则间的相互关系式,将该关系式又称为准则关系式是相似原理所说明的。不同类型的换热,微分方程组不同,准则方程式的形式也不同。下面针对稳态无相变的对流换热现象列出各类常见的准则方程式。

对于强迫对流换热的层流区和过渡区,浮升力不能忽略,准则方程为

$$Nu = f_1(Re, Pr, Gr) \tag{5-41}$$

在紊流区,浮升力的影响可忽略,式(5-41)中可去掉准则 Gr,简化为

$$Nu = f_2(Re, Pr) \tag{5-42}$$

对于空气,Pr 准则可作为常数处理,于是式(5-41)可简化为

$$Nu = f_3(Re) \tag{5-43}$$

对于自然对流换热,流体运动的发生是由温度差引起的,相似准则不是独立准则,所以,自然对流换热的准则方程为

$$Nu = f_1(Re, Pr, Gr) \tag{5-44}$$

在做各类实验时,只需测量各准则中包含的量,并按上述方程式的内容整理实验数据。

3. 判别相似的条件

凡同类现象,单值性条件相似,且同名已定准则相等,则现象一定相似是判别相似与否的基本条件。所谓单值性条件是指包含在准则中的各个已知的物理量,针对对流换热问题,以下是单值性条件如下。

①几何条件。换热面形状、尺寸,粗糙度,管子的进口形状等。

②物理条件。流体的种类和物性等。

③边界条件。流体的进、出口温度,壁面温度或壁面热流密度,壁面处速度有无滑移。

④时间条件。现象中各物理量随时间变化的情况,对于稳态过程,不需要时间条件。

根据以上相似条件,在安排模型实验时,为保证现象相似,必须使模型中的现象与原型现象的单值性条件相似,而且同名已定准则数值相等。这样,由模型实验得到的准则方程式可以推广应用到实验范围内的所有相似现象中去。

5.4.3 相似原理的应用

1. 应用相似原理指导实验的安排及数据的整理

指导实验的安排和实验数据的整理是相似原理在传热学中的一个重要应用。按相似原理,对流传热的实验数据应当表示成相似准则数之间的函数关系,同时也应当以相似准则数作为安排实验的依据。以管内单相强迫对流为例,由面的分析可知,Nu 数与 Re 数、Pr 数有关,即 $Nu = f(Re, Pr)$。因此,应当以 Re 数、Pr 数作为试验中区别不同工况的变量,而以 Nu 数为因变量。这样,如果每个变量改变 10 次,则总共仅需 10^2 次试验,而不是以单个物理量作变量时 10^6 次。那么,为什么按相似准则数安排实验既能大幅度减少试验次数,又能得出具有一定通用性的实验结果呢? 这是因为,按相似准则数来安排实验时,个别试验所得出的结果已上升到了代表整个相似组的地位,从而使试验次数可以大为减少,而所得出的结果却有一定通用性(代表了该相似组)。例如,对空气($Pr = 0.7$)在管内的强迫对流传热进行实验测定得出这样一个结果:对于流速 $u = 10.5 \text{m/s}$、直径 $d = 0.1 \text{m}$、运动粘度 $\nu = 16 \times 10^{-6} \text{m}^2/\text{s}$、平均表面传热系数 $h = 36.9 \text{W/(m}^2 \cdot \text{K)}$、流体的导热系数 $\lambda = 0.0259 \text{W/(m} \cdot \text{K)}$ 的工况,计算得

$$Re = \frac{ud}{v} = \frac{10.5 \times 0.1}{1.6 \times 10^{-6}} = 6.56 \times 10^4$$

$$Nu = \frac{hd}{\lambda} = 142.5$$

因此,只要 $Pr = 0.7$、$Re = 6.56 \times 10^4$,圆管内湍流强迫对流传热的 Nu 数总等于142.5。而 $Re = 6.56 \times 10^4$ 一种工况可以由许多种不同的流速及直径的组合来达到,上述实验结果即代表了这样一个相似组。

相似原理虽然原则上阐明了实验结果应整理成准则间的关联式,但具体的函数形式及定性温度和特征长度的确定,则带有经验的性质。

在对流传热研究中,以已定准则的幂函数形式整理实验数据的使用方法取得很大的成功,如

$$Nu = CRe^n \tag{5-45}$$

$$Nu = CRe^n Pr^m \tag{5-46}$$

式中,C、n、m 等常数由实验数据确定。

这种实用关联式的形式有一个突出的优点,即它在纵、横坐标都是对数的双对数坐标图上会得到一条直线,如图5-15所示。对式(5-46)取对数就得到以下直线方程的形式

$$\lg Nu = \lg C + n \lg Re \tag{5-47}$$

式中,n 的数值是双对数图上直线的斜率,也是直线与横坐标夹角 φ 的正切;$\lg C$ 则是当 $\lg Re = 0$ 时直线在纵坐标轴上的截距。

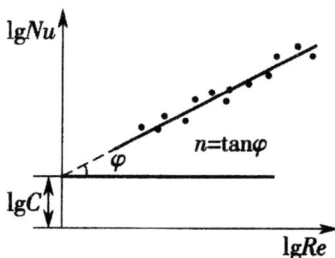

图5-15　实验数据整理方法

在式(5-49)中需要确定 C、m、n 三个常数。在实验数据的整理上可分两步进行。例如,对于管内湍流对流传热,可利用薛伍德得到的同一 Re 数下不同种类流体的实验数据从图5-16上先确定 m 值。由式(5-47)得

$$\lg Nu = \lg C' + n \lg Re \tag{5-48}$$

指数 m 由图上直线的斜率确定,即

$$m = \frac{\lg 200 - \lg 40}{\lg 62 - \lg 1.15} \approx 0.4$$

然后再以 $\lg(Nu/Pr^{0.4})$ 为纵坐标,用不同 Re 数的管内湍流传热试验

数据确定 C 和 n，参看图 5-17。从图上可得 $C = 0.023$、$n = 0.8$。于是对于管内湍流传热，当流体被加热时式(5-47)可具体化为

$$Nu = 0.023 Re^{0.8} Pr^{0.4} \tag{5-49}$$

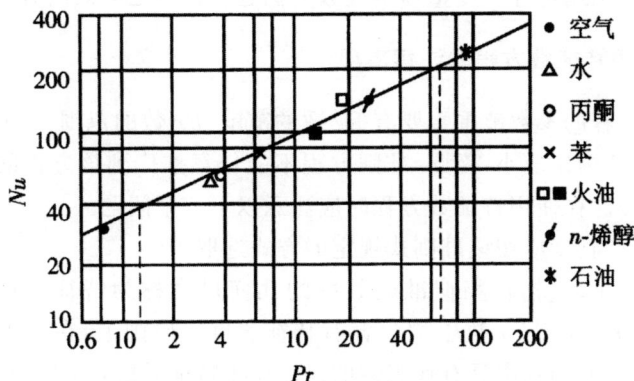

图 5-16　Pr 数对管内湍流强迫对流换热影响

通过大量时间点的关联式整理得出确定关系式中各常数值的最可靠方式是最小二乘法的采用。实验点与关联式的符合程度可用多种方式表示，如用大部分实验点与关联式偏差的正负百分数，例如 90% 的实验点偏差在 $\pm 10\%$ 以内，或者用全部实验点与关联式偏差绝对值的平均百分数及最大偏差的百分数来表示等。

式(5-46)、(5-47)是传热学文献中应用最广的一种实验数据整理形式。当实验的 Re 数范围相当宽时，其指数 n 常随 Re 数范围的变动而变化，这时可采用分段常数的处理方法。对于 Re 数实验范围很宽的情形，Church-ill 等提出了采用比较复杂的函数形式而将所有的实验结果。

2. 应用相似原理指导模化实验

指导模化实验是相似原理的另外一个重要的应用。所谓模化实验，是指用不同于实物几何尺度的缩小模型来研究实际装置中所进行的物理过程的实验。显然，要使模型实验结果能应用到实物中去，应使模型中的过程与实际装置中的相似。这就要求实际装置及模型中所进行的物理现象的单值条件相似，已定特征数(准则)相等。但要严格做到这一点常常很困难，甚至是不可能的。以对流传热为例，单值性条件相似包括了流体物性场的相似，即模型与实物的对应点上流体的物性分布相似。除非是没有热交换的等温过程，要做到这一点是很难的，因而工程上广泛采用近似模化的方法，即只要求对过程有决定性影响的条件满足相似原理的要求。

计算流体物性时所采用的温度为定性温度。在整理实验数据时按定性

温度计算物性,则整个流场中的物性就认为是相应于定性温度下的值,即相当于把物性视为常数,于是物性场相似的条件即自动满足。定性温度的选择虽带有经验的性质,但对大多数对流传热问题(除流体物性发生剧烈变化的情形外),采用定性温度整理实验数据仍是一种行之有效的方法。

3. 应用特征数方程的注意事项

准则方程的参数范围主要有 Re 数的范围、Pr 数的范围、几何参数的范围等几类,范围比较小,因此,准则方程不能任意推广到该方程的实验参数的范围以外。在使用特征数方程时应注意以下三个问题。

(1)特征长度应按该准则式规定的方式选取

前已指出,包括在相似准则数中的几何尺度称为特征长度,例如 Re 数、Nu 数、Bi 数及 Fo 数中均包含有特征长度。原则上,在整理实验数据时,应取所研究问题中具有代表性的尺度作为特征长度,例如管内流动时取管内径,外掠单管或管束时取管子外径等。在应用文献中已经有的特征数方程时,应该按该准则式规定的方式计算特征数。当遇到一些复杂的几何系统时,对不同准则方程采取不同的特征长度,使用过程中必须加以注意。

(2)特征速度应按该准则式规定方式计算

计算 Re 数时用到的流速称为特征速度,一般取截面平均流速,且不同的对流传热有不同的选取方式。例如流体外掠平板传热取来流速度,管内对流传热取截面平均流速等。

(3)定性温度应按该准则式规定的方式选取

若采用定性温度进行流体物性计算,即便是同一批实验,其准则方程也会因定性温度的不同而不同。整理实验数据时定性温度的选取除应考虑实验数据对拟合公式的偏离程度外,也应照顾到工程应用的方便。常用的选取方式有:通道内部流动取进、出口截面的平均值;外部流动取边界层外的流体温度或取这一温度与壁面温度的平均值。

5.5 对流换热的工程计算

5.5.1 管内强制对流换热的特点和计算

1. 管内强制对流换热的特点

管内强制对流换热在工程实际中应用很多,如各种换热器管程内流体与管壁之间的换热。流动与换热存在两个明显的区段,即入口段和充分发展区段是管内强制流动与换热的一个主要特点。

（1）入口段与充分发展段流动特点

由于黏性作用，流体在管内流动时在近壁处会形成边界层，边界层的厚度沿流动方向逐渐增厚，如图 5-17 所示，边界层由于受到管壁的限制，在流动方向的某个位置的管子中心发生了汇合，然后边界层就占据了整个管道。通常将从管子进口到边界层汇合处之间的流动区域称为流动入口段，此段长度称为入口段长度 l，而边界层汇合以后的区域称为流动充分发展段。

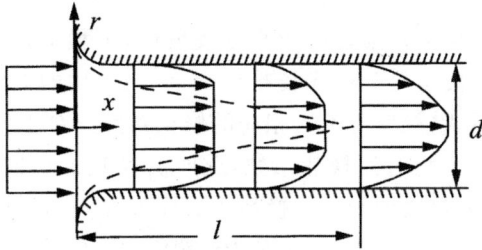

图 5-17　入口段流动与充分发展段流动示意图

入口段管截面上的流体沿着轴向发生不断的变化，是由于边界层的形成和发展，在充分的发展段，流体的速度分布沿轴向几乎没什么变化。边界层汇合时，若流体的流动状态为层流状态，则充分发展区域的流动仍会保持层流状态；若边界层汇合时流动状态为湍流状态，则充分发展区域的流动为湍流状态。层、湍流状态下的流动进口段长度 Z 是不同的，层流时入口段长度 l 可由式（5-50）确定：

$$l/d = 0.06Re \qquad (5-50)$$

式中，d 为管道直径，m；Re 为雷诺数。湍流入口段长度由式（5-51）确定：

$$l/d = Re^{1/4} \text{ 或 } l/d \approx 50 \qquad (5-51)$$

（2）入口段与充分发展段换热特点

换热入口段与充分发展段存在于流体与管壁之间存在热交换时在管子的进口区域也存在热边界层的发展和汇合的过程。图 5-18 给出了层、湍流条件下，热边界层的发展过程以及局部对流换热系数 h_x 沿管长的变化。从图中可以看出，在管子进口处，热边界层最薄，对应的 h_x 最大。层流条件下，随着热边界层的增厚，h_x 逐渐降低，当换热达到充分发展后 h_x 趋于一定值并保持不变，由此可见管内对流换热的热阻主要取决于热边界层的厚度。从图 5-18（b）中可以看出，如果边界层中出现湍流，在层、湍流转变点处会因湍流的扰动和混合作用使得 h_x 有所提高，而后 h_x 降低并趋向于一定值。

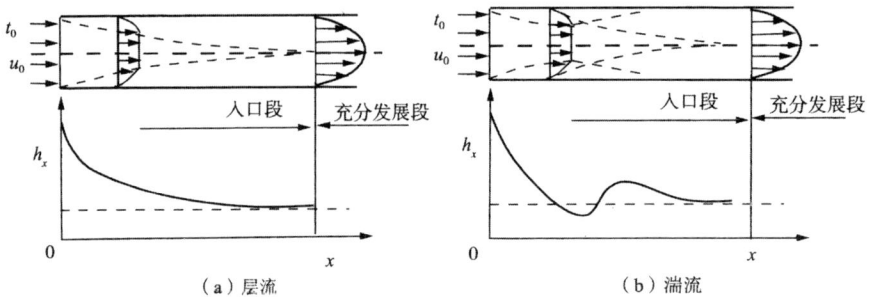

（a）层流　　　　　　　　　　　（b）湍流

图 5-18　管内热边界层发展及 h_x 沿管长的变化

由于入口段的换热效果要好于充分发展段,工程上常利用这一特点来强化换热。但入口段换热关系式较难获得,一般采用的方法是先获得充分发展段的换热关系式,然后再引入相应的修正系数。对于一些工程问题,往往仅关注全管长的平均对流换热系数,此时若换热入口段长度 l。远小于管长时,可以忽略入口段的影响。换热入口段长度 l_t 由式(5-52)计算:

$$层流:l_t/d=0.05RePr;湍流:l_t/d=60 \tag{5-52}$$

2. 管内对流换热平均温差的确定

计算管内对流换热量和换热系数时,需要计算换热过程的平均温差 ΔT_m。恒定壁温和恒定热流密度是管内对流换热的换热两种边界条件,湍流条件下,由于流体微团之间的剧烈混合,两种换热边界条件下的换热效果差别很小(液体金属除外),但对于层流条件及小 Pr 的流体介质两者差别很大,图 5-19 给出了加热管内流体时沿流动方向,管壁温度 T_w 和截面流体平均温度 T_f 变化的示意图。

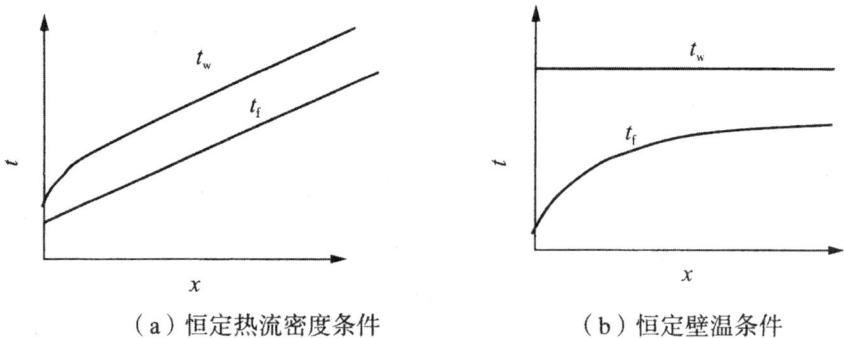

（a）恒定热流密度条件　　　　　　　（b）恒定壁温条件

图 5-19　管内对流换热流体温度沿流动方向的变化

①对于恒定热流密度条件,如图 5-19(a)所示,如果充分发展阶段足够长,则可取平均温差为 $\Delta T_m = T_w - T_f$,其中 T_f 为管内横截面上流体的平均

温度,计算式为(5-53):

$$T_f = \frac{\int_A c_p \rho t u \, dA}{\int_A c_p \rho u \, dA}$$ (5-53)

式中,c_p 为流体定压比热容,t 为温度,μ 为流体速度,ρ 为流体密度。

②对恒定壁温条件,如图 5-19(b)所示,$T_w = T_f$ 沿流动方向不断变化,平均温差 ΔT_m 可按式(5-54)计算。

$$\Delta T_m = \frac{T_f'' - T_f'}{\ln\left(\dfrac{T_w - T'}{T_w - T_f''}\right)}$$ (5-54)

式中,T_f'',T' 分别为出口和进口截面上的平均温度,T_w 为壁面温度。

3. 管内湍流对流换热计算

流体在管内做强制对流换热时,流动状态分为层流和湍流两种,一般认为,当 $Re > 10000$ 时,流体的流动为旺盛湍流状态;当 $Re < 2300$ 时,流体的流动为层流状态;当 $2300 < Re < 10000$ 时,为层、湍流过渡状态,在三种流动状态下,流体的对流传热规律是不同的。

一般过渡状态的对流换热系数很难关联成一个准确的计算式。严格的层流对流换热很难实现,主要是因为附加的自然对流很难避免,只有在小管径的横管内且处于低温低压状态下才可能获得严格的层流。而湍流状态下雷诺数较大,自然对流的影响很小,可以忽略不计。

(1)常物性充分发展湍流换热关系式

相同条件下,湍流换热效果要好于层流,因此很多换热设备都工作在高度湍流范围。当管内流体处于旺盛的湍流状态且流体平均温度 T_w 与壁面温度 T_f 的差值 $\Delta T = T_f - T_w$ 较小时,平均努塞尔数 Nu 可采用式(5-55)的迪图斯－贝尔特准则关系式:

$$Nu = 0.023 Re^{0.8} Pr^n$$ (5-55)

适用范围为:气体 $\Delta T \leqslant 50℃$,水 $\Delta T \leqslant 20 \sim 30℃$,油 $\Delta T \leqslant 10℃$;$Re = 10^4 \sim 1.2 \times 10^5$,$Pr = 0.7 \sim 120$,管子长径比 $l/d > 60$。计算时流体被加热取 $n = 0.4$,流体被冷却取 $n = 0.3$。

特征尺度为管内径 d,特征速度为截面平均速度,定性温度 T_f 取为进口与出口截面平均温度的算术平均值,即:$T_f = (T_f' + T_f'')/2$。

对于非圆形管道,应用湍流对流换热公式时应将特征尺寸 d 替换成当量直径 d_e,计算

$$d_e = \frac{4A}{P} \tag{5-56}$$

式中，A 为横截面面积，P 为流体润湿周长（湿周）。

（2）换热准则关系式修正

①不均匀物性场修正。流体与管壁存在温差时，由于流体的黏度受温度的影响较大，会影响管内横截面上的速度分布，进而影响到对流换热效果。以管内对流换热为例，如图 5-20 曲线 1 所示当管内流体与外界无热量交换时，由流体力学可知，横截面上流体速度呈抛物面状分布。当管内为液体被冷却或气体被加热时，近壁面处的流体黏度大于管子中心线附近的流体黏度，受此影响近壁面附近的速度小于无换热条件下的流体速度，而中心线附近的流体速度则大于无换热条件下的流体速度，如曲线 2 所示。反之，当管内为液体被加热或气体被冷却时，横截面上的速度分布如曲线 3 所示。由此可见管内对流换热过程中，物性场对换热的影响与工作介质、换热条件以及温差大小有关，在计算中常常通过引入修正系数 C_t 来考虑不均匀物性场对换热的影响。对于液体，不均匀物性场的影响因素中，黏性占主导地位，因此采用黏度比（μ_f/μ_w）修正。对于气体，由于黏度、密度、导热系数等对换热均有不可忽略的影响，因此采用绝对温度比（T_f/T_w）^{n} 进行修正，n 取值见式（5-57）和式（5-58）。

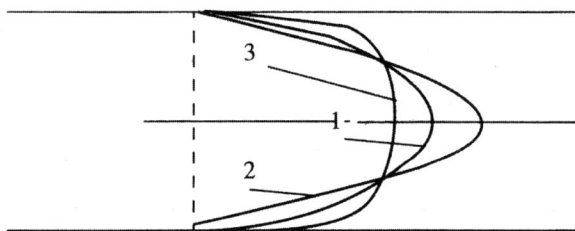

图 5-20　换热时管内速度分布的变化
1—等温流动；2—液体冷却或气体加热；3—液体加热或气体冷却

液体被加热：$\quad C_t = \left(\frac{\mu_f}{\mu_w}\right)^{0.11}$；液体被冷却：$C_t = \left(\frac{\mu_f}{\mu_w}\right)^{0.25}$ $\tag{5-57}$

气体被加热：$\quad C_t = \left(\frac{T_f}{T_w}\right)^{0.5}$；气体被冷却：$C_t = 1$ $\tag{5-58}$

式中，T 为热力学温度，K；μ 为动力黏度，Pa·s；下标 f 和 w 分别表示以流体平均温度及壁面温度为定性温度。

②入口段效应修正。对于短管内的对流换热，入口段对换热的影响不能忽略，此时 Nu 的计算，可通过按照长管计算得到的结果乘以相应的修正系数 Cr 获得。另外，入口条件不同会导致不同的入口段换热效果，如

图 5-21 给出的空气湍流换热，可以看出不同入口条件下，局部换热努塞尔数 Nu 沿管长的变化是不同的。工程设备中，尖角入口较为常见，推荐采用式(5-59)的修正系数 Cr 来修正入口段效应。

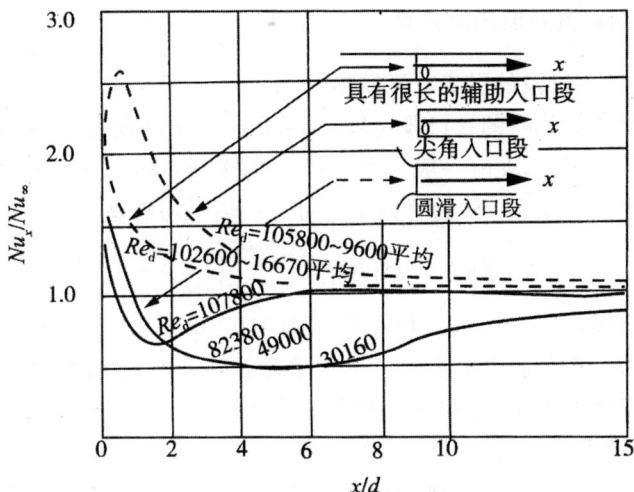

图 5-21 不同入口条件下，空气湍流换热入口段效应

$$C_r = 1 + \left(\frac{d}{l}\right)^{0.7} \tag{5-59}$$

式中，d 为管道内径，l 为管道总长。

③弯管修正系数。工程技术中常采用弯曲管道来强化换热，由于离心力的作用，流体在弯曲管道内流动时，在横截面上会产生垂直于主流方向的二次流，如图 5-22 所示。二次流能够破坏边界层，强化换热，研究结果表明，相同长度下，弯曲管道内流体换热系数明显高于直管道；将相同条件下直管道内流体湍流换热的 Nu 数乘以一个修正系数 C_1，C_1 的推荐式是工程上，对于弯曲管道内流体的湍流对流换热的计算常采用的方法，具体如下：

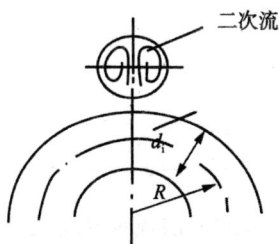

图 5-22 弯曲管道二次流场

对于液体

$$C_1 = 1 + 10.6(d/R)^3 \tag{5-60}$$

对于气体

$$C_1 = 1 + 1.77d/R \qquad (5\text{-}61)$$

式中,d 为管道内径,R 为弯曲管道的曲率半径。

4. 管内层流对流换热计算

(1)包含入口段的层流对流换热

流体层流换热时的入口段比较长,通常工程实际设备中,层流换热均处在入口段的范围内,此时一般采用齐德—泰特(Sieder-Tate)的准则关系式(5-62)来计算包含入口段的管内层流对流换热平均努塞尔数 Nu。

$$Nu = 1.86\left(RePr\frac{d}{l}\right)^{1/3}\left(\frac{\mu_f}{\mu_w}\right)^{0.14} \qquad (5\text{-}62)$$

适用范围:$Re<2300,0.48<Pr<16700,Re \cdot Pr \cdot (d/l)>10\text{m}$ 且不考虑自然对流换热的水平直管,l 为管子总长。特征长度、特征流速以及定性温度 T_f 均与管内湍流换热准则关系式相同。

(2)充分发展的层流对流换热

充分发展层流对流换热的根本特点是轴向速度酩以及无量纲温度 Θ 均与主流方向位置 s 无关,即 $\partial u/\partial s=0, \partial\Theta/\partial s=0$。不同横截面形状和不同换热边界条件下,充分发展层流对流换热的努塞尔数 Nu 和流动阻力 fRe 是不同的,如表 5-2 所示,f 为流动阻力系数。

表 5-2　充分发展层流换热的 Nu 和 fRe

截面形状	努塞尔数 Nu		流动阻力 fRe
	恒定热流密度	恒定壁温	
圆形	4.36	3.66	64
正方形	3.61	2.98	57
正三角形	3.11	2.47	53
正六边形	4.00	3.34	60
长方形(长宽比为 2)	4.12	3.39	62
长方形(长宽比为 3)	4.79	3.96	69
长方形(长宽比为 4)	5.33	4.44	73

从表 5-2 可以看出,充分发展层流换热存在如下特点:①换热努塞尔数 Nu 值与雷诺数无关;②截面形状不同,充分发展层流换热的 Nu 值不同;③热边界条件会影响换热,截面形状相同的管道中恒定热流密度条件下的 Nu 值要高于恒定壁温条件下的 Nu 值。

5. 管内过渡区对流换热计算

当雷诺数处于 $2300<Re<10000$ 的范围内时,管内流动属于层流到湍流的过渡流动状态,流动十分不稳定,在过渡区的对流换热准则关系式可采用豪森公式(5-63)

$$Nu=0.116(Re^{2/3}-125)Pr^{1/3}\left[1+\left(\frac{d_e}{l}\right)^{2/3}\right]\left(\frac{\mu}{\mu_w}\right)^{0.14} \tag{5-63}$$

6. 管内对流换热问题的求解

对流换热问题的求解一般有以下几个步骤:①由已知条件计算雷诺数 Re,根据 Re 判断管内流动状态;②根据流动状态和已知条件选用相应的 Re 数计算准则关系式;③按照已知条件计算或选取有关的修正系数;④由 Nu 数求出对流换热系数。

5.5.2 管外强制对流换热的特点和计算

换热壁面上的流动边界层与热边界层能自由发展,不会受到邻近壁面的限制是外部流动的特点。外部流动包括绕平壁的对流换热和绕曲面的对流换热本节主要介绍绕曲面的对流换热,包括流体横掠单管和横掠管束的对流换热,此种换热方式在实际工程中非常常见,如锅炉烟气横掠过热器和省煤器管束;空气横掠管式空气预热器管束等。

1. 流体横掠单圆管的强制对流换热

(1)流体横掠单管的流动与换热特征

①边界层的分离现象及原因。流体横掠圆管与横掠平壁流动的明显区别是,横掠圆管时会发生如图 5-23(a)所示的边界层分离,并在圆管后侧形成旋涡区的现象。

由普朗特边界层理论,黏性流体横掠单圆管时,流场可分为边界层区和外部势流区。对于外部势流区,流体可视为理想流体,由伯努利方程可知,当流体从 O 点至 M 点时,流道面积缩小,速度增大,压强减小,此区段称为顺压强梯度区;而从 M 点至 F 点时,流道面积增加,速度减小,压强增大,此区段称为逆压强梯度区。

根据边界层的特点可知,边界层内同一壁面法线方向的压强与边界层外边界上的压强相同,因此在从 O 点流至 M 点的边界层内流段,压强逐渐减小,压强能转化为流体的动能,因而尽管存在阻止流体流动的黏性力,壁面附近的流体质点仍能向前流动。而从 M 点流至 F 点的边界层内流段,压强逐渐升高,在逆向压强力和黏性力的共同作用下,管壁面附近的流体质点速度逐渐减小。到达 S 点时,惯性力不能克服两者的阻力作用而使流体停止流动。此时下游的流体在逆向压强力的作用下倒流过来,又在来流的冲击下顺流回去,从而形成明显的漩涡,即发生边界层的分离,如图 5-23(b)所示。开始出现分离运动的 S 点称为边界层的分离点。边界层发生分离后,在主流的带动下,旋涡在管后交替脱落,形成涡街。

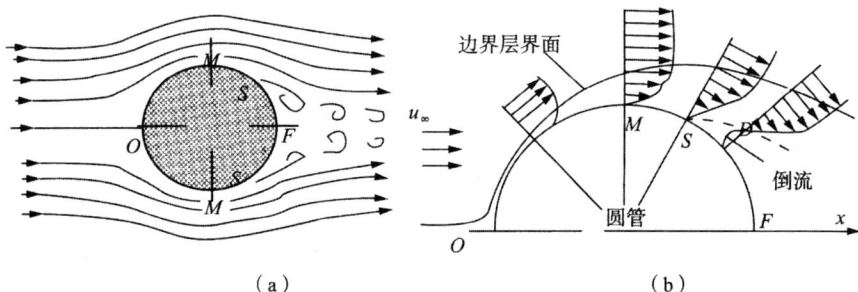

(a)   (b)

图 5-23   流体横掠单管边界层分离现象

②换热特征。边界层的成长和分离特性决定了流体横掠圆管时的换热特征。图 5-24 给出的是恒热流密度条件下,流体横掠单管时,不同 Re 对应的局部换热努塞尔数 $Nu\varphi$ 沿圆管周向的变化曲线。

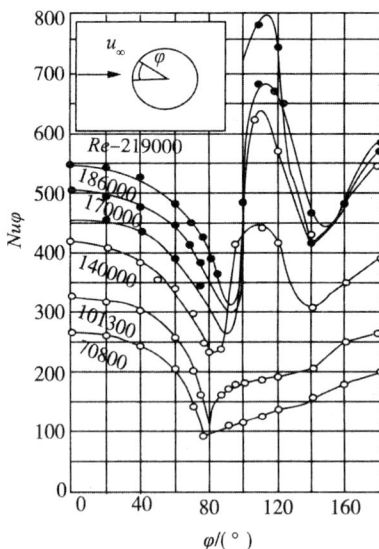

图 5-24   流体横掠单管的局部奴赛尔数 $Nu\varphi$ 的变化曲线

可以看出在小 Re 下,边界层处于层流状态,从 $\varphi=0$ 处开始,随着边界层逐渐增厚,沿周向 $\varphi=0$ 先是逐渐减小,而后由于边界层的分离出现涡旋,强化了换热,$Nu\varphi$ 值增加。在大 Re 下,同样从 $\varphi = 0°$ 处开始,沿周向 $Nu\varphi$ 也先是逐渐减小,而后 $Nu\varphi$ 值有两次增加,第一次增加的原因是由于层流边界层向湍流边界层的转变,第二次增加则是由于湍流边界层发生分离。从图 5-24 中还可以看出,随着 Re 的增加,圆管后 $\varphi = 180°$ 处的 $Nu\varphi$ 值逐渐大于迎流面 $\varphi = 0°$ 处的 $Nu\varphi$ 值,这是由于圆管后脱离的旋涡会冲刷柱体后表面,而冲刷的强度随着 Re 的增加而增加。

流体横掠圆管时沿周向局部换热系数 $Nu\varphi$ 的研究有重要的工程实际意义,如研究受到烟气横向冲刷的锅炉过热器管束时,第一排管子处的 $\varphi = 0°$ 既要接受锅炉烟气的强烈辐射换热,又要受到烟气的对流换热,导致此处壁温很高甚至会超温,影响换热器的安全运行,设计锅炉过热器时,应对该处的壁温进行校核。而第一排管子换热的计算可以采用流体横掠单管换热计算式。

(2)流体横掠单圆管对流换热计算

工程实际中往往关注换热设备总体的换热性能,流体横掠单管时,虽然 $Nu\varphi$ 变化比较复杂,但从其平均值看,渐变规律性很明显,即如越大,总体换热性能越好。流体横掠单管的壁面平均努塞尔数 Nu_m 计算式可采用式(5-65)的关联式。

$$Nu_m = CRe^n Pr^{1/3} \tag{5-64}$$

适用范围:来流温度 $T_\infty = 15.5℃ \sim 982℃$,管壁温度 $T_w = 21℃ \sim 1046℃$。定性温度取为 $(T_\infty + T_w)/2$,特征长度为管外径 d,特征速度为来流速度 u_∞。参数 C 和 n 的取值见表 5-3。

表 5-3　式(5-65)中的参数 C 和 n 的取值

Re	C	n
$0.4 \sim 4$	0.989	0.33
$4 \sim 40$	0.911	0.385
$40 \sim 4000$	0.683	0.466
$4000 \sim 40000$	0.193	0.618
$40000 \sim 400000$	0.0266	0.805

当流体以一定的角度斜掠圆管时,此时相当于流体横掠椭圆形管道,管前受到来流的冲击作用减弱,管后的涡旋区缩小,因而总体平均对流换热系数变小,应采用修正系数 C_φ 对其进行修正,C_p 的取值见表 5-4。当 φ 在 $0 \sim 15°$ 之间时,只要管子外径远大于边界层的厚度,计算关联式可近似用流体纵掠平壁的换热关联式计算,此时特征长度取为管长 l。

表 5-4　换热管倾斜角度的修正系数

	$\varphi/°$	15	30	45	60	70	80	90
	C_φ	0.41	0.70	0.83	0.94	0.97	0.99	1.00

2. 流体横掠管束的强制对流换热

(1)流体在管束间的流动与换热特征

在管壳式换热器、锅炉过热器、再热器、暖风器等专用设备中经常见到流体横掠管束的强制对流换热。管束的排列方式主要有两种:顺排或叉排,如图 5-25 所示。图中 s_1 和 s_2 为横向和纵向管子间距。

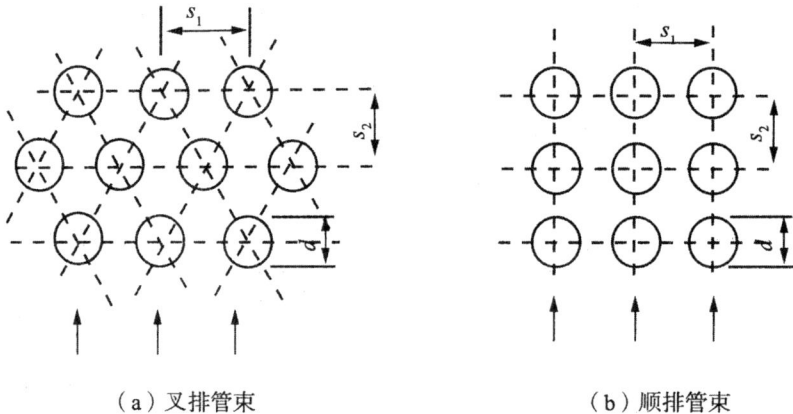

（a）叉排管束　　　　　　　　　　　　（b）顺排管束

图 5-25　管束的排列方式

流体横掠顺排管束和叉排管束的流动与换热特征是不同的。从图 5-26 中可以看出,流体横掠管束的第一排管子时,无论是顺排还是叉排管束,流动、换热特征与流体横掠单管的情形相似。而第一排以后的管子均处于前一排管子的回流区中,流动与换热特征明显区别于第一排管子。但经过几排管子以后扰动基本稳定(实验结果表明一般 10 排以上),流动与换热进入周期性充分发展阶段。

一般叉排管束的换热能力高于顺排管束,主要是由于流体在叉排管束间交替收缩和扩张的弯曲通道中受到的扰动要比在顺排管间近似走廊通道中的扰动剧烈。但叉排管束的流动阻力大于顺排管束,然而顺排管束易于清洗,因此设计换热器管束时要综合考虑两者的优缺点,全面权衡。

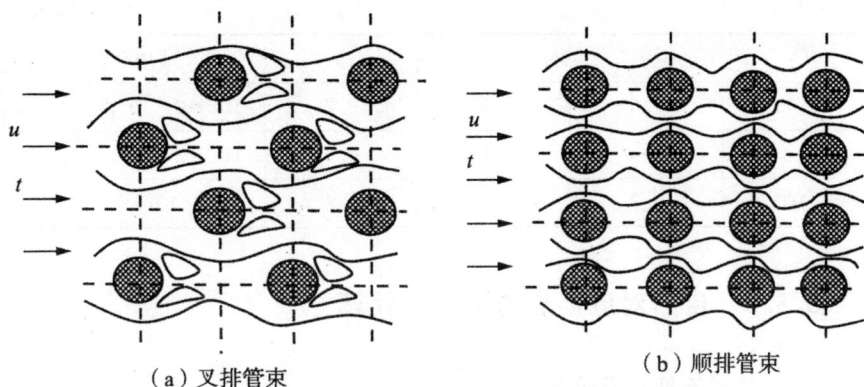

（a）叉排管束　　　　　　　　　　（b）顺排管束

图 5-26　流体横掠管束的流动

（2）流体横掠管束对流换热的计算

影响管束对流换热系数的因素包括,管外径 d,管间距 s_1、s_2,管排数以及管子的排列方式等。茹卡乌斯卡斯总结出 Pr 在 $0.6\sim500$ 范围内,流体横掠管束对流换热平均努塞尔数 Nu 的计算公式(5-65)。

$$Nu=C_1 Re^n Pr^m \left(\frac{s_1}{s_2}\right)^p \left(\frac{Pr}{Pr_m}\right)^{0.25} \varepsilon_z \tag{5-65}$$

式中,ε_z 为管排数目的修正系数,当管排数大于 16 时,$\varepsilon_z=1$;定性温度取为进出口流体平均温度;Pr_w 按管束的平均壁温确定;特征速度取管束中最小截面的平均流速;特征长度为管子外径 d,参数 C_1,n,m 和 p 的取值见表 5-5 和表 5-6,管排修正系数 ε_z。

表 5-5　顺排管束 Nu 的计算关联式（排数大于等于 16）

C_1	n	m	p	适用范围
0.9	0.4	0.36	0	$1\sim10^2$
0.52	0.5	0.36	0	$10^2\sim10^3$
0.27	0.63	0.36	0	$10^3\sim2\times10^5$
0.33	0.8	0.36	0	$2\times10^5\sim2\times10^6$

表 5-6　叉排灌束 Nu 的计算关联（排数大于等于 16）

C_1	n	m	p	适用范围
1.04	0.4	0.36	0	$1\sim5\times10^2$
0.71	0.5	0.36	0	$5\times10^2\sim10^3$

C_1	n	m	p	适用范围
0.35	0.6	0.36	0.2	$10^3 \sim 2 \times 10^5, s_1/s_2 \leqslant 2$
0.4	0.36	0.36	0.6	$10^3 \sim 2 \times 10^5, s_1/s_2 \leqslant 2$
0.031	0.8	0.36	0.2	$2 \times 10^5 \sim 2 \times 10^6$

5.5.3 自然对流换热的特点和计算

1. 自然对流换热及分类

自然对流是指不需要外力(如泵或风机)的推动,在各种场力(如重力场、离心力场)的作用下,流体温度场不均匀而引起的流动。自然对流换热过程是指流体与固体壁面之间因温度不同而引起自然对流时产生的热量交换过程。

自然对流换热的热流密度较低,但它安全、经济、无噪音。自然对流换热问题的研究具有重要实际意义,如动力装置及电子设备的冷却问题,冰箱冷冻、冷藏室的气流流动问题,确定供暖、通风和空调系统的热损失或热负荷问题等都会应用到自然对流换热知识。

如图 5-27 所示,按照流体所处空间的特点,自然对流可分为无限大空间自然对流和有限空间自然对流换热,前者是指流体处于相对很大的空间,边界层的发展不受限制和干扰,后者是指流体所处空间相对狭小,边界层无法自由展开。

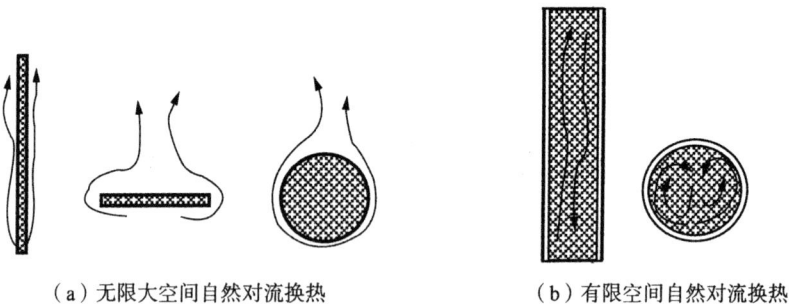

(a) 无限大空间自然对流换热　　　　(b) 有限空间自然对流换热

图 5-27　自然对流热

2. 无限大空间自然对流换热

(1) 边界层流动及换热特点

以竖直平板在空气中的自然冷却过程为例,讨论自然对流的流动和换热特征,如图 5-28 所示。由于平板温度高于流体的温度,板附近的流体因被加热而密度降低(与远处未受影响的流体相比),因而向上运动并在板表面形成一个很薄的边界层。为了方便起见,取 $Pr=1$,即流动边界层和热边界层重合。

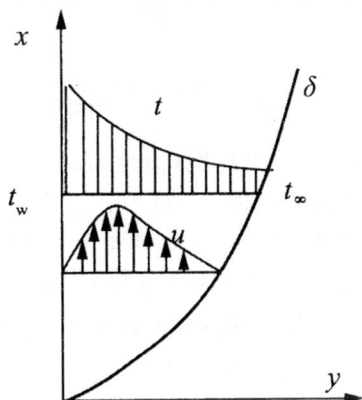

图 5-28　竖直平板在空气中的自然冷却过程的速度与温度场分布

从图 5-28 中可以看出,边界层内温度 T 从 T_w 逐步减小到环境温度 T_∞。速度 u 分布与流体横掠平板强制对流换热边界层内不同,自然对流边界层内,速度 u 分布呈现单驼峰状态,这主要是由于自然对流的主流是静止的。在贴壁处,由于黏性作用,流体速度为零;在边界层的某一位置由于边界层外边缘,温度不均匀作用消失,因而流体速度也为零,必定存在一个速度的局部极值。

如图 5-29 所示,自然对流边界层可分为层流和湍流两类,在平板下部,流动刚开始形成,为有规律的层流边界层,随着平板高度的增加,边界层厚度逐步增大,其内惯性力相对于黏性力逐渐增大,从而导致边界层中的流动失去稳定,由层流流动变化到湍流流动。

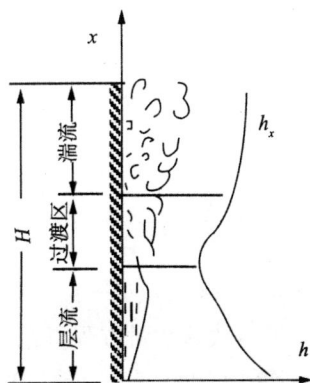

图 5-29　竖平板自然对流换热局部换热系数 h_x 沿板高度的变化

自然对流换热的层、湍流边界层转换与流体的物性和温度梯度有关,一般用瑞利数 Ra 来判断。

$$Ra = Gr \cdot Pr \qquad (5\text{-}66)$$

式中 Gr 为格拉晓夫数,表征了浮升力与黏性力相对大小,反映了自然对流的强弱,定义为:

$$Gr = \frac{g a_V (T_w - T_\infty) l^3}{\upsilon^2} \qquad (5\text{-}67)$$

式中,g 为重力加速度;l 为平板长度(高度);a_V 为体积膨胀系数,定义为 a_V,$a_V = (\partial \upsilon / \partial T) / \upsilon$ 对于理想气体 $a_V = 1/T$。

从图 5-28 可以看出,竖平板空气自然对流换热时,对流热阻随着边界层厚度的增加不断增大,局部对流换热系数 h_x 逐渐减小,当层流边界层向湍流边界层过渡时,由于流体的掺混使热阻减小,h_x 有所增大,而完全转变为湍流边界层后,h_x 基本保持不变。

(2)自然对流换热的控制方程

自然对流属于可压缩流动是因密度变化引起的,一般对速度场和温度场进行分析时,如果平板和流体之间的温差很小除了质量力中的密度 ρ 应考虑为温度的函数外,其余密度可作常数处理。因此无限大空间自然对流换热也可用不可压缩流体的边界层换热的相关方程描述,区别是自然对流中的流动是由于重力作用产生的,质量力不能忽略,即 $F_x = -g$,因此自然对流换热的动量方程和能量方程为:

$$\rho \left(u \frac{\partial u}{\partial x} + \upsilon \frac{\partial u}{\partial y} \right) = -\rho g - \frac{\mathrm{d}p}{\mathrm{d}x} + \mu \frac{\partial^2 u}{\partial y^2} \qquad (5\text{-}68)$$

$$\rho c_p \left(u \frac{\partial t}{\partial x} + \upsilon \frac{\partial t}{\partial y} \right) = -\lambda \frac{\partial^2 t}{\partial y^2} \qquad (5\text{-}69)$$

在边界层的外边界上 $u = \upsilon = 0$,$\rho = \rho_\infty$,则由上式得到 $\dfrac{\mathrm{d}p}{\mathrm{d}x} = -\rho_\infty g$,则动量方程为:

$$\rho \left(u \frac{\partial u}{\partial x} + \upsilon \frac{\partial u}{\partial y} \right) = g(\rho_\infty - \rho) + \mu \frac{\partial^2 u}{\partial y^2} \qquad (5\text{-}70)$$

由体积膨胀系数 a_V 定义得:

$$a_V = \frac{1}{\upsilon} \left(\frac{\partial \upsilon}{\partial t} \right) \approx \frac{1}{\upsilon_\infty} \left(\frac{\upsilon - \upsilon_\infty}{T - T_\infty} \right) = \frac{1}{\rho} \left[\frac{\dfrac{1}{\rho} - \dfrac{1}{\rho_\infty}}{T - T_\infty} \right] = \frac{1}{\rho} \frac{\rho_\infty - \rho}{T_\infty - T} \qquad (5\text{-}71)$$

则

$$\rho_\infty - \rho \approx a_V \rho (T - T_\infty)$$

定义过余温度 $\theta = T - T_\infty$,代入动量方程得:

$$\rho \left(u \frac{\partial u}{\partial x} + \upsilon \frac{\partial u}{\partial y} \right) = g a_V \theta + \mu \frac{\partial^2 u}{\partial y^2} \qquad (5\text{-}72)$$

式(5-72)的物理意义为自然对流换热时隙性力、浮升力和黏性力平衡，其中浮升力用推动力即温差 ΔT 的形式表示出来。为了得出自然对流换热的相似准则数，可先对微分方程进行无量纲化，令

$$u^* = \frac{u}{u_0}; x^* = \frac{x}{l}; y^* = \frac{y}{l}; v^* = \frac{v}{u_0}; \Theta = \frac{(T-T_\infty)}{(T_w-T_\infty)}; \Delta T = T_w - T_\infty$$

其中 u_0 为浮力作用下，流体从平板的底部运动到顶部可能达到的最大流速，令 $\Delta T = T_w - T_\infty$ 则得到自然对流换热无量纲动量方程和能量方程。

$$u^* \frac{\partial u^*}{\partial x^*} + v^* \frac{\partial u^*}{\partial y^*} = \frac{g a_V l \Delta T}{u_0} \Theta + \frac{v}{u_0 l} \frac{\partial^2 u^*}{\partial y^{*2}} \tag{5-73}$$

$$u^* \frac{\partial \Theta}{\partial x^*} + v^* \frac{\partial \Theta^*}{\partial y^*} = + \frac{a}{u_0 l} \frac{\partial^2 \Theta}{\partial y^{*2}} \tag{5-74}$$

自然对流换热中，流体的运动是由浮升力引起的，因而惯性力与浮升力应具有相同的数量级，因此 $g a_V l \Delta T / u_0^2 = 1$，由此得到 $u_0 = \sqrt{g a_V l \Delta T}$，则：

$$\frac{v}{u_0 l} = \sqrt{\frac{v^3}{g a_V l^3 \Delta T}} = \sqrt{\frac{1}{Gr}}$$

$$\frac{a}{u_0 l} = \sqrt{\frac{a^2}{g a_V l^3 \Delta T}} = \sqrt{\frac{1}{Gr} \cdot \frac{a^2}{v^2}} = \sqrt{\frac{1}{Gr \cdot Pr^2}} \tag{5-75}$$

则无量纲动量方程和能量方程可化简为：

$$u^* \frac{\partial u^*}{\partial x^*} + v^* \frac{\partial u^*}{\partial y^*} = \Theta + \sqrt{\frac{1}{Gr}} \frac{\partial^2 u^*}{\partial y^{*2}} \tag{5-76}$$

$$u^* \frac{\partial \Theta}{\partial x^*} + v^* \frac{\partial \Theta^*}{\partial y^*} = \sqrt{\frac{1}{Gr \cdot Pr^2}} \frac{\partial^2 \Theta}{\partial y^{*2}} \tag{5-77}$$

可见自然对流换热的准则数包含 Gr 和 Pr，因此自然对流换热准则方程式可写为：

$$Nu = f(Gr, Pr)$$

3. 有限空间自然对流换热计算

在生产和现实生活中经常会遇到有限空间的自然对流换热现象，如变压器油冷却的自然对流冷却器；保温用的双层玻璃窗；热力管道、管沟中空气的自然对流等。有限空间自然对流换热时，流体的加热和冷却在腔体内同时进行，当两壁面存在温度差 $T_{w1} - T_{w2}$ 时流体就会产生自然对流，由于受到壁面空间的限制从而形成环状流动，如图 5-30 所示。有限空间自然对流换热与两壁面温差 $(T_{w1} - T_{w2})$ 的大小、夹层宽度 δ、两壁面的相对位置、形状大小、放置方式以及流体物性等因素密切相关。

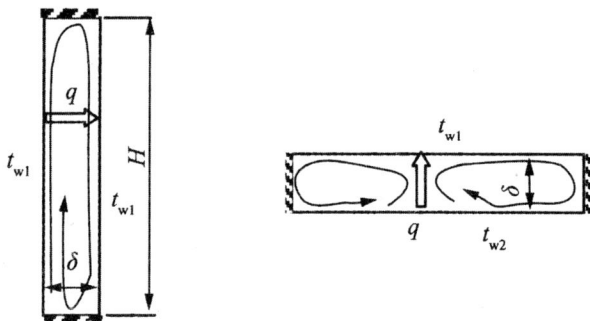

图 5-30　竖直夹层与水平夹层的自然对流换热示意图

描述有限空间自然对流换热的特征数为：

$$Gr_{\delta} \cdot Pr = \frac{ga_V(T_{w1} - T_{w2})\delta^3}{\upsilon^2} \cdot Pr \tag{5-78}$$

式中，定性温度取为 $T_m = (T_{w1} - T_{w2})/2$。$Gr_{\delta}$ 极低时（竖直夹层 $Gr_{\delta} \leqslant 2860$，水平夹层 $Gr_{\delta} \leqslant 2430$），换热依靠纯导热，随着 Gr_{δ} 占的提高，会依次出现向层流特征过渡的流动（环流）、层流特征的流动、湍流特征的流动。

对于竖直和水平夹层内空气的自然对流换热，可采用推荐的关联式(5-79)～式(5-82)：

①竖直夹层。恒定壁温条件下，空气在竖夹层对流换热的准则关系式为

$8.6 \times 10^3 \leqslant Gr_{\delta} \leqslant 2.9 \times 10^5$ 时，$Nu = 0.197(Gr_{\delta} \cdot Pr)^{1/4}(H/\delta)^{-1/9}$

$$\tag{5-79}$$

$2.9 \times 10^5 \leqslant Gr_{\delta} \leqslant 1.6 \times 10^7$ 时，$Nu = 0.073(Gr_{\delta} \cdot Pr)^{1/3}(H/\delta)^{-1/9}$

$$\tag{5-80}$$

②水平夹层。水平夹层中恒壁温情况下的空气自然对流换热准则关系式为

$$1.0 \times 10^4 \leqslant Gr_{\delta} \leqslant 4.6 \times 10^5 \text{ 时}, Nu = 0.212(Gr_{\delta} \cdot Pr)^{1/4} \tag{5-81}$$

$$Gr_{\delta} \geqslant 4.6 \times 10^5 \text{ 时}, Nu = 0.061(Gr_{\delta} \cdot Pr)^{1/3} \tag{5-82}$$

4. 混合对流换热

对于各类无相变对流换热，自然对流总会以不同程度的形式存在是由于流体各部分之间的温差无法避免引起的。自然对流与强制对流并存的换热称为混合对流换热。一般用 Gr/Re^2 的比值来判断自然对流和强制对流的相对重要性。Gr/Re^2 反映了自由流动的驱动力（即浮升力）与强迫流动（即惯性力）之间的相对之比。

当 $Gr/Re^2 \geqslant 10$ 时,可忽略惯性力的影响,为纯自然对流换热;

当 $Gr/Re^2 \leqslant 0.1$ 时,可忽略浮升力的影响,为纯强制对流换热;

当 $0.1 < Gr/Re^2 < 10$ 时,惯性力和浮升力都不能忽略,为混合对流换热。

如果将自然对流、强制对流和混合对流与层流和湍流的流动状态联合起来,就可以得到 6 个流态子区,图 5-31 给出了竖管中的流态子区分布,适用范围为 $10^{-2} < Gr \cdot Pr \cdot d/l < 1.0$。

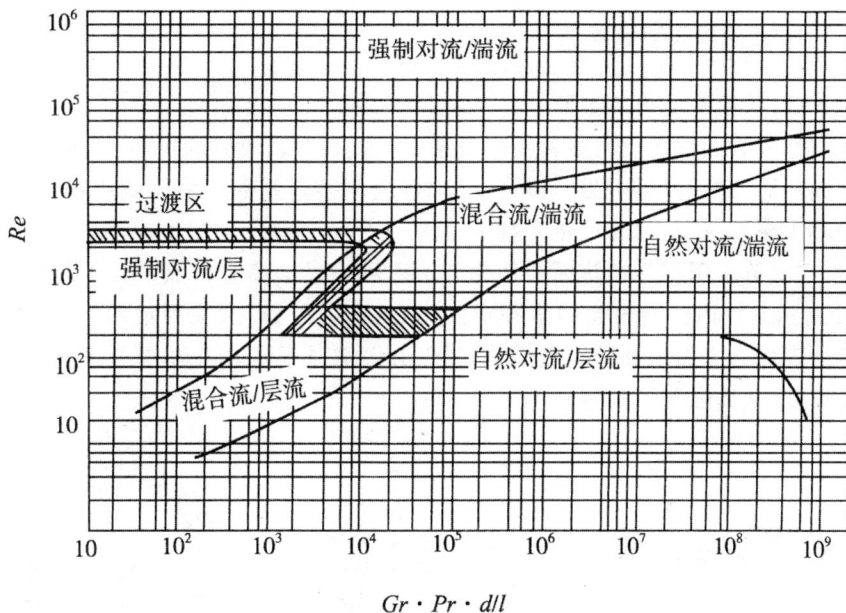

图 5-31　管内强制对流、自然流、混合对流热区的划分

混合对流换热的实验关联式可参阅相关文献,这里只给出混合对流换热的估算方法:

$$Nu_M^n = Nu_F^n \pm Nu_N^n \tag{5-83}$$

式中,Nu_M^n 为混合对流换热的努塞尔数、Nu_F^n 和 Nu_N^n 是按给定条件分别用强制对流及自然对流准则式计算的结果,两种流动方向相同时取为正号,相反时取为负号。n 值常取为 3。

5.5.4　对流热的强化

强化对流换热的途径可以根据过增元提出的场协同理论分为两个方面:①提高流体速度场和温度场的均匀性;②改变速度矢量和热流矢量的夹角,使两个矢量的方向尽量一致。按照 Bergles 的分类方法,对流换热的强化技术可分为无功强化换热技术和有功强化换热技术两类。无功强化换热技术无需应用外部能量,常见的方法有:粗糙表面法、扩展表面法、插入扰流装置、射流作用以及在流体中加入添加剂法等。有功强化换热技术需要应用外部能量来达到强化换热的目的,常见的方法有机械搅动、振动、场力强化以及喷射冲击等。另外复合强化换热是将有功强化换热和无功强化换热综合利用的强化换热技术,这样可以使传热的效果达到最佳。

1. 无功强化对流换热

(1)扩展对流换热表面

扩展表面法常用来强化换热设备中换热系数较小侧的换热,研究表明,当换热面一侧为气体,另一侧为液体时,气侧换热系数比液体侧小得多(一般小 $10 \sim 50$ 倍),而总传热系数 K 值的变化主要取决于较小换热系数的变化,在气侧采用扩展换热面的强化方法后可明显提高总传热系数。如图 5-32 所示是管内扩展表面的多种形式:管内和管外翅片、叉列短肋管。采用扩展表面一方面增加了换热面积;另一方面增强流体的扰动,减薄了边界层的厚度,从而强化了换热。

（a）螺旋翅片　　　　　（b）椭圆形翅片　　　　　（c）三角形翅片

图 5-32　扩展表面形式

(2)粗糙表面法

强化管外或换热器壳侧流体的换热是粗糙表面法的主要作用,如图 5-33 所示是从随机的沙粒型粗糙表面到带有离散的凸起物或粗糙元的粗糙表面的粗糙表面的形式,其强化换热机理主要是通过促进近壁面区域流体的湍流强度和减小边界层厚度来减小热阻,强化换热。基于粗糙表面技术开发出的多种异形强化换热管在工业生产中应用广泛,如图 5-34 所示的螺旋槽管、横纹槽管、波纹管以及缩放管等。

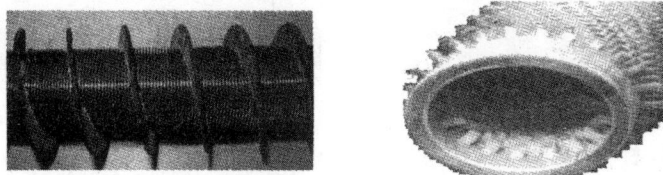

（a）花瓣翅片管　　　　　　　（b）三维内外肋管

图 5-33　粗糙表面形式

（a）螺旋槽管　　　　　（b）直槽管　　　　　　（c）缩放管

图 5-34　异性强化换热管

（3）插入扰流装置

加强管内流体混合的一种重要形式是在管内放置不同型式的插入物，换热系数的提高是通过促进管内流体速度和温度分布的均匀性来实现的。管内安装插入物的强化换热技术有显著的特点：不改变传热面形状，特别适合现有设备改造，不需要更换原有设备。常见的插入物型式有：螺旋线圈、螺旋带、螺旋片、纽带、静态元件和径向混合器，如图 5-35 所示。

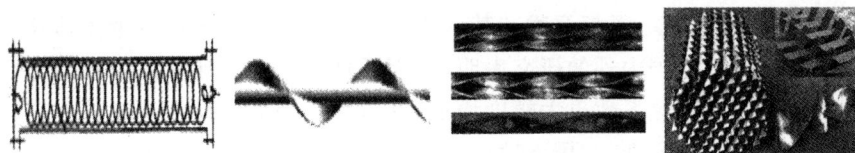

（a）螺旋线圈　　　　（b）螺旋片　　　　（c）螺旋纽带　　　（d）静态混合元件

图 5-35　螺旋插入物形式

（4）流体射流强化

射流强化换热是指流体通过圆形或狭缝形喷嘴直接喷射到固体表面进行冷却或加热的方法，由于流体直接冲击固体壁面，流程短而边界层薄，强化了换热。图 5-36 给出了单束和多束射流的示意图，射流流动区域可分为三个区，即自由射流区、贴壁射流区和滞止区。对于多束射流，还存在一个射流交互区和非射流交互区。

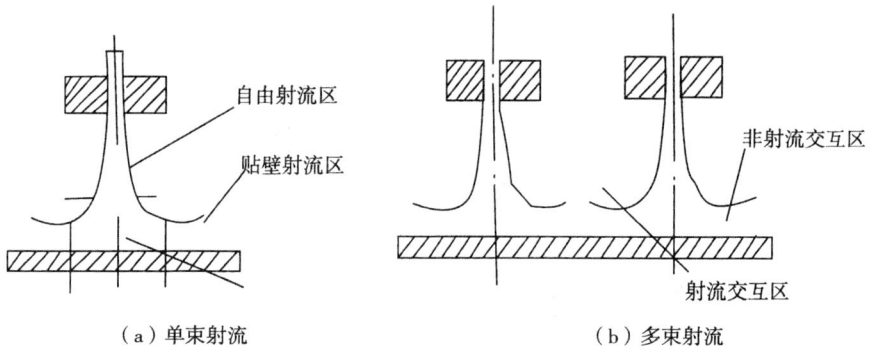

（a）单束射流　　　　　　　　　　（b）多束射流

图 5-36　射流流动区域示意图

各种整圆形折流板换热器是基于射流强化换热原理开发的,其具体结构是在换热器整圆形折流板上开设各种形状的射流孔,依靠射流作用强化换热器壳侧流体换热,常见折流板开孔形式如图 5-37 所示。

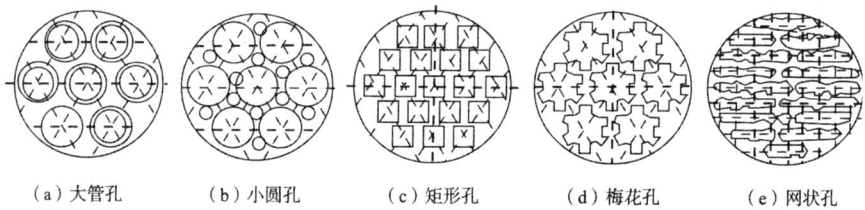

（a）大管孔　　（b）小圆孔　　（c）矩形孔　　（d）梅花孔　　（e）网状孔

图 5-37　换热器整圆型折流开孔结构形式

（5）流体中加入添加剂

自从发现"Toms 效应"并被证明在液体湍流中添加少量的添加剂会影响流体传热后,高分子聚合物和某些表面活性剂经常被用作纳米流体添加剂来使用。根据国内外的研究表明,表面活性剂的加入使湍流流动阻力减小的同时对流换热系数也大幅度增加,这是由于表面活性剂溶液具有剪切可逆性及温变可逆性,利用该性质可对湍流的对流换热进行控制。另外在流动液体中加入气体或固体颗粒、在气体中喷入液体或加入固体颗粒,都可起到强化单相流体换热的作用,如在水流中加入氮气,可使传热系数增大 50%;在油中加入聚苯乙烯小球可使换热系数增大 40% 左右;在气体中加入少量轻固体颗粒时,固体颗粒随气体一起流动,可减薄换热边界层的厚度强化气体侧的换热。

2. 有功强化换热

（1）机械搅动

在对流换热主动强化和高粘度流体中各种型式的搅拌器应用较为广

泛。通过搅拌促进流体更好地混合达到强化对流换热的目的,常用的搅拌器有螺旋式、叶片式和锚式,后者主要用于强化高黏度流体的换热。

（2）振动

研究表明,不管是换热面振动还是流体振动,对单相流体的自然对流和强制对流换热都有强化作用,振动可以增大流体间的扰动,干扰边界层的形成和发展,从而减小换热热阻,达到强化换热的目的。研究结果表明:换热面在流体中振动时,自然对流换热系数可以提高 $30\%\sim2000\%$,强制对流换热系数可以增加 $20\%\sim400\%$。但需要注意的是采用振动方法强化换热时,激发振动所需要的外界能量可能会得不偿失。

3. 沸腾换热的强化

沸腾换热是各种换热现象中影响因素最多、最复杂的换热过程。沸腾换热的强化主要从增多汽化核心和提高气泡脱离频率两方面着手,采用粗糙表面、对表面进行特殊处理、采用扩展表面、应用添加剂是大容积沸腾换热常用的强化方法。图 5-38 给出了各种沸腾强化换热管表面结构示意图。

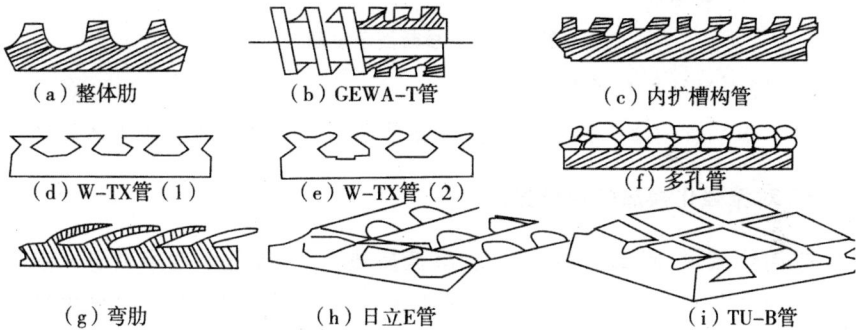

（a）整体肋　　　　（b）GEWA-T管　　　　（c）内扩槽构管

（d）W-TX管（1）　　（e）W-TX管（2）　　　（f）多孔管

（g）弯肋　　　　（h）日立E管　　　　（i）TU-B管

图 5-38　沸腾换热强化管表面结构示意图

4. 凝结换热的强化

一般而言凝结换热系数很高,但对有机蒸汽和氟利昂蒸气,其凝聚系数要比水蒸气的小得多,强化其凝结换热是很有必要的。

（1）管外凝结换热的强化

冷却表面的粗糙化、冷却表面的特殊处理和采用扩展表面常用的管外凝结换热的强化方法。

工业上常采用低肋管强化水平管外的膜状凝结换热,常见肋管形式如图 5-39 所示。采用肋管不但增加了换热面积,而且肋间根部凝结液体的表面张力作用可使肋片上形成的凝结液膜变薄,凝结换热系数可提高 $75\%\sim100\%$。

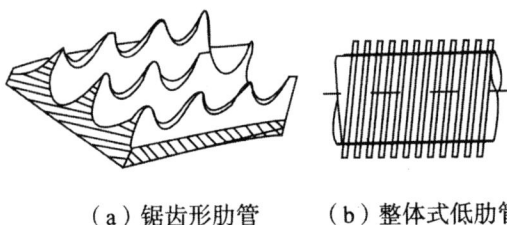

（a）锯齿形肋管　　（b）整体式低肋管

图 5-39　低肋管

对于垂直管外的凝结换热,采用纵槽管的强化效果十分显著,各种形式的纵槽如图 5-40 所示。

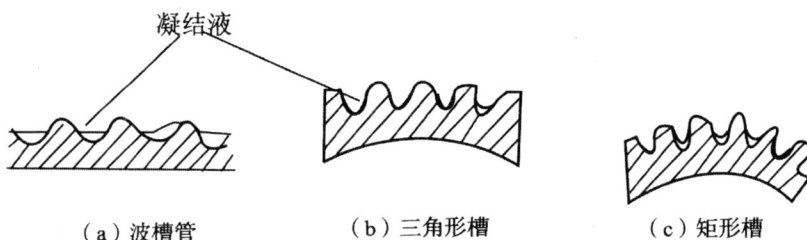

（a）波槽管　　　　　（b）三角形槽　　　　　（c）矩形槽

图 5-40　纵横断面示意图

（2）管内凝结换热的强化

对于水平管内凝结换热的强化主要是采用内肋管和使管内流体旋转。

5. 对流强化换热的评价方法

提高热流量;降低进出口温差;降低换热面积;降低泵功率是研究强化换热的四个方面的目的。如何评价强化传热技术的性能,不同的强化目标有不同的评价方法,目前文献中已有数十种方法,可将其分为两类:基于热力学第一定律的评价方法和基于热力学第二定律的评价方法。

（1）基于热力学第一定律的性能评价

①单一参数评价方法。最早换热器的评价都采用单一参数比较,如换热系数 K 和压降卸的比较,此种方法简单直观,但评价较为片面。

②综合参数评价方法。基于 Web 提出的等约束条件下的强化换热评价方法应用广泛。由于对流换热的强化往往以阻力的增加为代价,因此可将换热强化比 Nu/Nu_0 与流动阻力系数比 f/f_0 综合在一起对强化换热进行评价。强化换热因子定义为:

$$j = \frac{Nu/Nu_0}{f/f_0} \tag{5-84}$$

$j>1$ 表明强化传热具有意义,但是大多数强化换热技术都满足这一要求,

为了满足工程应用的要求,根据多数情况下压降和速度的平方成正比的特点,可得出以式(5-85)为基准的评价标准:

$$j' = \frac{Nu/Nu_0}{(f/f_0)^{1/2}} \qquad (5\text{-}85)$$

$j' > 1$ 表示在相同压降下,强化表面相对于基准表面能传递更多的热量。然而由于某些强化换热技术虽然无法满足相同压降下的换热强化,但在相同功耗下换热也能得到强化,因此又给出了式(5-86)的评价标准:

$$j'' = \frac{Nu/Nu_0}{(f/f_0)^{1/3}} > 1 \qquad (5\text{-}86)$$

$j'' > 1$ 表示相同泵功下,强化表面能够传递更多的热量。以上三种方法根据各自的特点应用于不同的场合。

(2)基于热力学第二定律的性能评价

基于热力学第一定律的强化换热性能评价方法仅考虑了热量传递的数量,而没有考虑热量传递过程中质量的变化。而基于热力学第二定律的强化换热评价方法则综合考虑热量传递的数量、质量和流阻三个方面。

①熵产分析评价方法。熵产评价换热器强化换热性能的指标为强化熵产数 N_s,其定义为:在换热量相同的条件下,强化表面的熵产 S'_{gen} 与未强化表面的熵产 S_{gen} 之比,即

$$N_s = \frac{S'_{gen}}{S_{gen}} \qquad (5\text{-}87)$$

强化熵产数 N_s 是传热温差和阻力的函数,从热力学的观点看,$N_s < 1$,说明强化了换热的同时,也减少了换热过程的不可逆损失。

②㶲分析评价方法。采用㶲分析方法与熵产分析法类似,也是从能量的质量角度考虑,不同的是,熵产分析是从能量的消耗角度分析,而㶲分析法是从能量被利用的角度来分析。通常采用㶲效率 η_e 作为评价指标,其定义为:

$$\eta_e = \frac{E''_2 - E'_2}{E'_1 - E''_1} \qquad (5\text{-}88)$$

式中,E'_1、E''_1 分别为热流体流入、流出的总㶲,kJ/kg;E'_2、E''_2 分别为冷流体流入、流出的总㶲,kJ/kg。

第 6 章　传热过程与换热器

在前面几章中,已经对导热、对流换热和辐射换热等三种基本热传递过程的规律和计算方法做了全面而深入地探讨。但工程中的大量传热问题,往往是由几种基本热传递过程所构成的复杂传热问题,例如通过肋壁的传热,各类换热器中复杂流道内的传热等。对于这类问题的求解,要求工程技术人员掌握包括热阻网络图分析在内的传热分析方法,具有综合应用导热、对流换热和辐射换热的有关公式及能量守定律求解问题的能力。为此,下面将重点讨论肋壁传热、复合换热及传热过程的削弱与强化。在此基础上,介绍各类间壁式换热器的构造原理和传热计算方法。

6.1　传热过程分析计算

如前所述,热传导、热对流和热辐射是三种基本传热方式。在实际情况下,它们往往是以多种基本传热方式并存的。在分析传热问题时首先应该弄清楚有哪些传热方式在起作用,然后再按照每一种传热方式的规律进行计算。

6.1.1　传热过程概述

在日常生活和工程实践中,两种或三种基本传热方式同时存在的例子比比皆是。比如,制冷循环中的蒸发器或冷凝器,当制冷工质被压缩升温后流经冷凝器,温度较高的管内制冷剂把热量以对流换热的方式传递给管内壁,该热量再通过导热的方式传递到管外壁,然后通过对流换热和辐射换热的方式把热量排放到空气环境中。各类工业换热过程几乎都涉及热量从一种流体介质通过导热性能良好的金属壁面传递到另一种流体介质中去的过程。

为便于计算这样过程的传热量,定义热量从固体壁面一侧的流体通过固体壁面传递到另一侧流体的过程称为传热过程,如图 6-1[①]所示。这里定义的传热过程有其特定的含义,跟热量传递过程是完全不同的概念。它由三个环节组成:一侧的对流、导热和另一侧的对流。当需要考虑热辐射的时

---

① 苏亚欣. 传热学[M]. 武汉:华中科技大学出版社,2009:11

候,在相应的一侧加上热辐射即可。

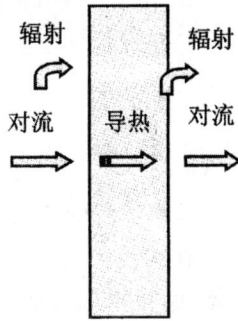

图 6-1 传热过程

对传热过程的计算可借助于一个通过平壁的一维稳态传热过程为例来进行介绍。如图 6-2 所示,假设平壁两侧的流体温度及表面传热系数都不随时间而变化,可分别写出平壁两侧的对流换热和平壁内导热的热流量。

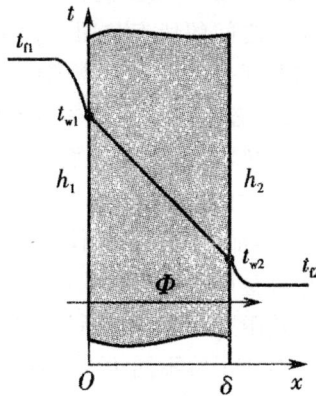

图 6-2 平壁传热过程

$$\Phi = Ah_1(t_{f1} - t_{w1}) = \frac{t_{f1} - t_{w1}}{\dfrac{1}{Ah_1}} = \frac{t_{f1} - t_{w1}}{R_{h1}} \tag{6-1}$$

$$\Phi = A\lambda \frac{t_{w1} - t_{w2}}{\delta} = \frac{t_{w1} - t_{w2}}{\dfrac{\delta}{A\lambda}} = \frac{t_{w1} - t_{w2}}{R_\lambda} \tag{6-2}$$

$$\Phi = Ah_2(t_{w2} - t_{f2}) = \frac{t_{w2} - t_{f2}}{\dfrac{1}{Ah_2}} = \frac{t_{w2} - t_{f2}}{R_{h2}} \tag{6-3}$$

在稳态的时候,这三个热流量是相等的,t_{w1} 和 t_{w2} 可通过上式得以消去,可得

$$\Phi = \frac{t_{f1} - t_{f2}}{\dfrac{1}{Ah_1} + \dfrac{\delta}{A\lambda} + \dfrac{1}{Ah_2}} = \frac{t_{f1} - t_{f2}}{R_{h1} + R_{\lambda} + R_{h2}} \tag{6-4}$$

令 $K = \dfrac{1}{\dfrac{1}{h_1} + \dfrac{\delta}{\lambda} + \dfrac{1}{h_2}}$，则

$$\Phi = AK(t_{f1} - t_{f2}) = AK\Delta t \tag{6-5}$$

式中，K 为传热系数，它表示了传热过程的强烈程度，$W/(m^2 \cdot K)$。

式(6-5)称为传热方程式，在换热器计算上使用得频率非常高。由式(6-5)可知，要想使传热量 Φ 增加，可增加传热面积、传热温差和传热系数，通常传热温差是不能随意增加的，增加传热面积和增大传热系数是增加传热量的主要途径。传热面积与传热过程的热阻有关。因此，减小传热过程的主要热阻，可以提高传热系数，从而增加总的传热量。

对传热过程的分析与计算可以借助于热阻的概念来实现。从导热传热量计算公式、对流换热的计算公式及传热过程的传热量计算公式不难发现，传热量等于温差除以该温差之间的所有热阻。如平壁的导热，其稳态传热量可以用平壁两个表面的温度差除以这两个表面之间的热阻，即该平壁的导热热阻。而对流换热，其稳态传热量用固体表面的温度和流体温度的差除以固体表面和流体之间的热阻，即固体表面的对流换热热阻。对一个传热过程，其稳态传热量的计算可以用两侧流体的温差除以该流体之间的所有热阻，即一侧对流换热热阻加上中间的固体壁面的导热热阻，再加上另一侧的对流换热热阻。该传热量同样等于由式(6-1)~式(6-3)所表示的由不同的温差和该温差之间的热阻来计算。灵活运用传热量等于温差除以该温差之间的所有热阻的概念对于了解不同边界条件下的导热传热量的计算很有帮助。只要熟悉了在不同坐标体系下导热热阻的一般形式，该坐标体系下导热传热量的计算的掌握就变得非常简单，无需死记复杂的公式形式和繁杂的推导过程。

【例 6-1】 在某产品的制造过程中，厚度为 $\delta_1 = 2.0\,mm$ 的基板上紧贴了一层厚度为 $\delta_2 = 0.1\,mm$ 的透明薄膜，薄膜表面有一股温度为 $t_\infty = -10\,℃$ 的冷空气流过，表面传热系数为 $h = 50\,W/(m^2 \cdot K)$，同时有辐射能透过薄膜投射到薄膜与基板的结合面上，结合面会将其全部吸收。基板的一面维持 $t_{w1} = 30\,℃$，生产工艺要求结合面的温度为 $t_{w2} = 60\,℃$，试确定辐射热流密度应为多大。设薄膜对 $60\,℃$ 的热辐射是不透明的，而对投入辐射是完全透明的，基板的导热系数为 $\lambda_1 = 0.06\,W/(m \cdot K)$，薄膜的导热系数为 $\lambda_2 = 0.02\,W/(m \cdot K)$。

解 在该传热过程中，同时存在对流和辐射。首先要正确分析结合面

处的能量平衡。由于薄膜对投入辐射完全透明,而对结合面处 60℃的热辐射是不透明的,因此外来的能量是投入辐射 q 被结合面全部吸收,然后分成两部分:一部分 q_1 以导热的形式通过基板;一部分 q_2 以导热方式通过薄膜然后再以对流换热方式传递给冷空气。基板上下表面的温度因这样的能量平衡得以维持 60℃和 30℃。

根据题意,各部分热量分别为

$$q_1 = \frac{t_{w2} - t_{w1}}{\delta_1/\lambda_1} = \frac{60-30}{0.002/0.06} \, \text{W/m}^2 = 900 \, \text{W/m}^2$$

$$q_2 = \frac{t_{w2} - t_\infty}{\delta_2/\lambda_2 + 1/h} = \frac{60-10}{0.0001/0.02 + 1/50} \, \text{W/m}^2 = 2000 \, \text{W/m}^2$$

因此,辐射热流密度为

$$q = q_1 + q_2 = (900 + 2000) \, \text{W/m}^2 = 2900 \, \text{W/m}^2$$

6.1.2 基本传热过程

1. 平壁的传热

通过前面的计算不难知道,传热过程的传热方式为

$$\Phi = KA(t_{f1} - t_{f2}) \tag{6-6}$$

式中,K 为总传热系数(简称传热系数),在稳态传热时,通过平壁传热的传热系数按下式来计算

$$K = \frac{1}{\dfrac{1}{h_1} + \dfrac{\delta}{\lambda} + \dfrac{1}{h_2}} \tag{6-7}$$

由于平壁两侧的面积是相等的,无论是哪一侧传热系数的数值都是一样的。式中的对流传热系数 h_1 和 h_2 可以根据具体情况选用相应的公式来确定。

2. 圆筒壁的传热

如图 6-3 所示为内、外半径分别为 r_1、r_2 的长圆筒,热流体和冷流体的温度各为 t_{f1} 和 t_{f2},筒壁材料的热导率为 λ,筒壁两侧的对流传热系数为 h_1 和 h_2,圆筒的内、外壁温度为 t_{w1} 和 t_{w2}。通常,在传热过程中 t_{w1} 和 t_{w2} 是未知的。下面根据长圆筒的特点,对两侧流体温度和壁内温度只沿半径方向变化的一维稳态传热的情况做相关的分析计算工作。

在长圆筒中截取长为 l 的一段。在稳态传热时,热流体传给内壁的热量、导过筒壁的热量和外壁传给冷流体的热量是保持一致的,并可分别表示为

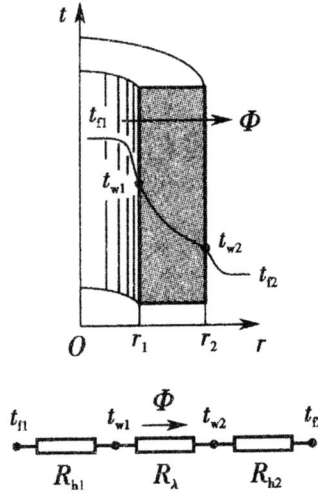

图 6-3 圆管壁的传热过程

$$\left.\begin{aligned} \Phi &= h_1 A_1 (t_{f1} - t_{w1}) \\ \Phi &= \frac{2\pi\lambda l(t_{w1} - t_{w2})}{\ln\dfrac{r_2}{r_1}} \\ \Phi &= h_2 A_2 (t_{w2} - t_{f2}) \end{aligned}\right\} \tag{6-8}$$

式中,圆筒内、外壁面积为 $A_1 = 2\pi r_1 l$,$A_2 = 2\pi r_2 l$。各局部热阻可利用式(6-8)得出,分别为

$$\left.\begin{aligned} \frac{1}{h_1 A_1} &= \frac{t_{f1} - t_{w1}}{\Phi} \\ \frac{\ln\dfrac{r_2}{r_1}}{2\pi\lambda l} &= \frac{t_{w1} - t_{w2}}{\Phi} \\ \frac{1}{h_2 A_2} &= \frac{t_{w2} - t_{f2}}{\Phi} \end{aligned}\right\} \tag{6-9}$$

式(6-9)中的三个局部热阻之和,即为该传热过程的总热阻。相加后,长度为 l 的圆筒的传热方程式即可有效得出

$$\Phi = \frac{t_{f1} - t_{f2}}{\dfrac{1}{h_1 A_1} + \dfrac{\ln\dfrac{r_2}{r_1}}{2\pi\lambda l} + \dfrac{1}{h_2 A_2}} \tag{6-10}$$

式(6-10)指出,通过圆筒壁的传热量等于两侧流体的总温差与传热总热阻之比。传热方程式(6-10)仍可以用式(6-6)的形式表示,即

$$\Phi = KA(t_{f1} - t_{f2})$$

由于圆筒壁的内外表面积 A_1 和 A_2 有一定的出入，在工程上，传热系数 K 通常取圆筒壁外表面为计算面积，这样上式可写为

$$\Phi = KA_2(t_{f1} - t_{f2}) \tag{6-11}$$

而单位外壁面积的传热量（即热流密度）为

$$q = \frac{\Phi}{A_2} = K(t_{f1} - t_{f2}) \tag{6-12}$$

外壁面积计算的传热系数可借助于式（6-10）和式（6-11）得出

$$K = \cfrac{1}{\cfrac{1}{h_1}\cfrac{A_2}{A_1} + \cfrac{A_2 \ln \frac{r_2}{r_1}}{2\pi\lambda l} + \cfrac{1}{A_2}} \tag{6-13}$$

对式（6-10）分母中的第二项 $\dfrac{\ln \frac{r_2}{r_1}}{2\pi\lambda l}$ 的分子分母同时乘以 $(r_2 - r_1)$，则有

$$\frac{\left(\ln \dfrac{r_2}{r_1}\right)(r_2 - r_1)}{2\pi\lambda l(r_2 - r_1)} = \frac{\left(\ln \dfrac{A_2}{A_1}\right)\Delta r}{\lambda(A_2 - A_1)} = \frac{\Delta r}{\lambda A_m}$$

式中，$\Delta r = r_2 - r_1$，$A_m = \dfrac{A_2 - A_1}{\ln \dfrac{A_2}{A_1}}$，$A_m$ 称为对数平均面积。

因此，式（6-13）可以写成

$$K = \cfrac{1}{\cfrac{1}{h_1}\cfrac{A_2}{A_1} + \cfrac{\Delta r A_2}{\lambda A_m} + \cfrac{1}{A_2}} \tag{6-14}$$

显然，对于平壁来说，因两侧壁面积完全相等，故在式（6-14）中，若取 $A_1 = A_2 = A_m = A$，则在平壁的传热中完全适用是没有任何问题的。

对于一般的薄壁圆筒，即 $\dfrac{r_2}{r_1} = \dfrac{A_2}{A_1}$ 较小时，为了计算起来方便，可用算术平均面积 $\dfrac{A_2 + A_1}{2}$ 代替对数平均面积 A_m。当 $\dfrac{r_2}{r_1} \leqslant 2$ 时，计算误差小于 4%。

3. 肋壁的传热

在传热过程中，当温差一定时，为了减小表面传热热阻以增大传热量，采用壁面敷设肋片、肋柱等延伸体为不错的解决办法，即所谓壁面肋化的办法，从而使壁面的传热面积 A 增大使之成为肋壁。

如图 6-4 所示为大平壁右侧加装肋片后的一部分，肋片表面的布置跟流体的流动方向保持一致，以免流体流动受阻而影响对流传热。δ 和 λ 分别代表了平壁的厚度和热导率；高温流体温度 t_{f1}、表面传热系数 h_1、壁温

t_{w1} 和壁面积 A_1。平壁右侧的参数为:低温流体温度 t_{f2}、表面传热系数 h_2、肋基温度 t_{w2} 和总面积 A_2。其中 A_2 为肋片之间的基部面积 A_0 和肋片面积 A_f 之和,即 $A_2 = A_0 + A_f$。

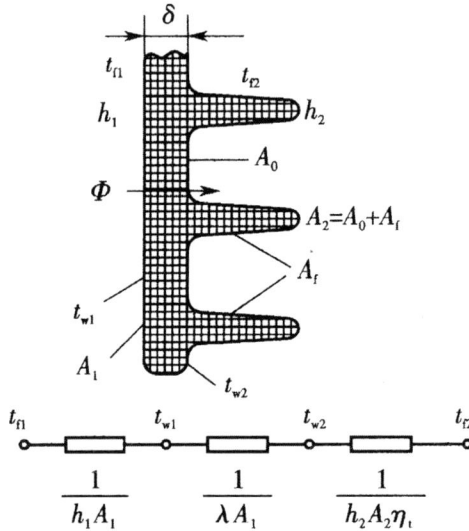

图 6-4 通过肋壁的传热

在通过肋壁的传热过程中,右侧肋面和流体之间的传热量有肋基面积 A_0 的传热量 Φ' 和肋片面积 A_f 的传热量 Φ'' 这两部分。显然 $\Phi' = h_2 A_0 (t_{w2} - t_{f2})$,而 Φ'' 的计算则可根据有关肋片效率的定义进行,即 $\Phi'' = h_2 A_f \eta_f (t_{w2} - t_{f2})$。因此,当肋壁传热处于稳态时,两侧流体之间的传热量 Φ 可表示为

$$\Phi = h_1 A_1 (t_{f1} - t_{w1}) \tag{6-15}$$

$$\Phi = \frac{\lambda}{\delta} A_1 (t_{w1} - t_{w2}) \tag{6-16}$$

$$\Phi = \Phi' + \Phi'' = h_2 A_0 (t_{w2} - t_{f2}) + h_2 A_f \eta_f (t_{w2} - t_{f2}) = h_2 A_2 \eta_t (t_{w2} - t_{f2}) \tag{6-17}$$

式(6-17)中的 $\eta_t = \dfrac{A_0 + \eta_f A_f}{A_2}$ 称为肋壁效率。对于高肋,因为 $A_0 \ll A_f$,故可近似取 $A_2 \approx A_f$,此时,可由肋片效率来代替肋壁效率,即 $\eta_t \approx \eta_f$。

在式(6-15)、式(6-16)、式(6-17)中消去未知的壁温 t_{w1} 和 t_{w2},得

$$\Phi = \frac{t_{f1} - t_{f2}}{\dfrac{1}{h_1 A_1} + \dfrac{\delta}{\lambda A_1} + \dfrac{1}{h_2 A_2 \eta_t}} \tag{6-18}$$

通过肋壁的传热量也可以借助传热方程式的形式表示

$$\Phi = K_1 A_1 (t_{f1} - t_{f2}) = K_2 A_2 (t_{f1} - t_{f2}) \tag{6-19}$$

由此可得以左侧壁面积 A_1 为基准的肋壁传热系数为

$$K_1 = \cfrac{1}{\cfrac{1}{h_1} + \cfrac{\delta}{\lambda} + \cfrac{1}{h_2 \beta \eta_t}} \qquad (6\text{-}20)$$

而以右侧总面积 A_2 为基准的肋壁传热系数为

$$K_2 = \cfrac{1}{\cfrac{1}{h_1} \beta + \cfrac{\delta}{\lambda} \beta + \cfrac{1}{h_2 \eta_t}} \qquad (6\text{-}21)$$

在式(6-20)、式(6-21)中，$\beta = \dfrac{A_2}{A_1}$，称为肋化系数，即壁面肋化后的面积(也就是右侧总面积)A_2 与肋化前的原有面积 A_1 的比值。通常情况下，在计算肋壁传热系数时以肋面面积 A_2 为基准。

比较式(6-7)和式(6-20)，右侧壁面的表面传热热阻，有肋时为 $\dfrac{1}{h_2 \beta \eta_t}$，无肋时为 $\dfrac{1}{h_2}$。一般情况下，肋化系数 $\beta = \dfrac{A_2}{A_1} \gg 1$，虽然肋壁效率 $\eta_t < 1$，而且 β 增大时 η_t 会减小，β 减小时 η_t 会增大，但两者的乘积 $\beta \eta_t$ 仍然会比 1 大得多。因此，平壁的一侧肋化后，该侧的表面传热热阻将减小，而使得 $K_1 > K_2$。由此可见，传热系数和传热量会因肋化得到有效提高。

需要指出的是，把肋化系数 β 选得过大而使 $\dfrac{1}{h_2 \beta \eta_t}$ 远小于 $\dfrac{1}{h_2}$ 是没有必要的。因为当 $\dfrac{1}{h_2 \beta \eta_t} < \dfrac{1}{h_1}$ 以后，传热的主要热阻是 $\dfrac{1}{h_1}$，此时再减小 $\dfrac{1}{h_2 \beta \eta_t}$，传热效果的提升就非常有限。

此外，肋片应加装在表面传热系数较小(换热热阻较大)一侧的壁面上。理论分析和经验表明，传热壁的两侧换热热阻相差越大，在热阻大的一侧装肋片，增强传热的效果就更加的显著。

6.1.3　有复合换热时的传热

1. 复合换热

在同一换热环节中，若有两种以上的基本热传递过程同时存在的话，则称此换热环节的换热为复合换热。例如，冬季室内采暖器壁面与附近室内空气及周围物体间的换热，除对流换热外，辐射换热也是同时存在的，故为复合换热。

对于复合换热，如果边界条件为已知各换热面的温度，则换热过程的热流量可按下列原则计算：①在稳态下，各基本换热过程的独立进行是没有任何问题的;②复合换热的总效果,等于各基本换热过程单独作用效果的总和,即复合换热过程的总热流量,可以分别按导热、辐射换热和对流换热计算,然后相加。例如,常见的由对流换热和辐射换热组合而成的复合换热,总换热量(热流量)可按下式计算

$$\Phi = \Phi_c + \Phi_r \tag{6-22}$$

式中,Φ_c 为对流换热量,$\Phi_c = h_c(t_w - t_f)A$,其中对流换热系数 h_c 可根据具体情况选用相关公式计算;Φ_r 为辐射换热量,可按下式计算

$$\Phi_r = \varepsilon_n C_b \left[\left(\frac{T_w}{100} \right)^4 - \left(\frac{T_f}{100} \right)^4 \right] A \tag{6-23}$$

式中,ε_n 为系统黑度,计算公式可以根据不同的辐射换热系统来选取;T_w、T_f 分别为壁面及周围流体、环境的平均热力学温度,单位为 K。

为了使工程计算起来比较方便,将式(6-23)改写成为

$$\Phi_r = h_r(t_w - t_f)A \tag{6-24}$$

式中,h_r 称为辐射换热系数,单位是 $W/(m^2 \cdot K)$,可按下式计算

$$h_r = \frac{\varepsilon_n C_b \left[\left(\frac{T_w}{100} \right)^4 - \left(\frac{T_f}{100} \right)^4 \right]}{T_w - T_f} \tag{6-25}$$

将 Φ_c 和 Φ_r 的表达式代入式(6-22),复合换热过程的总热流量即可有效得出

$$\Phi = (h_c + h_r)(t_w - t_f)A = h(t_w - t_f)A \tag{6-26}$$

式中,$h = (h_c + h_r)$ 称为复合换热系数或总换热系数,单位是 $W/(m^2 \cdot K)$。

h 可以通过对流换热系数 h_c 和辐射换热系数 h_r 精确地计算出来,但工程上有时可以粗略确定其值。一般情况下,可采用以下各式,近似计算总换热系数 h。

①室内(无风,热力管道及设备,壁温 $t_w = 0 \sim 150 ℃$)

$$h = 9.77 + 0.07(t_w - t_s)$$

式中,t_w 为管道或设备与空气接触的外表面平均温度,℃;t_s 为室内环境温度,一般取室温,℃。

②室外

$$h = 11.6 + 7\sqrt{u}$$

式中,u 为横掠管道或设备的风速,m/s。

对于复合换热过程,在一些情况下,如果主导作用的因素能够把握的很好的话,则可以使计算简化。例如,在锅炉炉膛中,高温火焰与水冷壁之间的换热,由于火焰温度高达 1000℃ 以上,辐射换热量很大;而在炉膛中,因烟气流速小,对流换热量相对很小。所以,对流换热都会被忽略,按辐射换

热计算火焰与水冷壁之间的换热。又如,冷凝器中工质与壁面之间的换热。由于各种蒸汽凝结时,对流换热系数较大,如水蒸汽凝结换热系数 h 在 $4500\sim18000\mathrm{W/(m^2 \cdot K)}$ 范围内;而蒸汽与壁面之间,因温差小等原因,辐射换热量小到可以忽略不计。因此,可把工质凝结时的凝结换热量视为工质与壁面之间的总换热量。

2. 有复合换热时的传热问题举例

在大量的实际传热问题中不仅在同一环节可能存在着由两种基本热传递过程组成的复合换热,而且,常常是由多个基本热传递过程构成总的热传递过程的。这类综合性传热问题有的文献称为复合传热或多种传热方式的组合问题。本节将通过多个实例,说明如何综合应用前面各章所介绍的相关理论知识对这类问题进行分析和求解。

【例 6-2】 寒冷地区一楼房的双层玻璃窗,可近似看作相距为 15mm 的两块平行玻璃板组成的封闭空气夹层。已知封闭夹层两表面的黑度为 $\varepsilon_1=\varepsilon_2=0.9$,两表面的温度分别为 $t_{w1}=25℃$,$t_{w2}=-5℃$。双层玻璃窗高为 1.2m,宽为 0.8m。试求在以下两种特殊情况下,封闭空气夹层两表面之间的总换热量和辐射换热系数 h_r:①考虑夹层内自然对流换热;②认为夹层内的空气近似静止状态。

解　这是一个复合换热问题。

①考虑封闭夹层内的自然对流换热,通过夹层的总换热量等于自然对流换热量与辐射换热量之和。

定性温度 $t_m=\dfrac{1}{2}(t_{w1}-t_{w2})=\dfrac{1}{2}(25+5)℃=10℃$。可以查得空气的物性参数为:$\upsilon=14.16\times10^{-6}\mathrm{m^2/s}$,$\lambda=2.51\times10^{-2}\mathrm{W/(m \cdot K)}$,$\alpha=3.534\times10^{-3}\dfrac{1}{K}$,$Pr=0.705$,特性尺寸 $\delta=15\times10^{-3}\mathrm{m}$。

计算定性准则

$$(Gr_\delta \cdot Pr)=\frac{g\alpha \cdot \Delta t \cdot \delta^3}{\nu^2}Pr$$

$$=\frac{9.81\times3.534\times10^{-3}\times[25-(-5)]\times(10\times10^{-3})^2}{(14.16\times10^{-6})^3}\times0.705$$

$$=12342$$

选用相应的准则实验关联式,即

$$Nu=0.197(Gr_\delta \cdot Pr)^{\frac{1}{4}} \cdot \left(\frac{\delta}{H}\right)^{1/9}=0.197\times(12342)^{1/4} \cdot \left(\frac{15}{1200}\right)^{1/9}=1.276$$

因此

$$h_c = \frac{Nu \cdot \lambda}{\delta} = 1.276 \times 2.51 \times 10^{-2}/15 \times 10^{-3} \, \text{W}/(\text{m}^2 \cdot \text{K})$$

$$= 2.14 \, \text{W}/(\text{m}^2 \cdot \text{K})$$

自然对流换热量

$$\Phi_c = h_c A(t_{w1} - t_{w2})$$

$$= 2.14 \times 1.2 \times 0.8[25 - (-5)] \, \text{W} = 61.6 \, \text{W}$$

封闭夹层两表面的辐射换热量,具体计算按照两平行平板辐射换热系统来进行

$$\Phi_r = \varepsilon_n C_b \left[\left(\frac{T_1}{100} \right)^4 - \left(\frac{T_2}{100} \right)^4 \right] A$$

$$= \frac{1}{\dfrac{1}{\varepsilon_1} + \dfrac{1}{\varepsilon_2} - 1} \times 5.67 \times \left[\left(\frac{273 + 25}{100} \right)^4 - \left(\frac{273 - 25}{100} \right)^4 \right] \times 1.2 \times 0.8$$

$$= \frac{1}{\dfrac{1}{0.9} + \dfrac{1}{0.9} - 1} \times 5.67 \times 27.3 \times 1.2 \times 0.8 \, \text{W} = 121.6 \, \text{W}$$

总换热量

$$\Phi = \Phi_c + \Phi_r = 61.6 + 121.6 \, \text{W} = 183.2 \, \text{W}$$

②封闭夹层内空气处于静止状态,总换热量和夹层的导热量 Φ_λ 与辐射换热量 Φ_r 之和是相等的情况。

通过厚度为 δ 的空气夹层的导热量

$$\Phi_\lambda = \frac{\lambda A(t_{w1} - t_{w2})}{\delta} = \frac{[25 - (-5)] \times 0.025 \times 1.2 \times 0.8}{15 \times 10^{-3}} \, \text{W} = 48 \, \text{W}$$

因此,$\Phi = \Phi_\lambda + \Phi_r = (121.6 + 48) \, \text{W} = 169.6 \, \text{W}$。

说明:由计算结果可知,双层玻璃窗内存在自然对流换热时,通过玻璃窗的热损失,要比玻璃窗夹层内无自然对流时高 8%。因此,双层玻璃窗的夹层厚度 δ 不应当太大而应当尽可能地小。

6.2 传热的增强和削弱

6.2.1 增强传热的基本途径及原则

由传热的基本计算式 $\Phi = K A \Delta t_m = \dfrac{\Delta t_m}{\dfrac{1}{KA}} = \dfrac{\Delta t_m}{R_K}$ 可知,传热温差与传热热阻共同决定了传热量。改变其中任何一种因素都将对传热带来影响,但是,无论强化传热还是削弱传热,寻找关键因素,最佳途径的确定也是至关重要的。强化传热的基本途径如下:

1. 增大传热温差 Δt_{m}

改变冷流体或热流体的进口温度,如提高热流体温度或降低冷流体温度,传热温差 Δt_{m} 都会因此而增大。电厂凝汽器在冬天时的换热效果比在夏天时好,就是冷却用循环水在冬天温度较低的原因。但是流体温度的改变往往要受工艺条件及客观环境的限制,其改变是有一定条件的。

2. 减小传热热阻 R_{K}

减小传热热阻以提高传热系数是强化传热行之有效的方法。通常情况下,由几个串联的环节共同构成整个传热过程,包括壁面的导热环节和两侧的对流换热或对流与辐射的复合换热环节,传热热阻为各环节的分热阻之和。

$$R_{\mathrm{K}} = \frac{1}{h_1 A_1} + \frac{\delta}{\lambda A_{\mathrm{m}}} + \frac{1}{h_2 A_2} \tag{6-27}$$

从哪个环节着手才能有效地强化传热呢? 由上式可知,改变传热途径中起决定性作用的那部分热阻才会对总的传热效果带来明显的影响,故以下为强化传热的最基本原则:首先综合分析处理传热过程中各环节分热阻的影响因素,找出分热阻最大的环节,再对该环节采取相应的技术措施减小其分热阻,从而有效地减小总热阻,增强传热效果。常见换热设备的主要热阻一般在气侧、油侧、污垢层上,如对于气－液换热器的传热强化应从气侧着手,当壁面两侧的分热阻相当时,也可在两侧同时强化传热。

6.2.2　增强传热的方法

在对流换热的分析中曾经指出,流体的流动状态、特性和换热面的形状及尺寸等是影响对流换热强弱的关键因素。这些因素的综合效果反映在对流换热系数 α 的大小上,而对流换热系数理的大小 α 直接影响传热系数 k 的大小。因此,从根本上说,增强传热的关键应该是针对传热过程中热阻较大一侧的换热系数,采取如加强扰动、加入添加剂、加肋等措施来增大 α 值,使增强传热的目的得以有效实现。当然,在有辐射换热时,这里的 α 为复合换热系数,则增强传热应包括增大辐射换热系数。本节主要综述如何增强对流换热以增强传热的问题。

1. 改变流体的流动情况

(1)增加流速

流动状态可因流速的增加得以改变,紊流脉动程度也可得到有效提高。如管壳式换热器中管程、壳程的分程就是加大流速、增加流程长度和扰动的措施之一。前面指出管内呈紊流时 α 按流速的 0.8 次幂增加,故增加流速对增强传热能收到较显著的效果。但必须注意增加流速将使流动阻力增加,因此应权衡两种因素,选择最佳的流速。

(2)加插入物

在管内安放或管外套装如金属丝、金属螺旋圈环、盘状物件、麻花铁、翼形物等多种形状的插入物,可增强扰动、破坏流动边界层而使传热增强。如用薄金属条扭转而成的麻花铁扰流子插入管内后,使流体形成一股强烈的旋转流而增强换热。插入时若能紧密接触管壁,则尚能起到翅片的作用,扩展传热面。大量的试验研究表明,加插入物对强迫对流换热等的增强作用非常明显。但是也会带来流动阻力的增加,通道易堵塞与结垢等运行上的问题,必须予以注意。

(3)依靠外来能量作用

具体来说,可以采取以下三个措施:①用机械或电的方法使传热表面或流体产生振动。试验表明,振动对于自然对流换热、强迫对流换热均有一定效果;对于沸腾换热的效果不明显,但在流体振动时对于旺盛的大空间沸腾,临界热负荷可以得到明显提高。此法对大型换热设备,在具体应用上难度还是有的。②对流体施加声波或超声波,使之交替地受到压缩和膨胀,以增加脉动而强化传热。综合各研究者试验结果显示,对于液体或气体,只有处于管内层流或过渡流时,声波作用才较明显。对于大空间泡状沸腾的换热影响极微,而对于过渡沸腾或膜态沸腾的换热改善较为显著。对于凝结换热及自然对流换热均有一定效果。在声波强化措施的实用中,要注意解决如何更有效地将声振动或超声振动传送到换热设备内部的问题。③外加静电场。对于参与换热的流体加以高电压而形成一个非均匀的径向电场。传热面附近电介质流体的混合作用可通过该静电场得以引起,因而使对流换热加强。试验表明对于自然对流换热、膜态沸腾换热、凝结换热的强化效果都非常明显。

(4)加旋转流动装置

前面提到旋转流动的离心力作用将产生二次环流,换热也因此得以增强。如麻花铁、金属螺旋丝等插入物,除其本身特点外,也都能产生旋转流动。在此要提及的是一些专门产生旋转流动的元件或装置。例如,涡流发生器能够使得流体在一定压力下以切线方向进入管内做剧烈的旋转运动。近十几年来人们对用涡旋流动以强化传热进行了较多的研究,最终得出涡旋强化传热的程度与雷诺数有关。在一定的热源温度下,随着 Re 数的增加,α 将达到某一个最大值然后下降,在应用上应控制实际的 Re 值接近于 α 值达最大时的临界值,以充分利用旋转流动的效果。除了流体转动外,也有传热面转动的情况，当管道绕不同轴线旋转时利用其离心力、切应力、重力和浮力等所产生的二次流可促使传热强化。过冷沸腾与大空间沸腾的试验表明，对于带有螺旋斜面和切向槽涡流发生器的管道，沸腾换热系数或临界换热负荷会有一定的提高。

2. 改变流体的物性

流体的物性对 α 的影响较大，一般导热系数与容积比热较大的流体，其换热系数也较大。例如冷却设备中用水冷比用风冷的体积可减小很多，因为空气与壁面间 α 值在 $1W/(m^2 \cdot K) \sim 60W/(m^2 \cdot K)$ 范围内，而水与壁面间的 α 值在 $200W/(m^2 \cdot K) \sim 12000W/(m^2 \cdot K)$ 范围内。流体内加入一些添加剂为改变流体某些性能的另一种常用方法，这是近二三十年来形成的添加剂强化传热研究的新课题。添加剂可以是固体或液体，它与换热流体组成气－固、液－固、气－液以及液－液混合流动系统。如：

①气流中加入少量固体细粒，如石墨、黄砂、铅粉、玻璃球等形成气－固悬浮系统。由于固体颗粒的容积比热比气体大几百倍乃至千倍，大大提高了流体热容量；固体颗粒能使气流的紊流程度增强；同时固体颗粒具有比气体高得多的热辐射作用等，这些因素使换热系数有明显增长。其他还有流化床(沸腾床)换热，也可归入气－固这一类型。

②液体中加入固体细粒，如油中加入聚苯乙烯悬浮物。合理的解释认为，液－固系统的传热跟搅拌完全的液体传热比较接近，因而截面温度分布平坦，平均温度较单纯液体高，层流底层的温度梯度也较大，使传热增强。

③液体中加入少量液体添加剂。如水中加入挥发性强的添加剂，可使其大空间沸腾换热系数增加 40％ 左右。某些能润湿加热面的液体作为添加剂加入换热液体时，沸腾换热也会因此得以增强。如当传热面被油脂沾污时会使沸腾换热系数严重下降，加入少量碳酸钠则可使换热系数显著上升。

④在蒸汽或气体中喷入液滴。如在蒸汽中加入硬脂酸、油酸等物质，促使形成珠状凝结而使换热系数有一定的提高。又如，在管外空气冷却的系统中喷入雾状液滴，可使换热系数明显增长。这是因为当气流中的液滴被固体壁面捕集时，气相换热变为液膜换热，加之液膜表面的蒸发又使换热兼有相变换热的优点，因而换热加强。

3. 改变换热表面情况

α 会受到换热表面的性质、形状、大小等的影响，通常可通过以下方法增强传热：

①增加壁面粗糙度。增加壁面的粗糙度不仅有利于管内强迫对流换热，对沸腾和凝结换热也非常有利。增加粗糙度也会带来流动压降的增加，故粗糙度对增强传热的经济效果是正在开展的一项研究课题。

②改进表面结构。如有一种多孔金属管，它是通过烧结、电火花加工或切削等在管表面形成一层很薄的多孔金属层，沸腾和凝结换热因此得以增强。此外还有其他方法，如在沸腾换热液体中，把一块多孔物体置于加热表面上，靠通过这种多孔加热面连续地移走蒸汽，即所谓"吸入"的办法，从而使膜状沸腾换热得到改善。

③改变换热面形状和大小。可通过使用各种异形管来增大换热系数 α，如椭圆管、螺旋管、波纹管、变截面管等。椭圆管在相同截面积下当量直径小于圆管，故换热系数大；其他异形管除传热面积略有增大外，由于表面形状的变化，流体在流动中将会不断改变方向和速度，促使紊流加强，边界层厚度减薄，故能加强传热。当然，与光管相比，流动阻力也会有所增加，对低肋螺纹管，在凝结换热时还具有减薄冷凝膜的作用。对于有机工质的冷凝（氟里昂等）用低肋螺纹管很有利。同理，还可在管子表面加工出许多细的锯齿形的肋用于增强冷凝换热。

④表面涂层。在凝结换热时，可在换热表面涂上一层表面张力小的材料，如聚四氟乙烯等就是理想的材料，以造成珠状凝结，有利于增大换热系数。

总之，随着生产和科技发展而提出来的增强传热的方法很多，这里不可能一一列举，如按照是否消耗外界能量来分，大体可分为两类强化技术，一为被动式，即不需要直接使用外界动力，如加插入物，增加表面粗糙度等；另一则为主动式，如外加静电场、用机械的方法使传效表面振动等。这些技术单独使用或混合使用均可，称为复合式强化。其中有些强化也可以是系统本身自然形成的，如一般用机械加工出来的表面具有一定的粗糙度，由于机械的转动或流体的振动而引起的表面振动，电力设备中存在的电场等。上述方法，有些还需要进一步完善，有些还没有找到数量上的规律。此外这些方法在具体的实施中还有设备制造的难易，运行检修是否方便，有与工艺要求是否矛盾以及动力消耗、经济核算等多方面的问题需要考虑。由于工程实际中换热设备多种多样，因此必须对具体的换热设备进行综合分析，抓住其妨碍提高传热的关键问题，提出改进措施。

6.2.3　削弱传热的方法

正如对于增强传热所分析的那样，传热量会因减小传热系数、传热面积或传热温差而得以减少，所以这也是削弱传热的基本途径。为了削弱传热，通常通过降低流速、改变表面状况、使用导热系数小的材料、加辐射屏等措施都可收到较好的效果。在此着重介绍以下两方面措施。

1. 热绝缘

前面讨论过关于绝热材料、多层壁的导热、临界热绝缘直径等问题。在工程上，一般的热绝缘技术使用得比较多，即在传热表面上包裹热绝缘材料，如石棉、珍珠岩等就能收到良好的保温或隔热效果。随着科学技术的不断发展，特别是低温工程等方面的发展，出现了一些新型的热绝缘技术，主要有：

①真空热绝缘。将换热设备的外壳做成夹层，夹层内壁两侧表面涂以反射率高的涂层，并把它抽成真空（10^{-4} Pa 或更低）。这时，夹层中将仅存在微弱的辐射及稀薄气体的换热。夹层真空度和绝热性能成反比。例如，保温瓶的双层玻璃胆就是利用该原理。

②多层热绝缘。如果把若干片表面反射率高的材料（如铝箔）和导热系数低的材料（如玻璃纤维板）交替排列，并将整个系统（即这些材料所组成的多层空间）抽成真空，一个多层的真空热绝缘体就得以构成。因为辐射换热与辐射屏数量成反比，而与它们的黑度成正比，所以采用多层低反射率的辐射屏可以把辐射换热减至最小。在低真空状态下，气体分子平均自由行程比热绝缘层之间的间隔大得多，从而消除了对流换热作用，并能使稀薄气体中自有分子的导热作用也减至最小。可见，这种多层热绝缘具有很高的绝热性能。它多用于深度低温装置中。

③泡沫热绝缘。多孔的泡沫热绝缘具有蜂窝状结构，它是在制造泡沫过程中由起泡气体形成的。因为泡沫不是匀质材料，所以导热性能取决于松装密度、起泡气体种类和平均工作温度。通过泡沫的传热取决于气孔内的对流、辐射和固体物质本身的导热。选用这种热绝缘时，应注意材料的最佳容重，此外还要注意避免发生龟裂、受潮，以免丧失热绝缘作用。

④粉末热绝缘。可以是抽成真空或不抽真空的粉末热绝缘。它由一些细颗粒材料组成，例如填充在热绝缘夹层中的珍珠岩、多孔二氧化硅、炭黑等。在常压下，粉末减弱了对流和辐射作用，并且只要颗粒足够小，还会减小气体分子的平均自由行程。当把粉末层的压力抽真空到 4/3Pa～4/3×10^{-1}Pa 时，气体导热就变得很小，此时传热主要靠辐射和固体颗粒导热。粉末热绝缘的结构较为简单，但是其热绝缘性却比多层要稍好一些。在设计和使用时，应保持粉末热绝缘层的最佳容重，以达到良好的效果。

2. 改变表面状况

①改变换热表面的辐射特性。如将某些特殊物质涂在吸热面表面,使表面对短波($3\mu m$ 以下)投入辐射具有高的吸收率和在其本身温度下(对应于红外辐射)具有低黑度的特性,这种涂层材料称为选择性涂层。借此既增强对投入辐射的吸收,又削弱了本身对环境的辐射换热损失。太阳能平板集热器表面的氧化铜、镍黑等涂层就是具体应用的实例。

②附加抑流元件。例如,在太阳能平板集热器的玻璃盖板与吸热板间加装蜂窝状结构的元件,这一空间中的空气对流可因此得以削弱,同时由于吸热板的对外辐射经过蜂窝结构的多次反射和吸收而被削弱,集热器的对外热损失就有了明显的减弱。

6.3　换热器的类型

1. 换热器按工作原理分类

工程上应用的换热器种类很多,但就其工作原理可分为混合式、回热式和间壁式三大类。

(1)混合式换热器

混合式换热器的工作原理是通过冷、热流体直接接触、彼此混合而实现热量交换,在热量交换的同时伴随有质量的混合。主要优点是结构简单,传热速度快,传热效率高,但其适用范围仅限于允许冷、热流体混合的场合(冷、热流体是同一种物质或两种物质混合后容易分离的情况)。电厂的喷水减温器、冷却水塔、除氧器都属于混合式换热器,如图 6-5[①] 所示。

(2)回热式换热器

回热式换热器又称再生式换热器或蓄热式换热器,其工作原理是冷、热流体依次交替地流过相同的换热面,换热面周期性地吸收积蓄热流体的热量而向冷流体释放,从而实现冷热流体的热量交换。在连续的运行中,虽然换热面吸收和放出的热量相等,但热传递过程却是非稳态的。主要优点是单位容积内布置的换热面积较大,结构紧凑,传热效率较高,但只适用于允许少量流体混合的场合。通常在换热系数不大的气体介质之间的换热场合中使用得比较多。电厂的回转式空气预热器就是典型的回热式换热器,如图 6-6 所示。

---

①　张天孙等. 传热学[M]. 4 版. 北京:中国电力出版社,2009:160

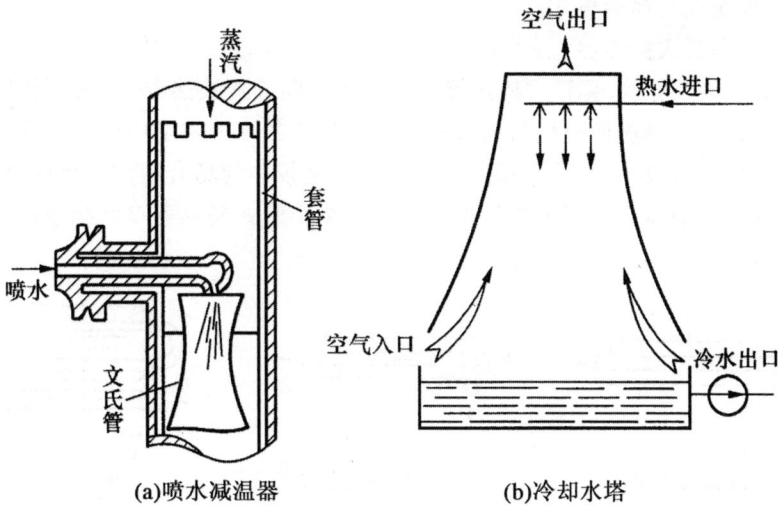

(a)喷水减温器　　　　　　　(b)冷却水塔

图 6-5　混合式换热器

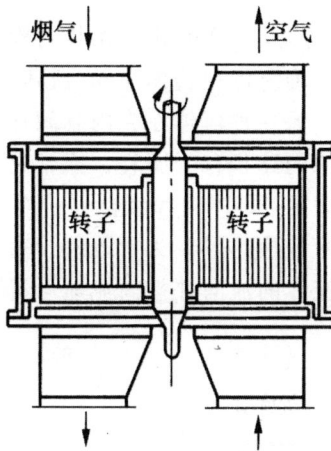

图 6-6　回转式空气预热器

（3）间壁式换热器

间壁式换热器又称表面式换热器,其工作原理是冷、热流体被固体壁面间隔开分别从壁面两侧流过,热量由热流体通过壁面传给冷流体。主要优点是冷、热流体互不混合,且运行和维修简便,因而对流体的适应性较强,在高温高压场合中使用得比较多,但单位容积内所能布置的换热面积较小。间壁式换热器应用非常广泛,在此只讨论间壁式换热器。

2. 间壁式换热器分类

间壁式换热器形式很多,按照结构又可分为套管式、壳管式、肋片管式、板式、板翅式及螺旋板式。

(1)套管式换热器

如图 6-7 所示,套管式换热器是最简单的间壁式换热器,它由两根同心圆管构成,冷、热流体分别从内管和内外管形成的环形通道中流动。这种换热器传热系数较小,在传热量不大或流体流量较小的场合中使用得比较多,如套管式冷油器。工程上常根据需要将几个套管式换热器串联起来使用。

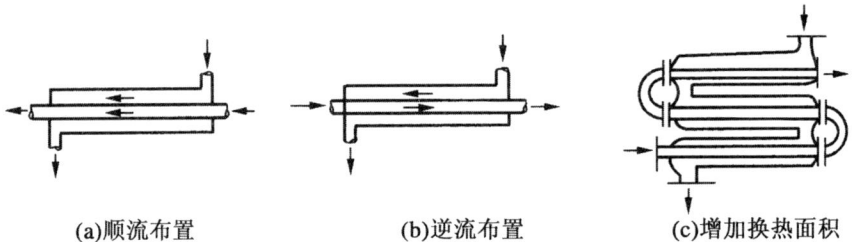

(a)顺流布置   (b)逆流布置   (c)增加换热面积

图 6-7　套管式换热器

(2)壳管式换热器

如图 6-8 所示,显而易见,由管束和外壳共同构成壳管式换热器,管束由管板固定在外壳内。一种流体在管内流动,流体从管束的一端流到另一端经历的路径称为管程。另一种流体在壳内管间作外掠管束流动,流体从壳的一端流到另一端经历的路径称为壳程。通常,壳程数和管程数的表示可以借助于两个数字来表示,如 1－2 型换热器,2－4 型换热器分别表示单壳程双管程和双壳程四管程换热器。为了改善管束外的换热,通常在管束间加装折流挡板来改变流体的流向并提高流速,以使流体良好地横向冲刷管束。

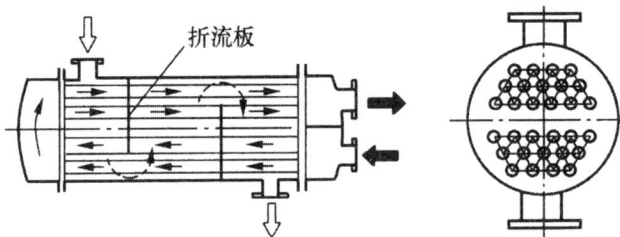

图 6-8　壳管式换热器

壳管式换热器适应性最强,常见的壳管式换热器为电厂中的凝汽器及各种制冷机的蒸发器、冷凝器等。

(3)肋片管式换热器

肋片管式换热器由加肋片的管束构成,如图 6-9 所示。由于管外肋化强化了换热,增大了单位体积的传热量,从而高效紧凑。这类换热器适用于壁面两侧换热系数相差较大的场合,如家用取暖器、汽车水箱散热器、空调系统的蒸发器等。

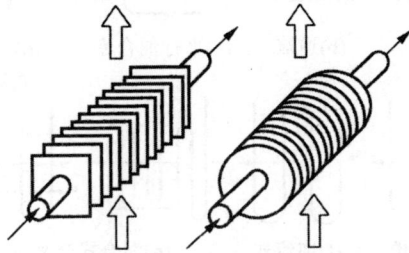

图 6-9　肋片管式换热器

(4)板翅式换热器

板翅式换热器结构方式很多,但都是由若干层基本换热元件组成。如图 6-10 所示,在两块平隔板 1 中夹着一块波纹形导热翅片 3,两端用侧条 2 密封,一层基本换热元件得以有效形成,许多层这样的元件叠积焊接起来就构成板翅式换热器。波纹板可做成多种形式,以增加流体的扰动,增强换热。板翅式换热器由于两侧都有翅片,作为气、气换热器时,传热系数的改善非常明显,可达 $300W/(m^2 \cdot K)$[管式约为 $30W/(m^2 \cdot K)$]。板翅式换热器结构非常紧凑,每 m^2 体积中可容纳换热面积达 $2500m$,承压可达 $10MPa$。缺点是容易堵塞,清洗困难,检修不易。在清洁和腐蚀性低的流体换热中用得比较多。

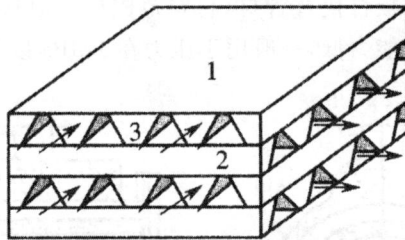

图 6-10　板翅式换热器

间壁式换热器根据换热器内冷、热流体的相对流动方向不同,又可分为如下几种流动方式:顺流式,即两种流体平行且同向流动;逆流式,即两种流体平行而反向流动;叉流式,即两种流体在相互垂直的方向交叉流动;混流式,即不同流动方式的组合流动,如图 6-11 所示。不同的流动方式对传热和流阻都有影响。

换热器不同的结构和流动方式各有特点,应用时可以综合考虑流体的性质、工作压力及温度范围、工作环境和空间条件等。

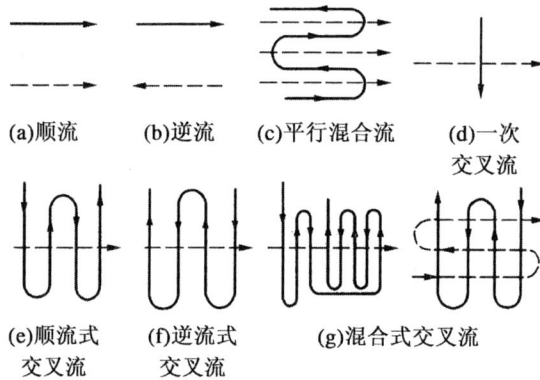

图 6-11　换热器内流体的流动方式

(5)螺旋板换热器

图 6-12 为螺旋板换热器结构原理,它是由两张平行的金属板卷制起来,构成两个螺旋通道,再加上下盖板及连接管而成。冷热两种流体分别在两螺旋通道中流动。图 6-12 所示为逆流式,流体 1 从中心进入,螺旋流动到周边流出;流体 2 则由周边进入,螺旋流动到中心流出。除此之外,还可以做成其他流动方式。这种换热器的螺旋流道对换热系数的提高非常有利。螺旋流道中污垢形成速度只有管壳式的 1/10。这是因为当流道壁面形成污垢后,通道截面减小,使流速增加而起到了冲刷效果,故有"清洁"作用。此外,这种换热器结构较紧凑,单位体积可容纳的换热面积约为管壳式的 3 倍。而且由于用板材代替管材,材料范围广。但缺点是清洗的难度比较大,检修困难,承压能力低,一般用于压力在 1MPa 以下的场合。

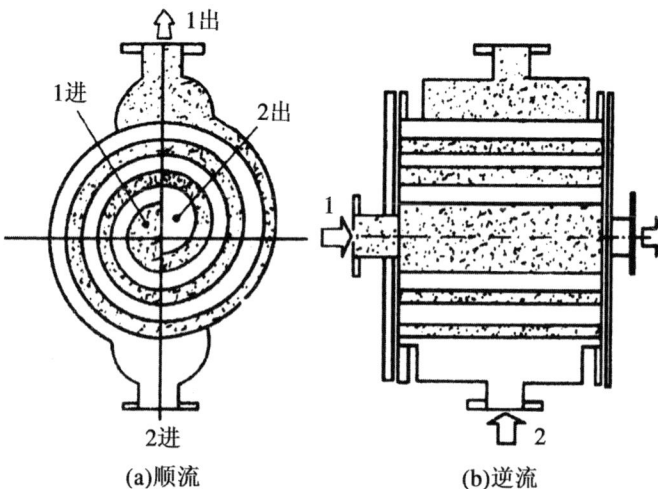

图 6-12　螺旋板换热器

6.4 对数平均温差

1. 平均温差定义式

换热器传热基本公式为 $\varPhi = KA\Delta t$,式中 Δt 是冷热两种流体的温度差。在前面的传热过程计算中,如通过墙壁的热损失计算,通过蒸汽管道的散热损失计算等,Δt 都是作为一个定值来处理的。但对于换热器,情况就不同了,因为冷热两流体沿传热面进行热交换,其温度沿流动方向不断变化,所以冷热流体间温差也无法维持不变。图 6-13(a)、(b)各为顺流和逆流时冷热流体温度沿传热面变化的示意图。图中温度 t 的角码意义如下:"1"是指热流体,"2"是指冷流体;"′"指进口温度,"″"指出口温度。

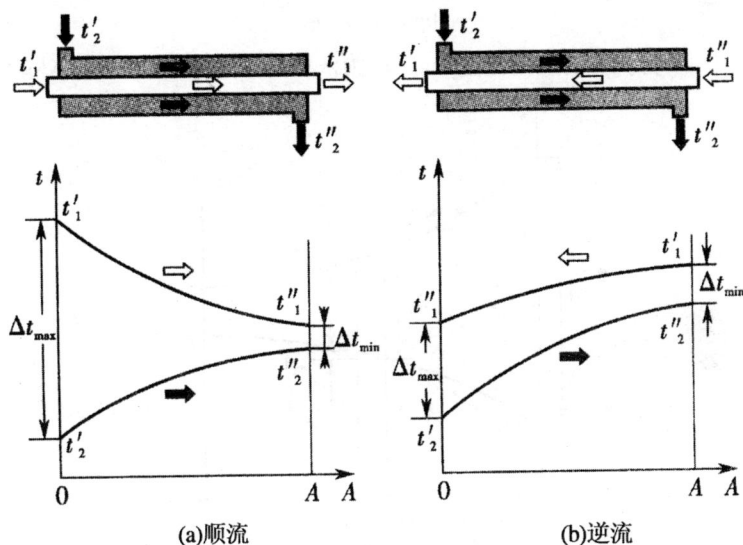

(a)顺流   (b)逆流

图 6-13 换热器中流体温度沿程变化

由于冷热流体温差是沿换热面变化的,今从换热面 A_x 处取一微面积 dA,它的传热量应为

$$d\varPhi = K_x(t_1 - t_2)_x dA \tag{6-28}$$

可由上式积分全部换热面的传热量,得

$$\varPhi = \int_0^A K_x(t_1 - t_2)_x dA \tag{6-29}$$

如 K_x 为常数,则

$$\varPhi = K\int_0^A (t_1 - t_2)_x dA = K\Delta t_m A \tag{6-30}$$

Δt_{m} 为平均温差

$$\Delta t_{\mathrm{m}} = \frac{\int_0^A (t_1 - t_2)_x \mathrm{d}A}{A} = \frac{1}{A}\int_0^A \Delta t_x \mathrm{d}A \tag{6-31}$$

由式(6-31)可知,如果已知 Δt_x 沿换热面的变化规律,则 Δt_{m} 可求出。

2. 简单顺流、逆流型的平均温差计算公式

现以顺流换热器为例来进行分析。如图 6-14 所示,换热器进口处两流体温差为 $\Delta t'$,出口处温差为 $\Delta t''$。在 A_x 处的 $\mathrm{d}A$ 面积上,热流体温度变化 $\mathrm{d}t_1$,换热量为

$$\mathrm{d}\Phi = -M_1 c_1 \mathrm{d}t_1 \tag{6-32}$$

式中负号是因为流过 $\mathrm{d}A$ 面积时,$\mathrm{d}t_1$ 是负值。冷流体在 $\mathrm{d}A$ 面积上温度变化为 $\mathrm{d}t_2$,则换热量可写为

$$\mathrm{d}\Phi = M_2 c_2 \mathrm{d}t_2 \tag{6-33}$$

上两式中,M 为流体的质量流量,$\mathrm{kg/s}$;c 为液体的定压质量比热,$\mathrm{kJ/(kg \cdot K)}$。

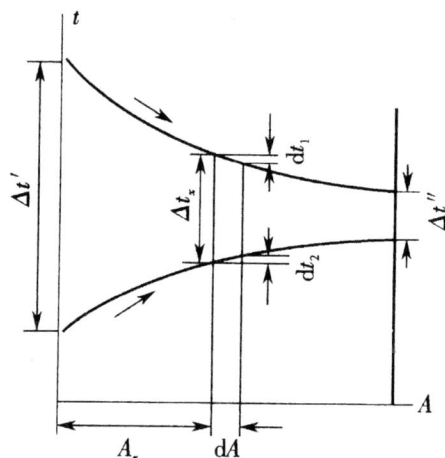

图 6-14 顺流时平均温差的推导

Mc 表示质量流量 M 的流体温度升高 1℃ 所需热量,故 Mc 为流体的热容量,用符号 C 表示,即 $M_1 c_1 = C_1$,$M_2 c_2 = C_2$。

从式(6-32)及式(6-33)可看到,当换热量一定时,热容量大的流体温度变化小,所以当流体处于凝结或沸腾时,热容量 C 之值为无穷大也是意料之中的。

该两式可改写成

$$\mathrm{d}t_1 = -\frac{\mathrm{d}\Phi}{M_1 c_1}, \mathrm{d}t_2 = -\frac{\mathrm{d}\Phi}{M_2 c_2}$$

两式相减,得

$$\mathrm{d}t_1 - \mathrm{d}t_2 = \mathrm{d}(t_1 - t_2)_x = -\mathrm{d}\Phi\left(\frac{1}{M_1 c_1} + \frac{1}{M_2 c_2}\right) \qquad (6\text{-}34)$$

把式(6-32)代入式(6-34),得

$$\frac{\mathrm{d}(t_1 - t_2)_x}{(t_1 - t_2)_x} = \frac{\mathrm{d}(\Delta t)_x}{\Delta t_x} = -K\left(\frac{1}{M_1 c_1} + \frac{1}{M_2 c_2}\right)\mathrm{d}A \qquad (6\text{-}35)$$

将式(6-35)从 0 到 A_x 积分,已知 $A_x = 0$ 时,$\Delta t_x = \Delta t'$;A_x 处为 Δt_x,得

$$\ln\frac{\Delta t_x}{\Delta t'} = -K\left(\frac{1}{M_1 c_1} + \frac{1}{M_2 c_2}\right)A_x \qquad (6\text{-}36)$$

或写成

$$\Delta t_x = \Delta t' \mathrm{e}^{-K(1/M_1 c_1 + 1/M_2 c_2)A_x} \qquad (6\text{-}37)$$

式(6-37)表示温差 ΔA_x 沿换热面的变化规律,它是指数函数关系。将式(6-36)代入式(6-37)可求得平均温差为

$$\Delta t_m = \frac{1}{A}\int_0^A \Delta t_x \mathrm{d}A = \frac{\Delta t'}{-KA\left(\dfrac{1}{M_1 c_1} + \dfrac{1}{M_2 c_2}\right)}\left[\mathrm{e}^{-KA(1/M_1 c_1 + 1/M_2 c_2)} - 1\right]$$

$$(6\text{-}38)$$

如对式(6-35)从 0 到 A 积分,已知 $A_x = A$ 时,$\Delta t_x = \Delta t''$,得

$$\ln\frac{\Delta t''}{\Delta t'} = -KA\left(\frac{1}{M_1 c_1} + \frac{1}{M_2 c_2}\right)$$

或写成

$$\frac{\Delta t''}{\Delta t'} = \mathrm{e}^{-KA(1/M_1 c_1 + 1/M_2 c_2)}$$

再代入前式并整理,得

$$\Delta t_m = \frac{\Delta t' - \Delta t''}{\ln\dfrac{\Delta t'}{\Delta t''}} \qquad (6\text{-}39)$$

式(6-39)的 Δt_m 称为对数平均温差(LMTD——logarithmic－mean temperature difference)。该方法也可以用于对逆流推出与式(6-39)形式相同的对数平均温差,但此时 $\Delta t'$ 为较大温差端的温差,则式(6-39)的 Δt_m 就表示为壁温与流体温度之间的对数平均温差。

在对数平均温差的推导过程中,有流体的热容量(Mc)及传热系数 K 都是常数这两个基本的假定;热流体放出的热量等于冷流体的吸热量,即换热器无热损失。但在实际换热器中,由于进口段的影响及流体的比热、粘度、导热系数等都随温度而变化,并且存在热损失,这些与假定条件是有出入的,所以对数平均温差也还是近似的,但对一般工程计算已足够精确。

工程上有时为简便起见,在误差允许范围内,传热的计算常常用到算术

平均温差。算术平均温差为换热器进出口两端部温差的算术平均值,即

$$\Delta t_{\mathrm{m}} = \frac{\Delta t' + \Delta t''}{2} \qquad (6\text{-}40)$$

当 $\dfrac{\Delta t'}{\Delta t''} < 2$ 时,算术平均温差与对数平均温差相差不到 4%,工程上是允许的。

3. 复杂流的平均温差

除了顺流和逆流以外的复杂流,其平均温差的推导过程复杂程度都比较高。工程上,为了计算方便,通常先按逆流平均温差来计算,然后用温差修正系数来修正。其步骤为:

①由给定的冷热流体进出口温度,计算按逆流布置条件下的对数平均温差 Δt_{m}。

②把求得的假想逆流对数平均温差乘上一个温差修正系数 ψ,其他流动形式的平均温差即可有效得出。

工程上为应用方便,已将温差修正系数 ψ 绘制成曲线,如图 6-15～图 6-17 所示。其他各种流动情况下的 ψ 值可从有关手册中查取。

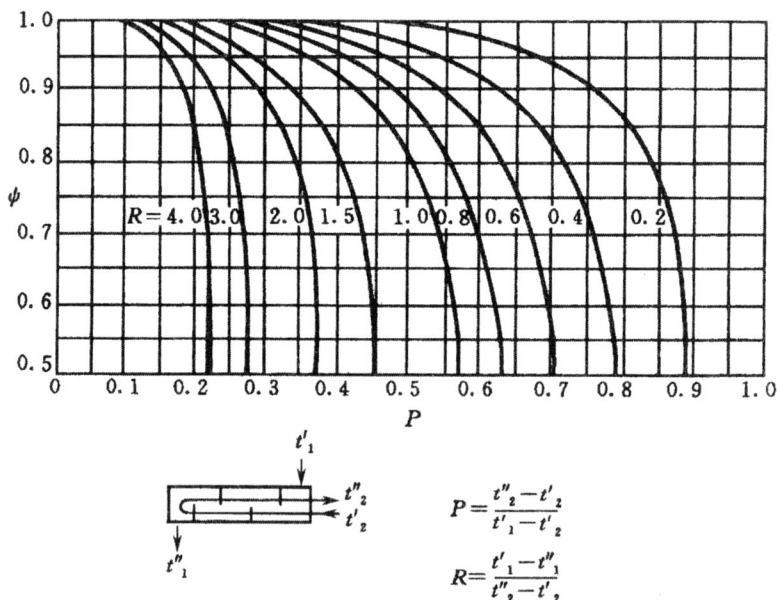

图 6-15 壳侧 1 程,管侧 2、4、6、8…的 ψ 值

ψ 值除与流动形式有关以外,还和辅助量 P、R 有关。P、R 的定义分别为

$$P=\frac{t''_2-t'_2}{t'_1-t'_2}; \quad R=\frac{t'_1-t''_1}{t''_2-t'_2} \tag{6-41}$$

R 具有两种流体热容量之比的物理意义,即 $\dfrac{t'_1-t''_1}{t''_2-t'_2}=\dfrac{M_2c_2}{M_1c_1}$;而 P 则代表该换热器中流体 2 的实际温升与理论上所能达到的最大温升之比。因此,R 的值无论是大于 1 还是小于 1 均可,但 P 的值必小于 1。在查图中,若 R 值超过了图中的范围,或者对于 R 曲线与 P 坐标趋于平行的部分,可以用 $P\cdot R$ 和 $1/R$ 分别代替 P 和 R 值查图。

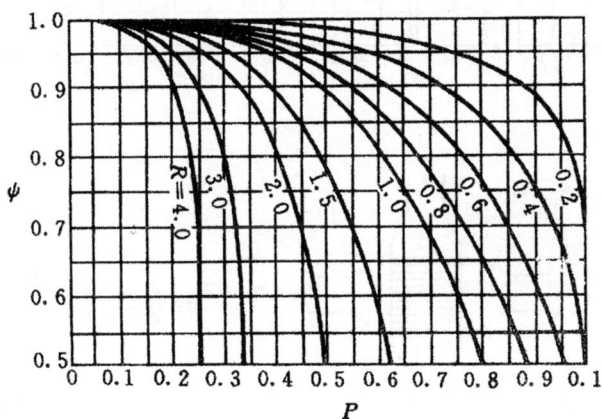

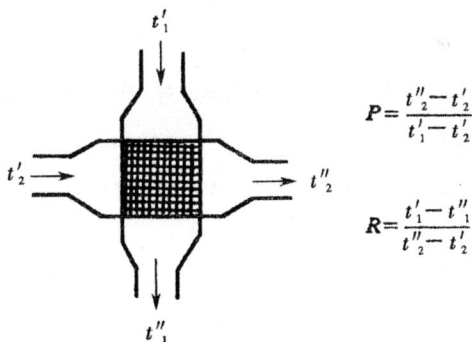

$$P=\frac{t''_2-t'_2}{t'_1-t'_2}$$

$$R=\frac{t'_1-t''_1}{t''_2-t'_2}$$

图 6-16　一次交叉流,两种流体各自都不混合时的 ψ 值

【**例 6-3**】　某换热器的热流体进、出口温度分别为 80℃ 和 60℃,冷流体的进、出口温度分别为 25℃ 和 38℃。试求该换热器分别为套管式逆流换热器和顺流换热器的对数平均温差。若换热器为壳管式,壳侧为热流体、管侧为冷流体,试将 1－2 型壳管式换热器的平均温度求出。

解　①对逆流换热器

$$\Delta t'=t'_1-t''_2=(80-38)℃=42℃$$

$$\Delta t''=t''_1-t'_2=(60-25)℃=35℃$$

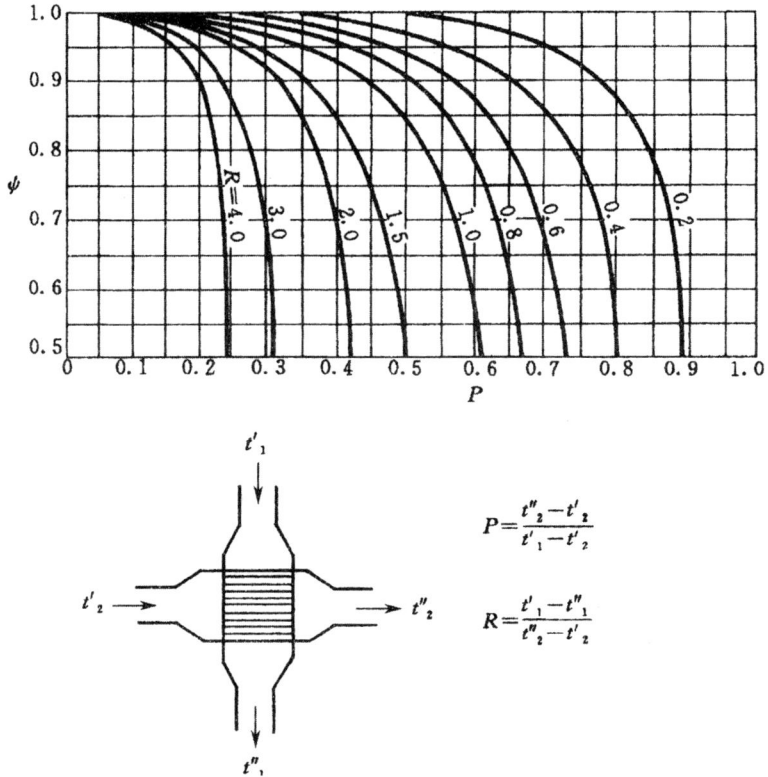

图 6-17　一次交叉流,一次流体混合、另一种不混合时的 ψ 值

对数平均温差为

$$\Delta t_{m1}=\frac{\Delta t'-\Delta t''}{\ln\dfrac{\Delta t'}{\Delta t''}}=\frac{42-35}{\ln\dfrac{42}{35}}\text{℃}=38.40\text{℃}$$

②对顺流换热器

$$\Delta t'=t'_1-t'_2=(80-25)\text{℃}=55\text{℃}$$
$$\Delta t''=t''_1-t''_2=(60-38)\text{℃}=22\text{℃}$$

③对壳管式换热器

$$P=\frac{t''_2-t'_2}{t'_1-t'_2}=\frac{38-25}{80-25}=0.236$$

$$P=\frac{t'_1-t''_1}{t''_2-t'_2}=\frac{80-60}{38-25}=1.54$$

对数平均恒温差为

$$\Delta t_{m2}=\frac{\Delta t'-\Delta t''}{\ln\dfrac{\Delta t'}{\Delta t''}}=\frac{55-22}{\ln\dfrac{55}{22}}\text{℃}=36.01\text{℃}$$

查图 6-15 得 1—2 型壳管式换热器的 ψ 值为 0.97,故得其平均值为

$$\Delta t_{m(1-2)} = \psi(\Delta t_m) = 0.97 \times 38.40℃ = 37.25℃$$

讨论:在冷热流体进、出口温度相同的条件下,以逆流换热器的对数平均温差为最大,顺流换热器的对数平均温差为最小,而其他流动形式换热器的平均温差存在于二者之间。

4. 各种流动形式的比较

(1)顺流和逆流的比较

在换热器的各种流动形式中,顺流和逆流可以看作是两种极端情况。与顺流相比,以下优点是逆流所具备的:

①在相同的进、出口温度条件下,逆流的对数平均温差 Δt_m 比顺流的大。也就是说,在同样的传热量下,传热面积可因逆流布置而得以减少,使换热器的尺寸更为紧凑。

②顺流时冷流体的出口温度 t_2'' 总是小于热流体的出口温度 t_1'',而逆流时 t_2'' 却可能大于 t_1''。

③逆流时传热面两边的温差较均匀,也就是传热面热负荷较均匀,但顺流时传热面热负荷不均匀。

逆流也存在着缺点,由于热流体和冷流体的最高温度 t' 和 t_2'' 都集中在换热器的同一端,使该处的壁温特别高。对于高温换热器来说,这是应该注意避免的。

(2)其他情况的比较

①其他各种流动形式的复杂流可以看作是介于顺流和逆流之间的情况。其温差修正系数 ψ 值总是小于 1,所讨论的流动形式在给定工况下接近逆流的程度可通过 ψ 值的大小得以很好地体现。通常要求 $\psi > 0.9$。

②在蒸发器或冷凝器中,冷、热流体之一要发生相变。相变时,若忽略相变流体压力的沿程变化,则流体在整个传热面上保持其饱和温度,顺流和逆流在此类换热器中也就没有任何意义了,如图 6-18 所示。

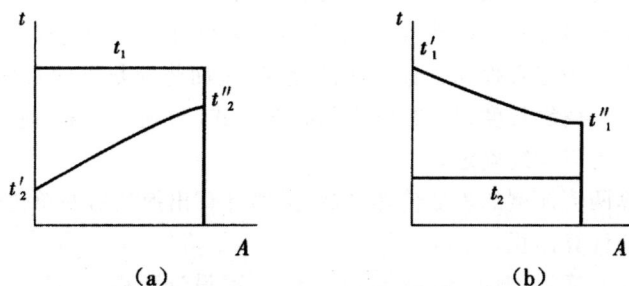

图 6-18　相变时的温度变化

③工程上常见的蛇形管束,如图 6-11(e)、(f)所示,只要管束的曲折次数超过 4 次,作为纯顺流或逆流来处理是没有任何问题的。

6.5 换热器的传热计算

6.5.1 平均温差法

1. 热计算的类型

关于换热器传热性能方面的计算即为换热器的热计算,分为设计计算和校核计算两种类型。设计计算是根据生产任务给出的设计要求和参数,设计一个换热器,确定换热器的类型和所需要的传热面积,一般是给定两流体的流量和两流体进、出口温度中的 3 个。校核计算则是针对已有或已选定面积的换热器,在非设计工况条件下核算其是否能完成预定的换热任务,一般是给出换热器的结构(换热面积)、类型、两流体的流量和进口温度,需要核算流体的出口温度及传热量。换热器的热计算有平均温差法和效能与传热单元数法两种,本节介绍平均温差法。

2. 平均温差法

采用平均温差法进行换热器的热计算,是直接利用传热方程式、热平衡方程式,对数平均温差计算式进行计算的方法。下面就设计计算和校核计算分别采用平均温差法来进行计算。

(1)设计计算

①未知的流体温度和传热量可由热平衡方程计算出来。

②确定换热器的类型。

③计算换热器的平均温差。

④根据手册选取总传热系数。

⑤利用传热方程式计算换热器初选面积。

⑥根据初步计算的换热器面积,进行工艺设计。以管壳式换热器为例,首先根据手册确定管程和壳程工质的流速,进而将换热器的具体形式和尺寸(如圆管的直径、长度、根数、管束的布置方式等)确定下来,使当前换热器的设计面积得以最终确定。

⑦计算两流体侧的表面传热系数,进而计算出换热器的总传热系数,以及换热器的计算面积。

⑧比较⑥和⑦中的换热器面积,一般要求$\dfrac{设计面积}{计算面积} = 1.15 \sim 1.25$ 即符

合要求,则计算终止,否则重新进行④～⑦的计算。

在实际工程问题中,若工质的种类及参数均属于标准范围,通常是直接按标准选择通用规格的换热器;此外,在换热器热计算结束后,再进行流动阻力计算也是有必要的,若阻力过大,也需要重新进行工艺设计。

表 6-1 所示为管壳式换热器中常见流体流速的推荐范围。

表 6-1　管壳式换热器中常用流速的范围

介质	新鲜水	循环水	低黏度油	高黏度油	气体
管程流速(m/s)	0.8～1.5	1.0～2.0	0.8～1.8	0.5～1.5	5～30
壳程流速(m/s)	0.5～1.5	0.5～1.5	0.4～1.0	0.3～0.8	2～15

(2)校核计算

在校核计算中,冷、热流体的进、出口温度中,一般仅知道两个。因此,通常试算法使用得比较多,先假定某一未知的温度,最后再进行校验,具体步骤如下:

①假定某一未知的流体温度,另一个未知的流体出口温度和换热量 Φ' 可在热平衡方程的基础上计算出来。

②根据两流体进、出口温度和换热器的类型,两流体侧的表面传热系数及换热器的总传热系得以计算出来。

③计算换热器的对数平均温差。

④根据传热方程式计算换热器的传热量 Φ''。

⑤由于 Φ' 的计算是在假定的某一未知流体温度上进行的,在此需比较 Φ' 和 Φ''。一般来说,两者总是不相等的,如果误差不超过一定的范围(一般不超过±5%,更高要求的设备不超过±2%),则认为①中假设的温度与实际相符,计算结束。如果误差超过要求,则需要重新假定流体出口温度,回到①重新计算。

【例 6-4】　要设计一台采用逆流布置的管壳式水—水换热器,要求的条件是:管内为热水,进、出口温度分别为 $t'=100℃$ 和 $t''_2=80℃$,热水的流量为 4.159kg/s;管外为冷水,进、出口温度分别为 $t'_2=20℃$ 和 $t''_2=70℃$。若换热器的管束采用的是内径为 16mm、壁厚为 1mm 的钢管,管子的总数为 53 根,单管程布置,假设管子内、外清洁,且换热器的总传热系数为 $964W/(m^2·K)$,计算每根管子的长度。

分析:该问题虽属于设计计算,但是换热器布置的基本形式及总传热系数已经在问题中给出了,因此只需计算换热器的总换热量和平均温差,换热器面积的确定即可利用传热方程式来给出,从而计算出每根管子的长度。

解 管内的热水平均温度为$(100+80)/2=90℃$,在此温度下,其比热容为$4208J/(kg \cdot K)$,换热器的换热量可由热流体的放热计算,即

$$\Phi = M_1 c_1 (t_1' - t_1'') = 4.159 \times 4208 \times (100-80) = 350021W$$

可知换热器的对数平均温差为

$$\Delta t_m = \frac{\Delta t_{max} - \Delta t_{min}}{\ln \dfrac{\Delta t_{max}}{\Delta t_{min}}} = \frac{60-30}{\ln \dfrac{60}{30}} = 43.3℃$$

换热器的面积为

$$A = \frac{\Phi}{k \Delta t_m} = \frac{350021}{964 \times 43.3} = 8.38m^2$$

每根管子的长度为

$$l = \frac{A}{n \pi d_o} = \frac{8.30}{53 \times 3.14 \times 0.018} = 2.79m$$

讨论:该例题中,换热器布置的基本形式及总传热系数已经给出,而实际的设计中,则需要根据设计计算步骤中的⑥和⑦进行计算,请读者根据题目中的已知条件进一步计算管内的表面传热系数、管外的表面传热系数及总传热系数。

【例 6-5】 一台 1-2 型管壳式换热器用水来冷却润滑油。冷却水在管内流动,$t_2' = 30℃$,流量为 $1.2kg/s$;热润滑油的入口温度 $t_1' = 120℃$,流量为 $2kg/s$,其比热容取 $c_1 = 2100J/(kg \cdot K)$。已知换热器总传热系数 $k = 275W/(m^2 \cdot K)$,传热面积 $A = 20m^2$。试将该换热器中润滑油和冷却水的出口温度计算出来。

分析:该问题属于换热器的校核计算,并且给定了换热器的总传热系数,在此采用对数平均温差法进行计算,且其中的步骤②可以省略。

解 ①假定冷却水的出口温度为 $60℃$,则冷却水的平均温度为 $45℃$,在此温度下其比热为 $c_2 = 4174J/(kg \cdot K)$。

冷却水吸收的热量为

$$\Phi' = M_2 c_2 (t_2'' - t_2') = 1.2 \times 4174 \times (60-30) = 150264W$$

利用热平衡方程式可计算出润滑油的出口温度为

$$t_1'' = t_1' - \frac{\Phi'}{M_1 c_1} = 120 - \frac{150264}{2 \times 2100} = 84.2℃$$

先按逆流布置计算其对数平均温差,换热器的端差分别为

$$\Delta t' = t_1' - t_2'' = 120 - 60 = 60℃ , \Delta t'' = t_1'' - t_2' = 84.2 - 30 = 54.2℃$$

其逆流时的对数平均温差为

$$\Delta t_m = \frac{\Delta t_{max} - \Delta t_{min}}{\ln \dfrac{\Delta t_{max}}{\Delta t_{min}}} = \frac{60-54.2}{\ln \dfrac{60}{54.2}} = 57℃$$

两个无量纲参数为

$$P = \frac{t'_2 - t''_2}{t'_1 - t''_2} = \frac{60 - 30}{120 - 30} = 0.33, R = \frac{t'_1 - t''_1}{t''_2 - t'_2} = \frac{294800 - 150264}{150264} \times 100\% = 96.2\%$$

其温差修正系数为 $\psi = 0.94$。

则其对数平均温差为

$$\Delta t_m = \psi(\Delta t_m) = 0.94 \times 57 = 53.6 ℃$$

由传热方程式计算换热器的换热量为

$$\Phi'' = Ak\Delta t_m = 20 \times 275 \times 53.6 = 294800 \text{W}$$

比较 Φ' 和 Φ''，其相对误差为

$$\delta = \frac{\Phi'' - \Phi'}{\Phi'} \times 100\% = \frac{294800 - 150264}{150264} \times 100\% = 96.2\%$$

误差太大，也说明初始假定的冷却水出口温度还需要做相关调整，由于 Φ' 远小于 Φ''，因此应提高冷却水出口温度。第二次假定冷却水的出口温度为 $70℃$，重复上面的计算，得润滑油的出口温度为 $72.3℃$，换热量误差为 3.5%，基本符合要求，计算结束。

讨论：该例题中换热器的总传热系数也是已知的，并固定不变。实际上，若流体温度发生改变，两侧的表面传热系数会因流体的物性而受到影响，但若流体温度改变不大，则其对总传热系数的影响也不会太大。

6.5.2　效能—传热单元数法

1. 三个重要参数

（1）换热器效能 ε

换热器效能 ε（又称传热有效度）的定义是换热器中实际的传热量 Φ 与最大可能的传热量 Φ_{max} 之比。所谓最大可能的传热量是指换热器中可能发生的最大温度降（即热流体和冷流体的进口温度之差）下的传热量。因为只有热容量 Mc 较小的流体才可能有最大温差，所以 $\Phi_{max} = (Mc)_{min}(t'_1 - t'_2)$。而实际的传热量无论是按热流体计算还是按冷流体计算均可，通常按热容量较小的那种流体来计算。因此，换热器效能 ε 可表示为

$$\varepsilon = \frac{\Phi}{\Phi_{max}} = \frac{(Mc)_{min}|t' - t''|_{max}}{(Mc)_{min}(t'_1 - t'_2)} = \frac{|t' - t''|_{max}}{(t'_1 - t'_2)} \tag{6-42}$$

显然，上式分子 $|t' - t''|_{max}$ 代表了冷流体或热流体在换热器中的实际温度差值中的较大者，如果冷流体的温度变化大，则 $|t' - t''|_{max} = t''_2 - t'_2$，反之则有 $|t' - t''|_{max} = t'_1 - t''_1$。当已知 ε 后，就可以根据两种流体的进口温度来确定换热器的实际传热量 Φ 了。

$$\Phi = (Mc)_{min}|t' - t''|_{max} = \varepsilon(Mc)_{min}(t'_1 - t'_2) \tag{6-43}$$

（2）传热单元数 NTU

传热单元数 NTU 是 KA 和两种流体中较小的热容量 $(Mc)_{min}$ 的比值，即

$$NTU = \frac{KA}{(Mc)_{min}} \tag{6-44}$$

NTU 是换热器设计中的一个无量纲参数，它所包括的 K 和 A 两个量分别反映了换热器的运行费用和初期投资，所以是一个反映换热器综合经济技术性能的指标。NTU 表征了换热器换热能力的大小。

（3）热容比 C

热容比 C 定义为两种流体的较小热容量 $(Mc)_{min}$ 和较大热容量 $(Mc)_{max}$ 之比，即

$$C = \frac{(Mc)_{min}}{(Mc)_{max}} \tag{6-45}$$

2. 参数 ε、NTU 和 C 之间的函数关系

换热器效能 ε 与传热单元数 NTU、热容比 C 密切相关，通过推导它们之间的函数关系式即可有效得出。表 6-2 列出了各种流动形式的换热器的 $\varepsilon = f(C, NTU)$ 函数关系式。在应用表 6-2 时，有几种特殊情况需加以讨论。

表 6-2 换热器有效度关系式

换热器类型		$\varepsilon = f(C, NTU)$
套管式	顺流	$\varepsilon = \dfrac{1 - \exp[-NTU(1+C)]}{1+C}$
	逆流	$\varepsilon = \dfrac{1 - \exp[-NTU(1-C)]}{1 - C\exp[-NTU(1-C)]}$
壳管式 $1-2$、$1-4$、$1-6$ 型		$\varepsilon = 2\left\{ 1 + C + (1+C^2)^{1/2} \dfrac{1+\exp[-NTU(1+C^2)^{\frac{1}{2}}]}{1-\exp[-NTU(1+C^2)^{1/2}]} \right\}^{-1}$
叉流式	两种流体不混合	$\varepsilon = 1 - \exp\left[\dfrac{\exp(-NTU \cdot C \cdot n) - 1}{C \cdot n}\right]$ 式中 $n = NTU^{-0.22}$
	两种流体混合	$\varepsilon = \left[\dfrac{1}{1-\exp(-NTU)} + \dfrac{C}{1-\exp(-NTU \cdot C)} - \dfrac{1}{NTU}\right]^{-1}$
	$(Mc)_{max}$ 混合 $(Mc)_{min}$ 不混合	$\varepsilon = \left(\dfrac{1}{C}\right)\{1 - \exp[-C(1-e^{NTU})]\}$
	$(Mc)_{max}$ 不混合 $(Mc)_{min}$ 混合	$\varepsilon = 1 - \exp\left\{-\left(\dfrac{1}{C}\right)[1-\exp(-NTU \cdot C)]\right\}$

①在顺流和逆流的换热器中,当流体之一发生相变时,例如蒸汽凝结或液体沸腾,发生相变的流体温度保持不变,这相当于该流体的热容量 Mc 为无限大,此时热容比 $C \to 0$。另外,在柴油机增压器后的中冷器中,通常是冷却水的热容量要比增压空气的热容量大得多,在这种情况下,热容比同样有 $C \to 0$。上述两种情形的 ε 计算式将变为相同的形式

$$\varepsilon = 1 - \exp(-NTU) \tag{6-46}$$

②逆流时,如果两种流体的热容量几乎相等,则 $C \to 1$。此时两种流体的温差 Δt 在整个换热器中始终保持定值,因此 $\varepsilon = \dfrac{0}{0}$ 成为不定式。在这种情况下,逆流换热器的有效度即可被有效推导出来

$$\varepsilon = \frac{NTU}{NTU+1} \tag{6-47}$$

③顺流时,如果两种流体的热容量相等,同样有 $C \to 1$。此时顺流换热器的 ε 成为

$$\varepsilon = \frac{1 - \exp(-2NTU)}{2} \tag{6-48}$$

在工程中为了便于使用,已将表 6-2 的函数关系式绘制成图线。作为示例,图 6-19～图 6-23 给出了几种流动形式的 $\varepsilon - NTU$ 图。对于其他流动形式,$\varepsilon - NTU$ 的计算式及关系图可参阅有关文献。

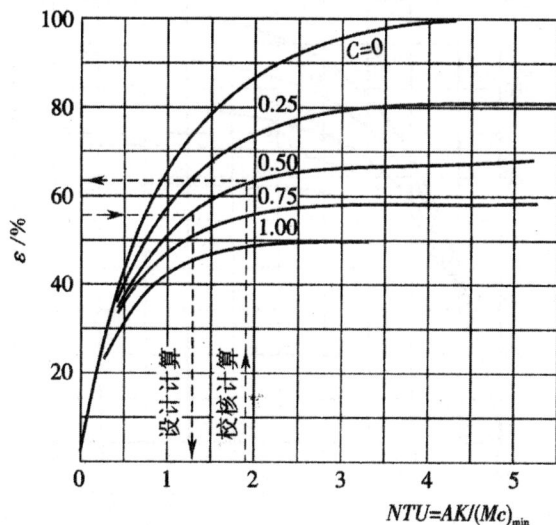

图 6-19　顺流的 $\varepsilon - NTU$ 关系

3. $\varepsilon - NTU$ 法

在换热器的热计算中会用到 $\varepsilon - NTU$ 法,是根据 $\varepsilon = f(C, NTU)$ 的函

数关系,由 C 和 NTU 求出,再通过式(6-43)消去未知的流体温度,而这些未知的流体温度在采用平均温差法计算时,是需要通过试算法求得的。显然,$\varepsilon - NTU$ 法用于校核计算比较方便。采用 $\varepsilon - NTU$ 法对换热器进行校核计算的具体步骤如下:

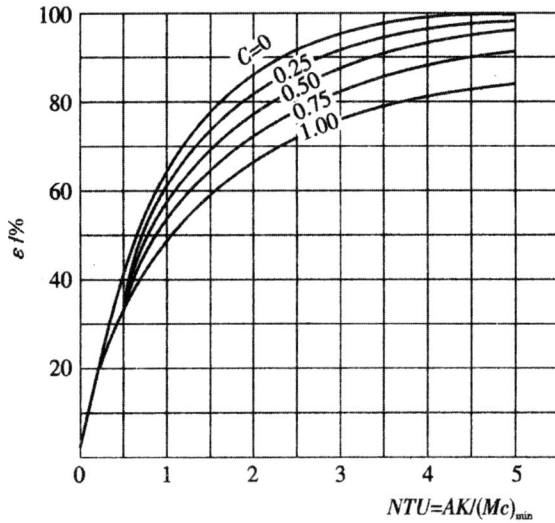

图 6-20　逆流的 $\varepsilon - NTU$ 关系

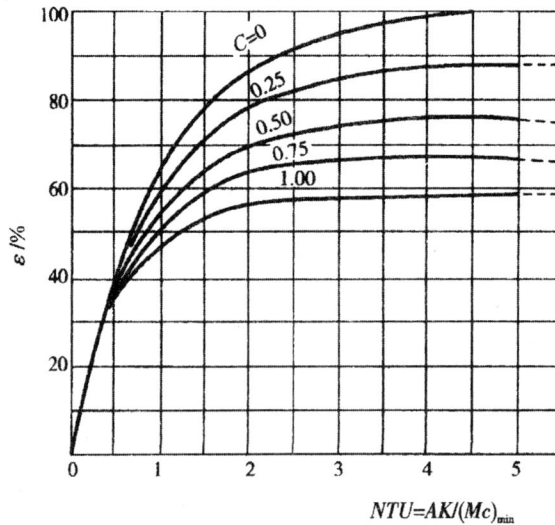

图 6-21　单壳体,2、4、6 等管理的 $\varepsilon - NTU$ 关系

①传热系数 K 的计算可根据换热器的具体工况计算出来,其中主要是计算冷热流体对壁面的表面传热系数。

②根据已知的传热面积 A、热容量 $M_1 c_1$ 和 $M_2 c_2$ 以及求得的 K 值,可

将传热单元数 NTU 和热容比 C 计算出来。

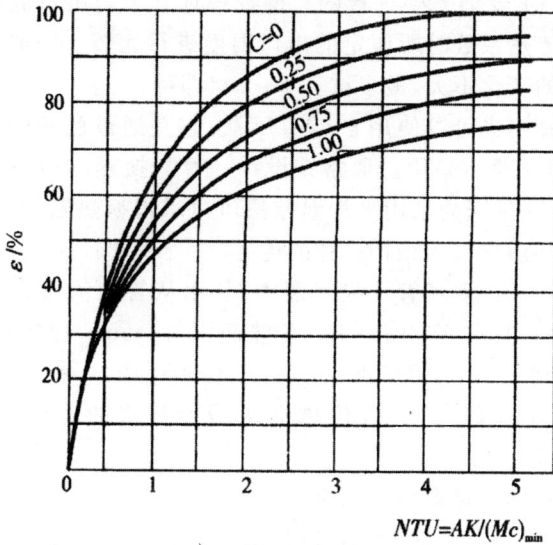

图 6-22　流体不混合的一次交叉流的 $\varepsilon-NTU$ 关系

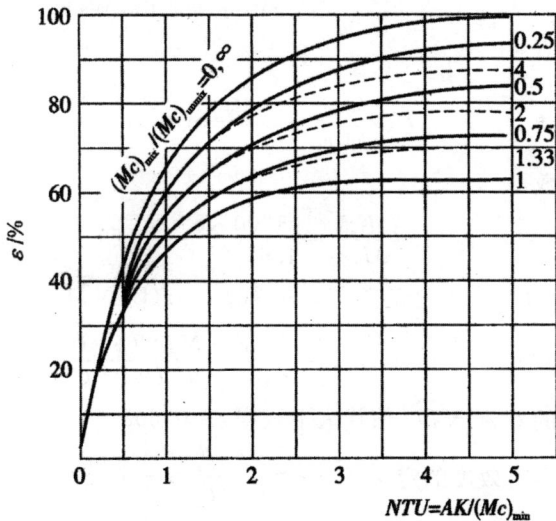

图 6-23　一种流体混合的一次交叉流的 $\varepsilon-NTU$ 关系

③根据换热器的流动形式及 NTU、C 的数值，由 $\varepsilon=f(C,NTU)$ 函数关系式将 ε 值计算出来，或从图线中查出 ε 值。

④由式(6-43)，即 $\Phi=\varepsilon(Mc)_{min}(t'_1-t'_2)$ 算出传热量 Φ。

⑤利用热平衡方程式确定冷热流体的出口温度 t''_2 和 t''_1。

应用 $\varepsilon-NTU$ 法进行校核计算虽然不需要试算，但在计算传热系数 K

时,由于涉及冷热流体对壁面的表面换热系数的确定,先假定流体的出口温度 t_1'' 和 t_2'' 这一步骤仍需要进行的。待校核计算求得出口温度后,还应与起初计算表面传热系数时所假定的出口温度进行比较。一般说来,表面换热系数随温度的变化不大,最多试算 1~2 次即可。

在设计计算中也可以使用 $\varepsilon - NTU$ 法,它是通过已知的 ε 求出 NTU(见图 6-20),但一般不采用。通常在设计计算新换热器时,都是用平均温差法来计算的,这是因为采用平均温差法可以求得换热器的温差修正系数 ψ,从而可间接知道换热器结构设计的优劣。

【例 6-6】 $1-2$ 型壳管式换热器中,热水从管内流过,冷水在管外流过,传热系数 $K=1200\text{W}/(\text{m}^2 \cdot \text{K})$,传热面积 $A=5\text{m}^2$,冷热水的质量流量和进口温度分别为 $M_2=8000\text{kg/h}$,$M_1=4000\text{kg/h}$,$t_2'=20℃$,$t_1'=90℃$。试求冷热水出口温度 t_2''、t_1'' 及传热量 Φ 设冷热水的比热容为 $c_1=c_2=4.186\text{kJ}/(\text{kg} \cdot \text{K})$。

解 冷热流体的热容量分别为

$$M_2 c_2 = \frac{8000 \times 4.186}{3600}\text{kW/K} = 9.30\text{kW/K}$$

$$M_1 c_1 = \frac{4000 \times 4.186}{3600}\text{kW/K} = 4.65\text{kW/K}$$

热容比

$$C = \frac{M_1 c_1}{M_2 c_2} = \frac{4.65}{9.30} = 0.5$$

传热单元数

$$NTU = \frac{KA}{M_1 c_1} = \frac{1200 \times 5}{4.65 \times 10^3} = 1.29$$

由表 6-2 查得 $1-2$ 型壳管式换热器的 $\varepsilon = f(C, NTU)$ 的表达式

$$\varepsilon = 2\left\{1 + C + (1+C^2)^{1/2} \frac{1+\exp[-NTU(1+C^2)^{\frac{1}{2}}]}{1-\exp[-NTU(1+C^2)^{1/2}]}\right\}^{-1}$$

将已求得的 C 和 NTU 值代入上式得 $\varepsilon = 0.603$

根据换热器有效度的定义式有 $\varepsilon = \dfrac{t_1' - t_1''}{t_1' - t_2'} = \dfrac{90 - t_1''}{90 - 20} = 0.603$

故得热流体的出口温度 $t_1'' = [90 - 0.603 \times (90-20)]℃ = 47.8℃$

由热容比的定义式得 $C = \dfrac{M_1 c_1}{M_2 c_2} = \dfrac{t_2'' - t_2'}{t_1' - t_1''} = 0.5$。

所以有冷流体的出口温度 $t_2'' = t_2' + 0.5(t_1' - t_1'')$

$$= [20 + 0.5 \times (90 - 47.8)]℃ = 41.1℃。$$

讨论:

①本题的换热器有效度 ε 是根据 $\varepsilon = f(C, NTU)$ 解析式计算出来的,该

计算的结果比较准确,但实现起来比较麻烦。ε 也可以查图 6-22 得到,此法简单方便,但准确度相比前一算法稍差一些。

②本题如用平均温差法计算,要先假定一个出口温度进行试算,逐步修正,显然计算过程相比前者要复杂得多。

6.5.3　换热器的污垢热阻

运行一段时间后,换热器在传热面上往往会积起水垢、污泥、油污和烟灰之类的覆盖物垢层,有时还因为传热面与流体的相互作用发生腐蚀而形成覆盖物垢层。这种情况称为表面积垢。积垢的表面由于覆盖物垢层的存在,会产生附加的热阻(称为污垢热阻),降低传热量,使换热器的性能变坏。由于测定积垢层的厚度和热导率难度较大,故污垢热阻很难用计算的方法确定,一般用实验的方法求得。当壳管式换热器传热管道的内、外表面存有积垢时,管壁的单位外表面积的总热阻将为

$$\frac{1}{K}=\frac{1}{h_1}\frac{A_2}{A_1}+r_{f1}+\frac{\Delta r A_2}{\lambda A_m}+\frac{1}{h_2}+r_{f2} \tag{6-49}$$

式中,r_{f1} 和 r_{f2} 为管道内、外表面的单位面积污垢热阻,通常称为污垢系数。某些工作流体污垢系数的参考数据如表 6-3 所示。

表 6-3　换热器中某些流体的污垢系数 r_f　[单位:$(m^2 \cdot K)/W$]

(a)水				
热流体温度/℃	＜115		＞115	
水/℃	＜50		＞50	
水速/(m/s)	1	1	1	1
海水	0.0001	0.0001	0.0002	0.0002
硬度不高的自来水和井水	0.0002	0.0002	0.0004	0.0004
河水	0.0004~0.0006	0.0002~0.0004	0.0006~0.0007	0.0004~0.0006
硬水(＞275g/m³)	0.0006	0.0006	0.001	0.001
锅炉给水	0.0002	0.0001	0.0002	0.0002
蒸馏水	0.0001	0.0001	0.0001	0.0001
经处理的冷水塔或喷水池中的水	0.0002	0.0002	0.0004	0.0004
未经处理的冷水塔或喷水池中的水	0.0006	0.0006	0.001	0.0008
多泥沙的水	0.0006	0.0004	0.0008	0.0006

续表

(b)其他流体			
液体		蒸汽和气体	
		有机蒸汽	0.0002
		水蒸气(不含油)	0.0001
燃料油	0.001	水蒸气废气(含油)	0.0002
润滑油、变压器油	0.0002	制冷剂蒸汽(含油)	0.0004
淬火油	0.0008	压缩空气	0.0004
有机物	0.0002	燃气、焦炉气	0.002
制冷剂液	0.0002	天然气	0.002
盐水	0.0004	烧煤粉的烟气	0.005～0.009
石油制品	0.0002～0.001	烧天然气的烟气	0.003
		烧油的烟气	0.007

第 7 章　传热应用

传热技术广泛应用于科学技术和工程领域中。本章包括新型空冷传热技术、高温燃气与涡轮叶片的换热、航空发动机热端部件典型强化冷却方式、强化传热技术在锅炉设备中的应用等专题。

7.1　新型空冷传热技术

汽车散热器、空调机和冰箱制冷介质冷却器都是用空气来冷却。管内水或制冷介质的对流传热系数都比管外空气对流传热系数大得多,其总传热过程的主要热阻在空气侧。汽车散热器空气侧热阻常占总热阻的80%,甚至更多。要强化这些传热过程主要是设法降低空气侧的热阻,最有效且最经济的方法是在空气侧加肋片。人们从简单的直肋和环肋开始,并一直致力于研制新型肋片或鳍片构成的新型空冷强化传热元件。目前,常用的有以下几种(图7-1)。

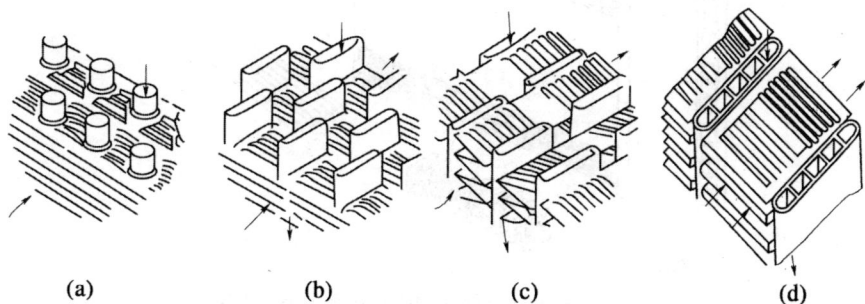

(a)　　　　　　　(b)　　　　　　　(c)　　　　　　　(d)

图 7-1　几种新型空冷传热元件

图7-1(a)为圆管板肋型元件,肋片与圆管相连并互连成一完整的板肋。为提高表面对流传热系数,板肋冲成百叶窗。图7-1(b)为扁平管板肋型元件,肋片与扁平管相连并互连成一完整的板肋,可提高管内对流传热系数。图7-1(c)为扁平管带型元件,管带便于大量生产,肋间距易于调整,强化传热效果比管板型有较大的提高,是目前汽车中广泛采用的形式。图7-1(d)为扁平管百叶窗型元件,情况与扁平管带型元件相差不多,但扁平管中加隔板进一步强化管内对流传热并增加了管的抗压强度。

这些新型传热元件的特点可以概括为以下几点。

①在空气侧用肋片来减小空气侧热阻而强化传热。

②管道制成扁平管减小了管内当量直径,强化了管内对流传热。

③肋片冲成百叶窗,使空气冲刷肋片的长度减小,边界层厚度变薄,肋片表面平均对流传热系数增加。

在空气调节器中,空气与换热面之间的热量交换有 90% 是在肋片上进行的,管子外表面主要将肋片传来的热量通过传导传给制冷剂。因此,要强化空气调节器中的传热,主要应改进肋片的形状及结构尺寸。例如,可以通过改变肋片节距、采用短肋以减小空气边界层的平均厚度、采用部分肋片弯折以扰动空气流等方法来强化传热。

如图 7-2 所示为一种汽车空调设备中凝结器的结构,制冷剂由管式集箱分配到各个插有波形肋片的平板形通道。每一层制冷剂通道对应一层由波形肋片构成的空气通道。由于采用了扩展受热面强化传热技术,有效地缩小了凝结器的外形尺寸。

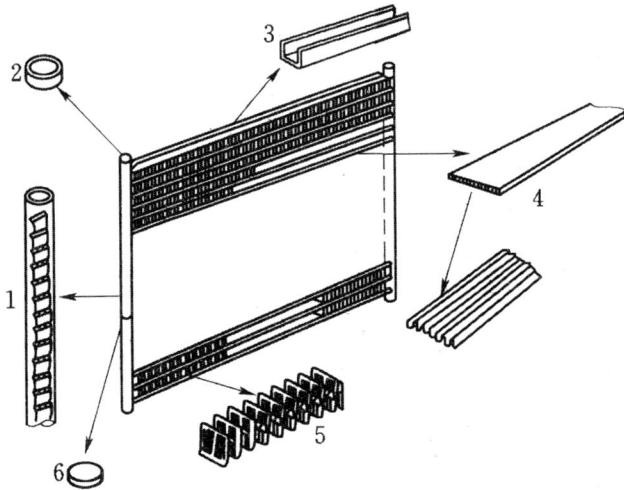

图 7-2 采用波形肋片的平行板肋凝结器结构
1—管式集箱;2—端盖;3—侧支板;4—插入波形肋片;5—波形肋片;6—隔板

如图 7-3 所示为一种具有 U 形通道的汽车空调蒸发器结构。这种蒸发器也是采用多种肋片来进行强化传热。其进口工质为制冷剂的汽液混合物,经空气加热后全部蒸发形成气态制冷剂再流出。在制冷剂通道中布置有对角线肋片和中间分隔肋片,在空气通道中设置波形肋片,这样就构成了一个结构紧凑的蒸发器。

随着冷却技术的进展,为了使冷却叶片效果更好、叶片壁温分布更均匀,一方面研究冷却空气的合理分配;另一方面设法在叶片局部地区加强冷却。如图 7-4 所示为叶片进气边采用撞击冷却、出气边采用局部气膜冷却的静叶结构。由图可见,在燃气轮机的空心静叶片中加装一个导流芯,导流芯上开有许多小孔。冷却空气自叶片顶部进入导流芯后,从导流芯小孔流出,撞击叶片进气边内壁进行冷却。由于气流撞击作用,使叶片温度最高处的换热系数显著增高,冷却效果增强。然后,冷却空气沿图示箭头方向在叶片内壁和导流芯外壁之间的间隙通道中做横向流动,进行对流冷却换热。最后,冷却空气在叶片出气孔流出,在叶片出气边外壁上形成一层冷却气膜。

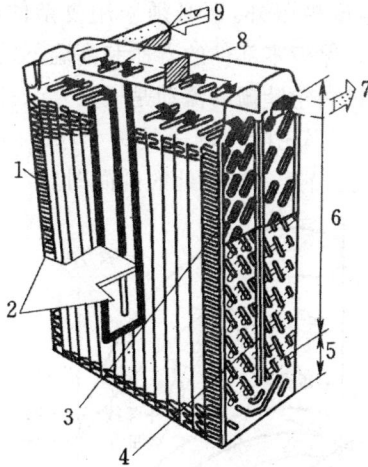

图 7-3　具有 U 形通道的蒸发器结构

1—波形肋片;2—空气;3—对角线肋片;4—中间分隔肋片;5—U 形弯头;
6—直段;7—制冷剂蒸气出口;8—隔板;9—制冷剂的汽液混合物入口

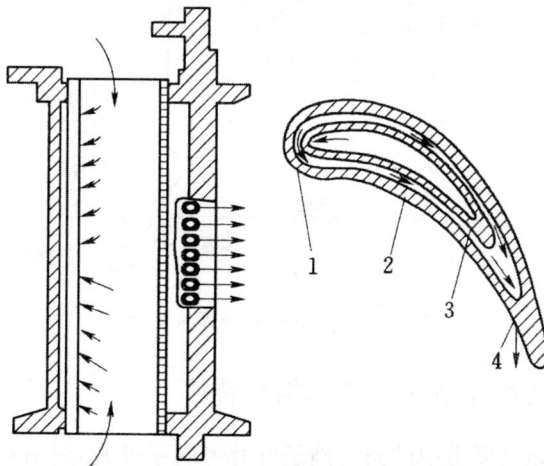

图 7-4　带撞击和气膜冷却的静叶结构

1—撞击冷却;2—对流冷却;3—导流芯;4—气膜冷却

7.2 高温燃气与涡轮叶片的换热

7.2.1 概述

现代燃气轮机设计的进口运行温度很高,远超出了当前材料的温度极限。除了提高材料的温度极限外,还必须采用复杂的冷却技术(如强化内冷、外部气膜冷却等),来保障零部件的寿命和高温下的正常运行。

在涡轮中,燃气通过涡轮叶栅的流动是极其复杂的,涡轮叶栅的几何形状也是十分复杂的。单个涡轮叶片剖面是一个弯曲的翼剖面,沿叶片高度有一定的扭转。图 7-5 为沿某一半径处的剖面图。

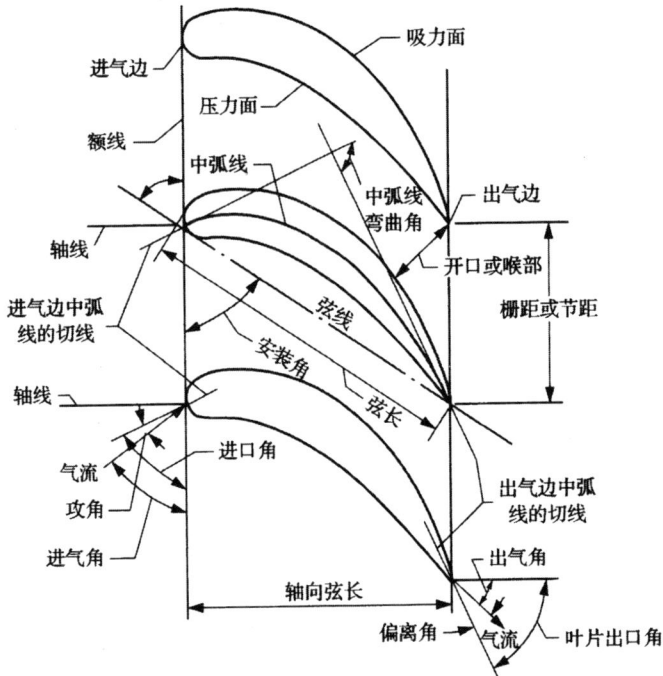

图 7-5 涡轮叶栅的剖面示意图

7.2.2 叶栅中静子叶片的换热特性

对于高温燃气通道中的涡轮静子叶片和转子叶片,只有确认下游转子的存在对上游第一级静子叶片的传热特性才不会有太大的影响,这样分别研究叶栅中静子叶片的换热和叶栅中转子叶片的换热才有实际意义。Dunn 等研究了转子对上游静子叶片斯坦顿数分布的影响。图 7-6 比较了

$T_{\mathrm{w}}/T_{\mathrm{g}}=0.53$(此处 T_{w} 是静子叶片表面温度,T_{g} 是进口自由流温度)时静子叶片上斯坦顿数随无量纲叶型弧长而变化的关系(此处 x 为从叶型驻点开始测量的沿流动方向的距离,C 为叶型弧长),图中实心圆点表示只有静子叶片的数据,空心圆点表示既有静子叶片又有转子叶片的全级数据。附加的实心方形表示的是 $\dfrac{T_{\mathrm{w}}}{T_{\mathrm{g}}}=0.21$ 且只有静子叶片的数据。可以看出,转子的存在对于静子叶片表面大部分区域的换热特性几乎不产生影响,仅在接近尾缘的很小区域的吸力面上使斯坦顿数增加 25% 左右。

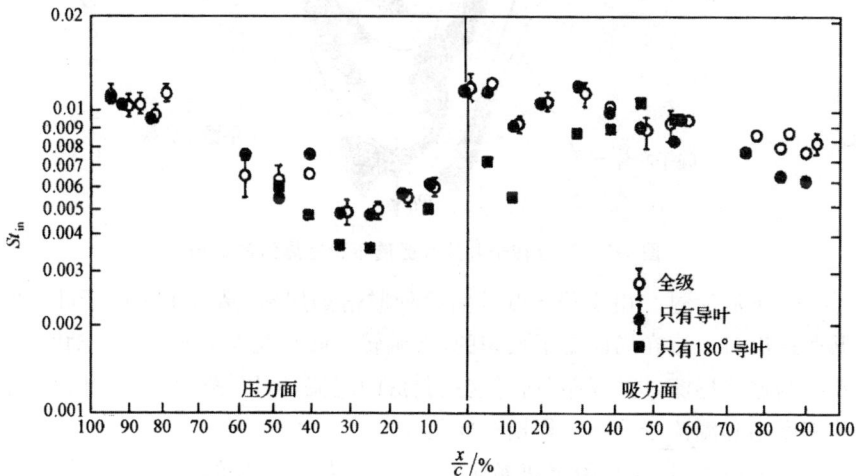

图 7-6　下游转子对上游静子叶片斯坦顿数分布的影响($T_{\mathrm{w}}/T_{\mathrm{g}}=0.53$)

在没有冷却空气注入燃气主流的情况下,影响静子叶片换热特性的主要因素有:叶型的形状、叶栅出口雷诺数和马赫数、边界层转捩特性、自由流湍流度、叶型表面曲率、叶型表面粗糙度、压力梯度、激波/边界层相互作用以及壁面-燃气温度比等。

7.2.3　叶栅中转子叶片的换热特性

燃烧室出口产生的自由流湍流度是影响静子叶片驻点区的层流换热、压力面的传热、边界层转捩以及湍流边界层传热的主要因素之一。当气流通过静子叶片通道时,由于流过静子叶片喉部时加速,使得自由流湍流强度减小。一般地,燃烧室产生的自由流湍流强度在第一级静子叶片前缘约为 15%~20%,在第一级转子叶片前缘处,湍流强度通常约为 5%~10%,因而对转子叶片传热的影响并不显著。影响转子叶片换热特性的主要因素是流动不稳定性。流动不稳定性是由于转子叶片对交替的静子叶片的相对运动产生的,图 7-7 是流经转子叶片叶栅的不稳定性尾流传播的概念图。阴影部分表示上游静子叶片引起的不稳定性区域。对于第一级转子叶片而言,Doorly 总结的不稳定性的主要原因有以下几点。

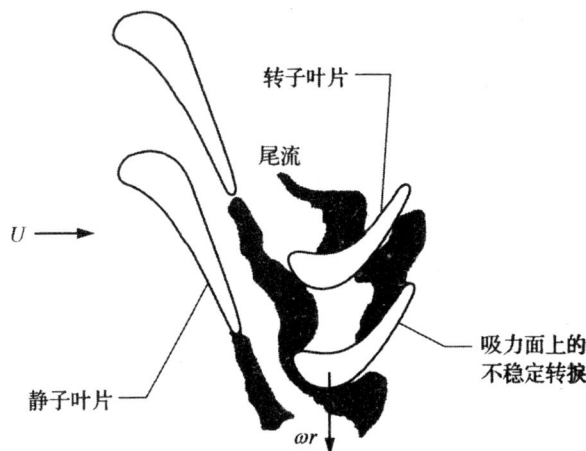

图 7-7　流经转子叶片叶栅的不稳定尾流的传播

①尾流通过。由于静子叶片后缘处脱落的尾流,造成上游静子叶片叶栅通道出口气流在周向是不均匀的,下游转子叶片相对静子叶片运动时,不断切割这些尾流,即"开路"通过这些脱落的尾流,所以尾流使转子叶片叶栅的速度场和湍流场分布呈周期性变化。

②激波通过(仅对跨声速涡轮)。跨声速静子叶片的气流产生激波,激波冲击下游转子叶片,产生另一不稳定影响。

③势流相互作用。静子叶片叶栅和转子叶片列之间的相对运动引起势流场的周期性变化。增加转子叶片列和静子叶片列的间距可以降低这类效应。

④附加的高能量湍流。通过静子叶片通道后湍流度仍然与当地气流自由流湍流度相当。

7.2.4　叶片前缘区域的换热

叶片前缘是燃气涡轮叶型最关键的传热区域,在大多数情形下叶型前缘的驻点区具有最高的热流密度。从气动设计的角度来看,要求叶型前缘具有适度小的半径以保证型线平滑过渡到叶型的其余部分。弗洛斯林(Frossling)早期研究以处于层流自由流横掠圆柱体或椭圆柱体作为驻点区的模型,迄今为止关于前缘传热的研究仍以圆柱体或椭圆形前缘的钝体作为模型,且通常定义弗洛斯林数 $Fr = Nu/Re^{1/2}$ 来关联实验数据。

影响叶型前缘换热特性的因素也较多,诸如自由流湍流度、非定常尾流、表面粗糙度以及几何形状等。

如图 7-8 所示四种前缘形状在低湍流度条件下的弗洛斯林数分布(图中 s 为离前缘驻点的表面距离,R 为前缘半径,PARC-2D 为计算结果),长轴和短轴的比值分别是 $1:1,1.5:1,2.25:1$ 和 $3:1$。各种形状前缘的弗洛斯林数分布都是典型的,强椭圆形(3:1)前缘的对流换热系数分布曲线更为尖锐。另外需要注意的是,强椭圆形前缘的驻点区对流换热系数较低。

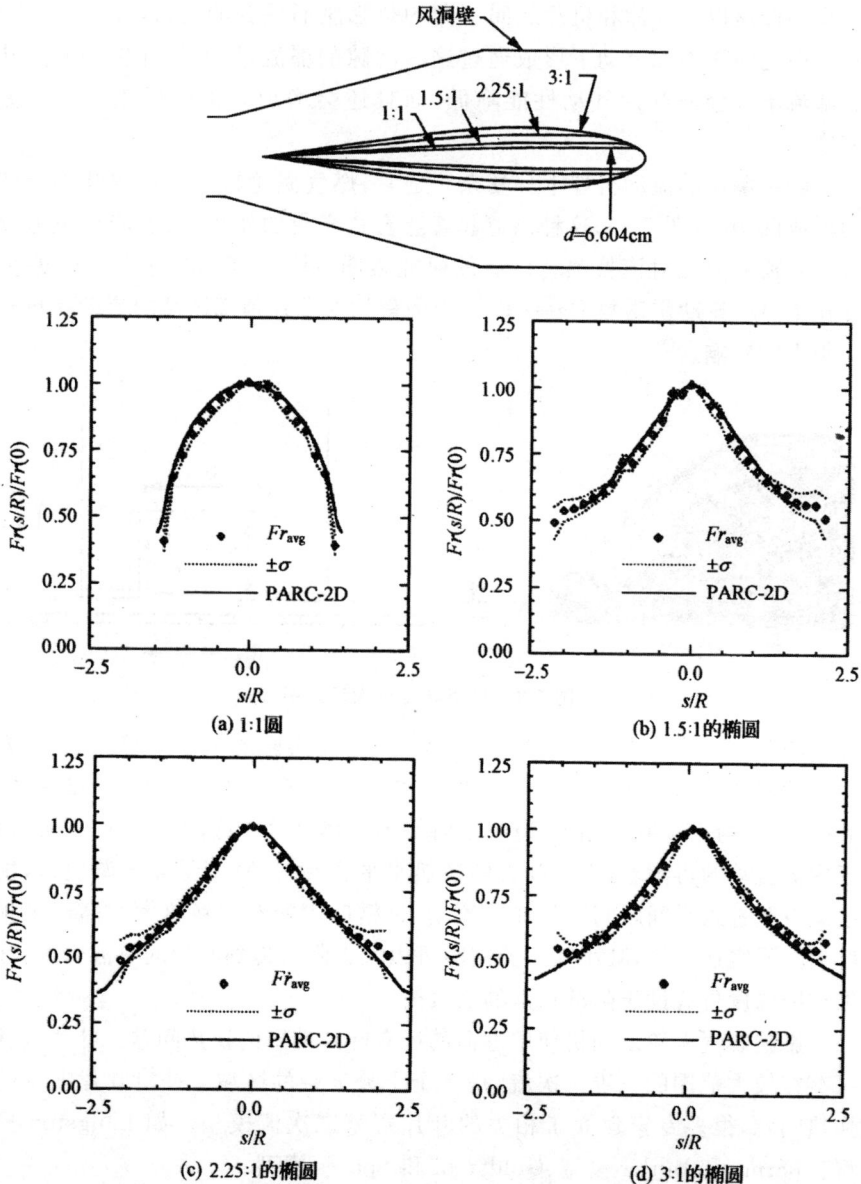

图 7-8　四种形状前缘的低湍流度下弗洛斯林数的分布

7.2.5 转子叶片叶尖的换热

转子叶片的叶尖传热问题也是影响燃气涡轮发动机使用寿命的重要问题之一。在燃气涡轮中,无叶冠的转子叶片在非常接近于静止的护环或涡轮外壳壁处旋转,叶尖间隙一般只为叶高的 1.5%,这一间隙是为适应叶片的离心伸展以及叶片和机匣之间不同的热膨胀而设置的,这样在压力面和吸力面之间压差的驱动下形成通过这一间隙的漏流,即所谓叶尖漏流。叶尖漏流不仅会使叶片气动性能降低,而且还会增加叶尖的对流换热热流密度。

叶尖漏流的流动机理十分复杂。通常,燃气涡轮转子叶片的叶尖沿弦向做成凹槽状(图 7-9),这种槽道起着迷宫式密封的作用,增加流动阻力以减少漏流并降低对流换热。已有的研究表明,叶尖间隙 C、空腔的深度-宽度比 D/W、流动雷诺数 $Re=UC/v$ 等因素均对叶片顶部区域的流动换热产生很大的影响。

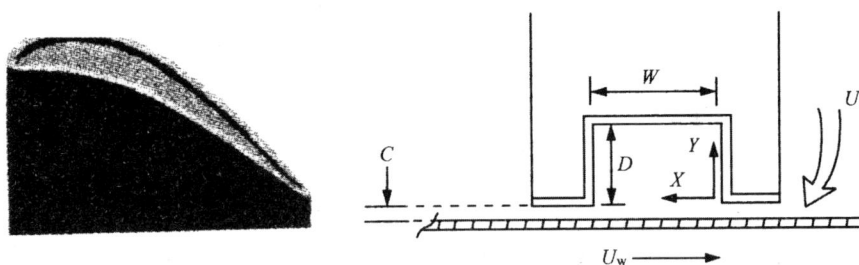

图 7-9 带槽叶尖结构示意图

图 7-10 为针对图 7-9 槽状叶尖模型所进行实验的结果,泄漏气流的方向与护板移动的方向相反。作为比较,图中标出了平顶叶片的实验结果(空心符号)。与平顶叶尖相比,空腔上游端的传热显著降低;但在空腔下游,由于内侧流动的再附着,带槽叶尖的换热水平要高些,特别是在下游边缘,由于从空腔进入小间距间隙的加速流动,带槽叶尖的对流换热大大高于平顶叶尖。研究还表明,减小间隙的间距可以大大降低传到叶尖的热流密度;增加空腔深度也有助于降低顶部的热负荷。

影响燃气涡轮发动机使用寿命的还有叶片端壁的换热问题。叶片端壁区存在较大范围的三维二次流,是一个十分复杂的区域。针对叶片端壁的换热问题,很多专家建立了相关的叶片端壁二次流模型。如 Langston 模型、Sharma 和 Butler 模型、Goldstein 和 Spores 模型。

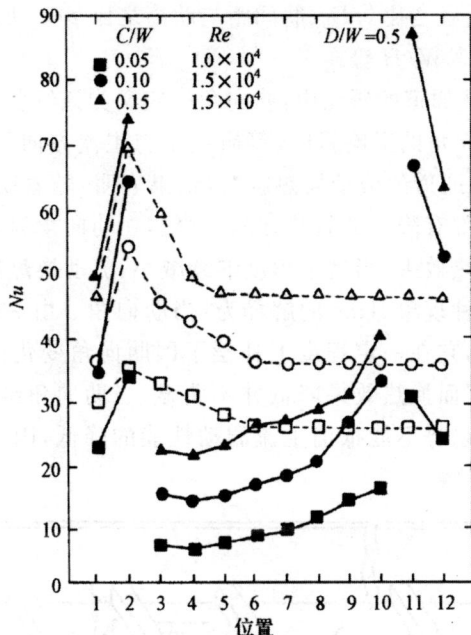

图 7-10　间隙对叶片模型顶部对流换热系数的影响

7.3　航空发动机热端部件典型强化冷却方式

　　航空燃气涡轮发动机中冷气的主要作用是担负高温零部件的隔热与冷却,同时还担负密封、防冰以及平衡发动机轴向力、调节间隙等方面的作用。因此冷气流与主燃气流形成相对独立的两个系统,通常把发动机的冷气系统称为空气系统。空气系统中各流路的压力损失与冷气流量分配将成为空气系统计算的核心。它必须保证提供各热防护环节所要求的冷气压力与流量。在发动机中,热端部件主要依靠与冷气流的对流换热来实现降温,为此必须采取各种强化换热或阻隔热燃气对热端部件加热的措施以达到冷气用量少、冷却效果佳的目的。强化换热的方式主要有冲击冷却、扰流强化换热以及设法降低冷气温度等措施;阻隔热燃气对发动机部件加热的方式主要有气膜冷却、发散冷却、隔热涂层以及辐射隔热屏等措施。

7.3.1　扰流柱/肋化通道对换热的增强

1. 肋化通道

　　已有的研究表明,影响肋化通道流动换热效果的因素主要有(图 7-11):

肋高与通道当量直径之比 e/D_h、肋间距与肋高之比 p/e、肋向角 α、肋排的排布方式、通道的宽高 W/H 等。

在连续肋肋化通道的研究中,肋向角被定义为连续肋与主流流向之间的夹角。对于肋向角的影响,Han 等研究了与主流方向呈 $90°$、$75°$、$45°$ 及 $20°$ 的矩形肋肋化通道的流动换热状况,结果表明:随着肋向角变小,阻力系数和斯坦顿数都有降低的趋势,综合比较,在肋向角为 $45°$ 左右,通道具有最佳的流动换热效果,当这个角度继续减小,流动换热特性将逐渐接近光滑管壁。对这种现象,Han 的解释为:当肋向角 α 由 $90°$ 过渡为 $45°$ 时,产生了二次流动,它在一定程度上补偿了因肋向角变化而引起的主流湍动性能的降低,因而换热效果降低并不明显;当肋向角继续减小,二次流动带来换热增强趋势不能抵消主流湍动性能的降低,因此换热效果逐渐变差。

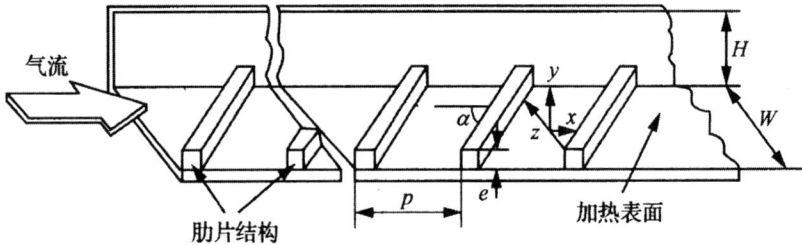

图 7-11　肋壁结构参数定义

对于肋化通道,由于周期性布置的肋引起的分离、再附着和环流使得流动甚为复杂,在这种复杂流动条件下的换热过程就更为复杂了,因而迄今还没有用来预测肋化通道表面的摩擦系数和对流换热系数的解析方法,主要依靠在宽广的肋几何参数范围内,依据相似理论得出相关的经验关联式。

Han 等研究了不同肋结构的强化传热性能,并以传热粗糙度函数 $G(e^+,Pr)$ 随粗糙雷诺数而变化的函数关系来表征肋化通道的传热性能。

粗糙雷诺数 e^+、粗糙度函数 $R(e^+)$ 和传热粗糙函数 $G(e^+,Pr)$ 分别定义为

$$e^+ = \frac{e}{D_h} Re \left(\frac{C_f}{2}\right)^{\frac{1}{2}} \tag{7-1}$$

$$R(e^+) = \left(\frac{2}{C_f}\right)^{\frac{1}{2}} + 2.5\ln\left(\frac{2e}{D_h}\frac{2W}{W+H}\right) + 2.5 \tag{7-2}$$

$$G(e^+,Pr) = R(e^+) + \frac{C_f/(2S_t)-1}{(C_f/2)^{1/2}} \tag{7-3}$$

对于大宽高比的矩形肋化通道,粗糙度函数 $R(e^+)$ 的关联式为

$$\frac{R}{(p/e/10)^{0.35}(W/H)^m}=12.3-27.07(\alpha/90)+17.86(\alpha/90)^2 \quad (7\text{-}4)$$

式中，$\alpha=90°$时，$m=0$；$\alpha<90°$时，$m=0.35$。另一个限制条件是，若$W/H>2$，则W/H的值设定为2。这一关联式适用的参数范围是：$p/e=10\sim20$，$e/D_h=0.047\sim0.078$，$\alpha=90°\sim30°$，$W/H=1\sim4$，$\mathrm{Re}=10000\sim60000$。

传热粗糙度函数$G(e^+,Pr)$的关联式为

$$G=2.24\left(\frac{W}{H}\right)^{0.1}\left(\frac{\alpha}{90}\right)^m\left[\frac{p}{\frac{e}{10}}\right]^n(e^+)^{0.28} \quad (7\text{-}5)$$

式中，对正方形截面通道，$m=0.35$，$n=0.1$；对于矩形通道，$m=n=0$。因此，在矩形通道内，肋向角α和肋间距p/e对于传热粗糙度函数的影响不显著。

肋在通道表面的排布方式也是影响流动换热的一个重要因素，图7-12中列出了六种矩形截面肋的排布方式。Rajendra通过实验研究得出以下结论（图7-13）：在肋的相对高度$e/D_h=0.05$，节距-高度比$p/e=10$的情况下，横断型、倾斜型、V-up连续型、V-down连续型、V-up离散型、V-down离散型肋化通道中得到的斯坦顿数与相同工况下光滑通道斯坦顿数之比分别为$1.65\sim1.90$、$1.87\sim2.12$、$2.02\sim2.37$、$2.10\sim2.47$、$1.93\sim2.34$、$2.02\sim2.42$，综合比较可知V-down肋型强化换热效果最佳。肋阻塞比对带肋通道强化换热性能的影响已有不少研究，大多数实验采用10%的阻塞比，而肋间距与肋高之比则为10。然而，在小型燃气涡轮发动机中，肋高可能要高得多，阻塞比可能比较大，而p/e则可能比较小。

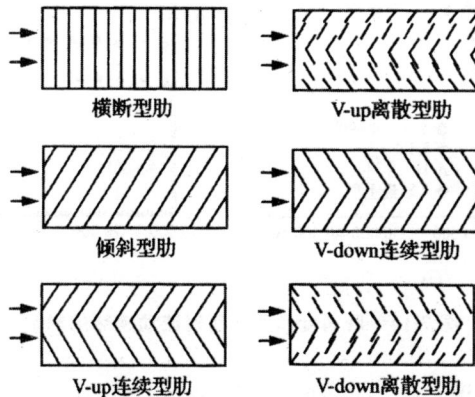

图 7-12 矩形肋的六种排布方式

图7-14(a)为肋间距对45°和90°布置的高阻塞比肋结构通道平均对流换热系数的影响，在45°取向的情况下，5倍肋高的较小肋间距具有最

高的换热系数分布;图 7-14(b)给出肋向角和肋间距对通道平均摩擦系数的影响,对于 45°斜角肋,肋间距小,摩擦系数增大,且随雷诺数的变化不太大。

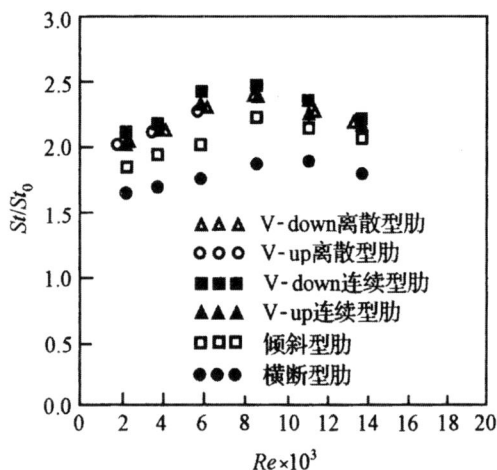

图 7-13 斯坦顿数之比随雷诺数的变化

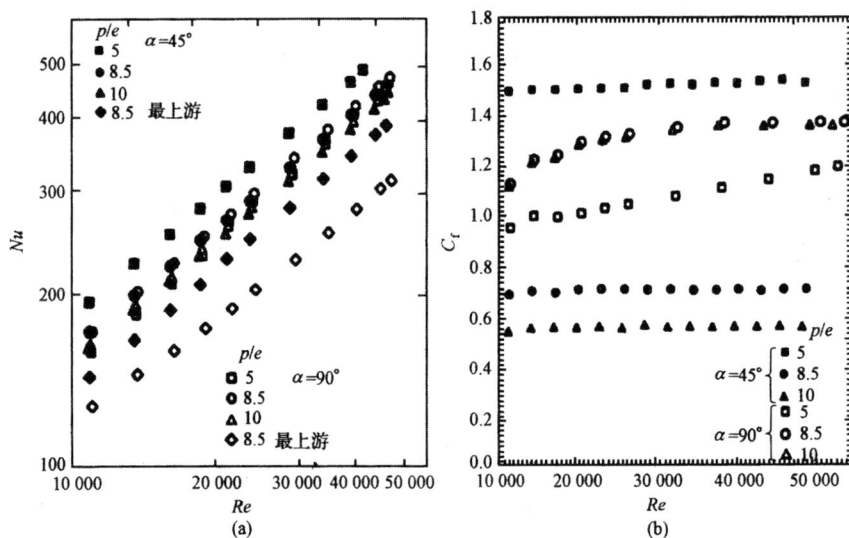

图 7-14 肋角度和肋间距对流动换热的影响

2. 扰流柱通道

在涡轮叶片尾缘,常采用多排扰流柱冷却结构。由于扰流柱的高度与直径之比一般较小,因此与外掠管束的换热相比,仍有很大差异。大量的研究表明,采用扰流柱可以使总的传热强化 3～5 倍,与此同时,流动阻力也增加若干倍。强化传热的效果与流动阻力的增加与扰流柱的结构参数以及流动参数等因素密切相关。

　　图 7-15 为圆柱扰流柱顺排和叉排时,扰流柱表面和端壁表面的换热系数。图中所示的结果是以强化系数来表征的,给出的结果是排平均值。所谓强化系数即是相对于相应的充分发展平滑通道的对流换热系数的比值。除了前两排之外,两种扰流柱阵列的扰流柱表面的对流换热系数全部高于端壁的换热系数,扰流柱表面和端壁换热系数之间的差异随雷诺数的降低而加大。就所研究的情况而言,扰流柱表面的换热系数要高10%～20%。

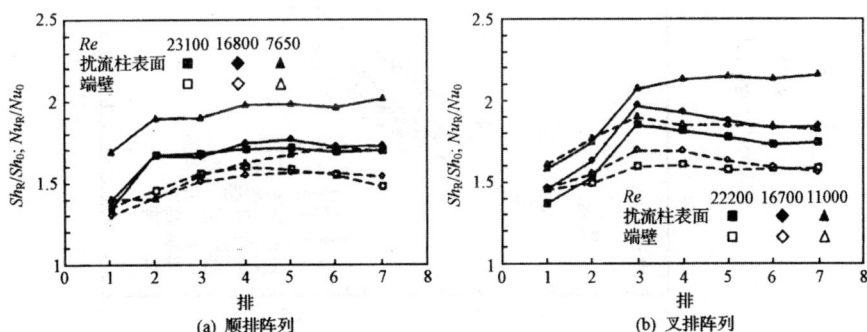

图 7-15　扰流柱及端壁表面的换热系数

对于扰流柱阵列的流动阻力,若定义

$$\Delta p = f \frac{2n}{\rho} \left(\frac{m_c}{A_{min}} \right)^2 \tag{7-6}$$

式中,n 为扰流柱的排数;m_c 为质量流量;A_{min} 为扰流柱阵列的最小流通面积。

　　压力损失系数的关联式如下

$$f = \left[0.25 - \frac{0.1175}{(S_y/d-1)^{1.08}} \right] Re_d^{-0.16} \tag{7-7}$$

式中,S_y 为扰流柱阵列横向肋间距比;雷诺数 Re_d 以扰流柱直径为特征长度,以通过扰流柱阵列最大流速为特征速度。

　　对流换热的准则关联式为

$$Nu = a Re_d^b (S_y/W)^c (S_x/L)^d \tag{7-8}$$

式中,S_y 为扰流柱阵列横向肋间距比;S_x 为扰流柱阵列流向肋间距比。

　　关联系数见表 7-1。

表 7-1 式(7-8)中的关联系数

扰流柱排列方式	a	b	c	d
顺排	0.45	0.71	0.4	0.51
叉排	0.3	0.98	0.35	0.24

图 7-16 为立方形和菱形扰流柱阵列平均的对流换热系数和压力损失系数随雷诺数的变化,扰流柱阵列按顺排和叉排两种方式布置。

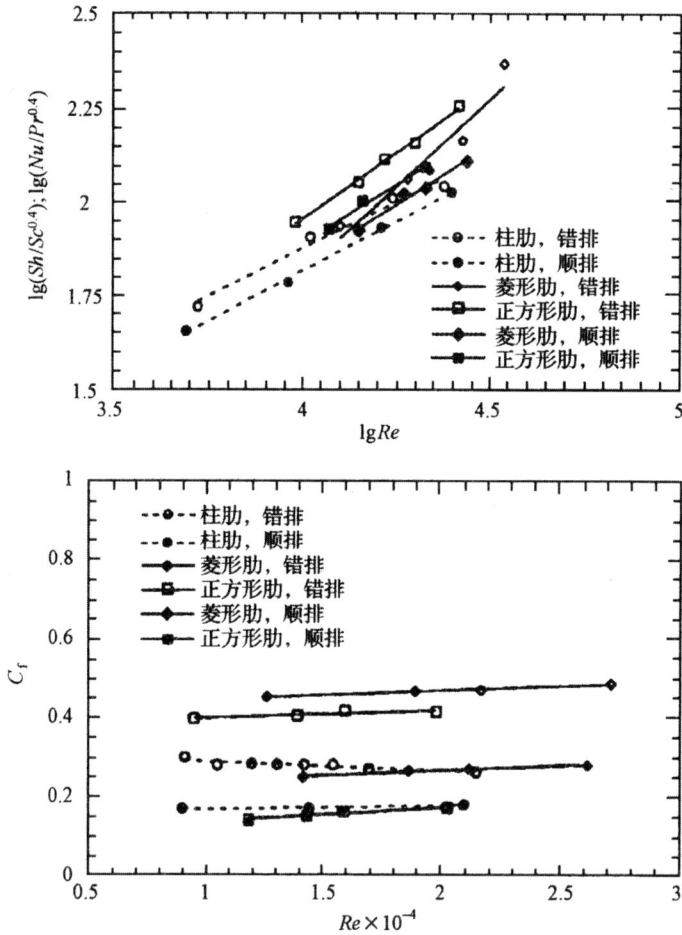

图 7-16 不同形状扰流柱阵列平均对流换热系数和压力损失系数

实验结果的总的趋势是,扰流柱形状的变化并没有导致传热强化的趋势发生变化,对流换热系数一开始随排数的增加而增加,之后就降到其充分发展值。一般来说,立方形扰流柱接近进口的对流换热系数要高于菱形扰流柱的值。可以看出,在所研究的几种扰流柱形状中,立方形扰流柱具有最高的对流换热系数,而圆形扰流柱则具有最低的对流换热系数,但立方形和菱形扰流柱的压力损失系数也要比圆形扰流柱的相应值高。

表 7-2　式(7-14)中的关联系数

射流孔排列方式	C	n_x	n_y	n_z	n
顺排	0.596	-0.103	-0.38	0.803	0.561
叉排	1.07	-0.198	-0.406	0.788	0.660

7.3.2　气膜冷却

1. 气膜冷却原理

气膜冷却通过缝隙或孔引入一股较冷的二次流体,借以对紧接喷吹处的下游表面进行保护(图 7-17)。二次气流可为与主流相同的流体,也可为异种流体。气膜冷却是 70 年代开始在航空燃气轮机上使用的一种新颖冷却方法,现已成为现代燃气轮机高温部件的主要冷却措施之一。

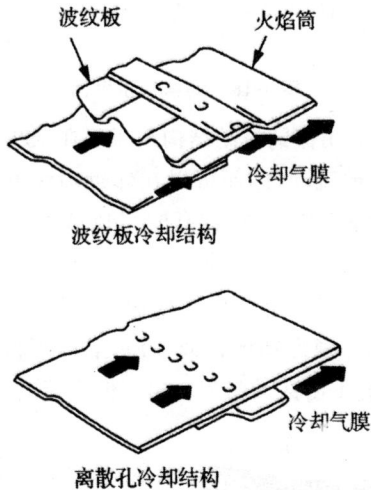

图 7-17　火焰筒气膜冷却结构

由于气膜喷吹进入主流后,与主流之间发生卷吸和掺混,因此主流和气膜出流之间的相干性非常复杂。已有研究表明,主流和气膜出流的相互作用诱发多种涡结构,取决于气膜出流和主流的流动参数:速度比(u_c/u_∞),吹风比$(\rho_c u_c)/(\rho_\infty u_\infty)$,动量比$(\rho_c u_c^2)/(\rho_\infty u_\infty^2)$。一般地,即使在较小的吹风比下,由于其内在的运动特征,流动也呈湍流。在这种湍流流动中,四种较大尺度的涡结构如图 7-18 所示。

①反向旋转的涡对,它是最大尺度的涡结构,其主要涡量源于气膜孔两侧边缘,气膜孔两侧边缘卷起的旋涡在气膜出流和主流之间剪切的作用下,向下游发展。

②马蹄涡,它是尺度最小的涡结构,对于气膜冷却几乎不产生影响,马蹄涡的形成类似于流体绕流钝头物体,源于气膜出流边界层中存在的压力差。

③迎风涡和背风涡,围绕着喷吹进稳定主流的气膜出流,出现旋进的分离涡结构。

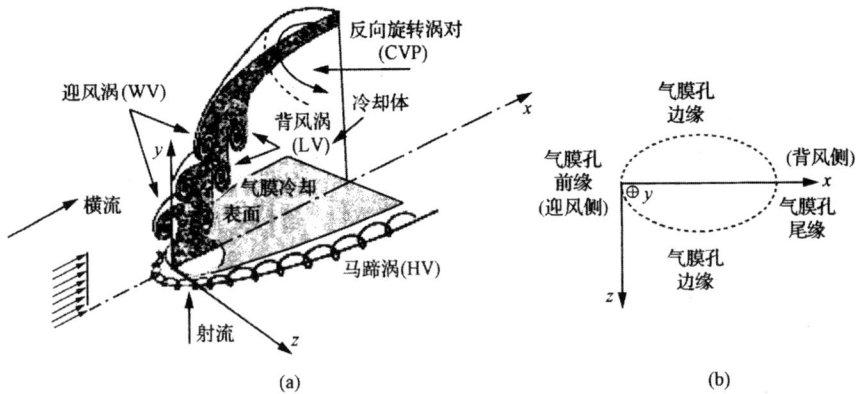

图 7-18　涡结构示意图

图 7-19 反映了气膜出流的流动结构示意。在低吹风比条件下[如图 7-19(a)所示],气膜出流贴壁流动,因而可以在邻近喷注处下游出现具有高气膜冷却效率区域的局部强冷却区;在较高吹风比条件下[如图 7-19(b)所示],气膜孔边缘开始出现气膜出流的分离和再附着,其原因是由于气膜出流的法向动量增强驱动其向主流穿透而离开壁面,并且在主流的作用下再附着壁面,因而气膜出流的局部强冷却区将向下游延伸,峰值冷却效率降低。可见冷却气膜保护的气膜孔下游区域与气膜出流向主流的穿透能力密切相关。

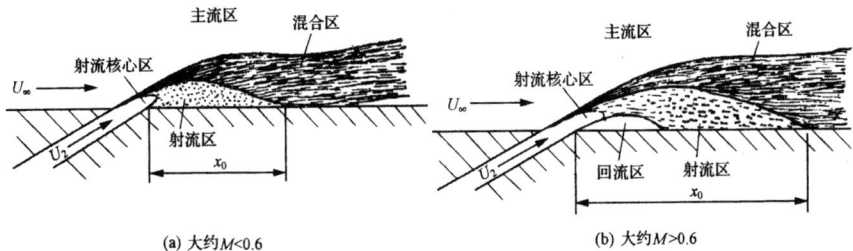

(a) 大约 $M < 0.6$　　　　　　　　(b) 大约 $M > 0.6$

图 7-19　气膜出流示意图

　　反映气膜冷却表面冷却效果的参数主要包括绝热壁面有效温比 η 和换热系数 h 等。绝热壁面有效温比定义为

$$\eta = \frac{T - T_{aw}}{T - T_c} \tag{7-9}$$

式中，T 为主气流的恢复温度，一般取为主气流的进口温度 T_∞；T_{aw} 是有气膜冷却的情况下沿气膜下游某处绝热壁面上的恢复温度，它既不等于主流的恢复温度，也不等于冷气流的恢复温度，而是等于热侧壁面附近冷、热流体按某种比例掺混的混合气体的恢复温度，也就是壁面冷侧在绝热条件下的壁面温度，称为绝热壁温；T_c 为冷却气膜出口的温度。

　　若 $T_{aw} = T_c$，表示壁面温度与冷气温度相等，此时 $\eta = 1$，气膜冷却效果最好；若壁温与主气流温度相等，此时 $\eta = 0$，气膜冷却效果最差。一般地，$0 < \eta < 1$，η 越大代表壁温越接近冷气流的温度，气膜冷却效率也就越高。

　　气膜冷却对流换热系数的定义式为

$$h = \frac{q}{T_{aw} - T_w} \tag{7-10}$$

式中，q 为混合气流与壁面之间的对流换热量；T_w 为壁温的实际温度。

　　值得注意的是，在这一定义式中，对流换热的驱动温差采用了混合气流的恢复温度（或绝热壁温）与实际壁面温度的差值。可以理解为由于在主流与壁面之间存在冷气膜，降低了主流与壁面之间的对流换热驱动温差。由于冷气膜温度 T_c 低于主流温度 T_∞，因而两者共同作用（掺混）的结果使热侧气流温度下降，降为有冷气膜存在时的热侧混气恢复温度（即绝热壁温）T_{aw}。

　　要计算有气膜冷却时主流与壁面之间的对流换热热流量，必须确定绝热壁面有效温比和气膜冷却对流换热系数的准则关联式。

2. 单排孔气膜冷却

　　图 7-20 为单排气膜孔喷射角度为 35°时，不同吹风比下的气膜冷却绝热温比变化曲线，图中 z/d 为相邻气膜孔列之间的距离与气膜孔径之比。

　　图 7-21 为两种气膜喷射角度下，气膜孔下游的气膜冷却效率对比结果。研究表明，气膜对角度为 35°时，气膜冷却效果较 55°时要好，且在高的吹风比下，差异更为显著。在同一气膜喷射角度下，存在一个最佳的吹风比。

$$\eta = \frac{T_\infty - T_{aw}}{T_\infty - T_c}$$

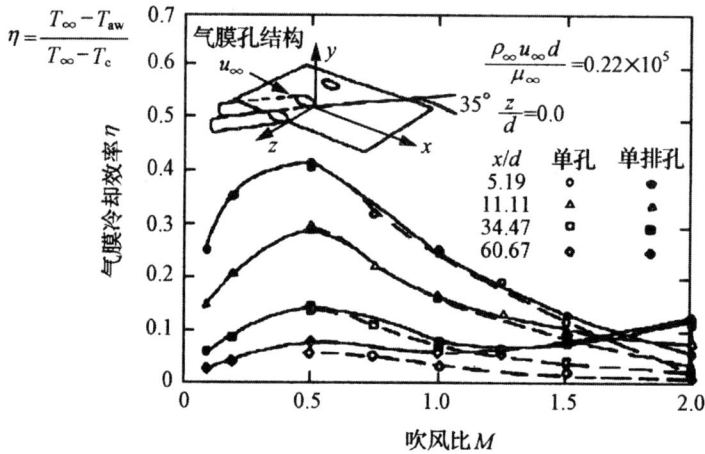

图 7-20　气膜吹风比影响

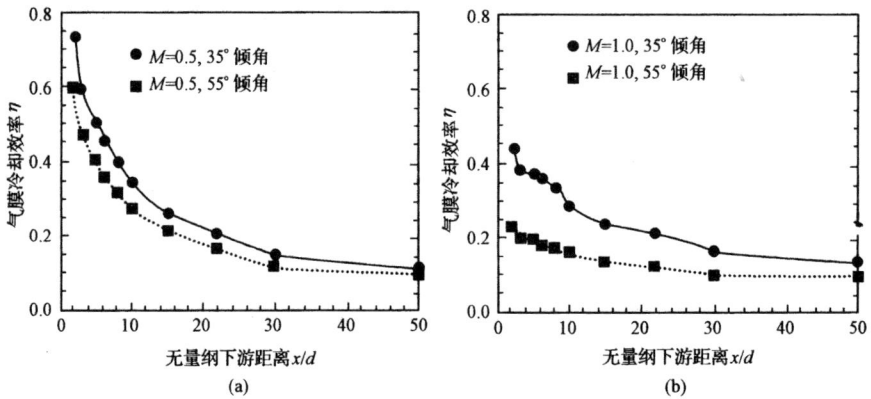

(a)　　　　　　　　　　　　　(b)

图 7-21　气膜喷射角度影响

图 7-22 为一气膜孔倾角 30°、孔间距比 $z/d = 3$ 时单排气膜孔表面的绝热温比分布。在低吹风比条件下($M = 0.5$),气膜出流在邻近喷注处下游出现比较短的、具有高气膜冷却效率区域的强冷却区,随着吹风比的提高($M = 1.0$),强冷却区向下游延伸,冷却效率峰值虽有较大幅度下降,但总体冷却效率却接近最大;继续增加吹风比,这时气膜孔边缘开始出现气膜出流的分离,其原因是由于气膜出流的法向动量增强驱动气膜出流离开壁面,气膜冷却效率明显降低。

影响气膜冷却效果的因素众多,其中气膜孔形状对气膜冷却效率的影响尤为显著,因此长期以来针对气膜孔结构的优化一直是重要的研究内容。如近年来国内外学者针对具有扩展出口型面的扇形气膜孔结构开展了大量的研究工作,国外研究人员对如图 7-23 所示的四种气膜孔形状,在吹风比为 1.1 时进行的对比实验表明(如图 7-24 所示),收敛缝形(Converging slot-Hole,缩写为 Console)和扇形气膜孔在出口下游与狭缝气膜的冷却效率非常接近,明显高于常规的圆柱形孔,可以使得射流更好地贴附壁面而有效地改善气膜冷却的效率。

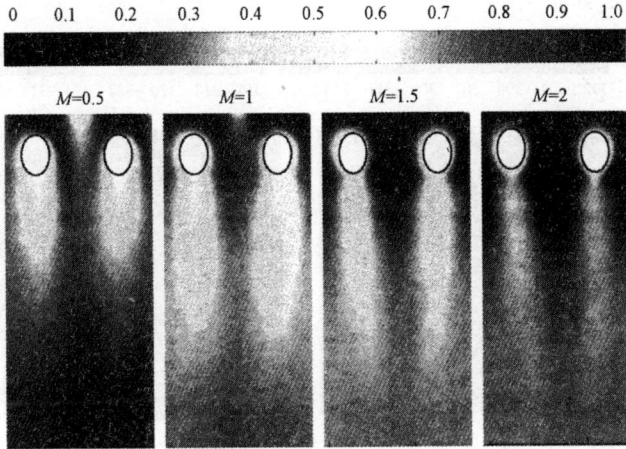

图 7-22　典型条件下局部绝热温度分布

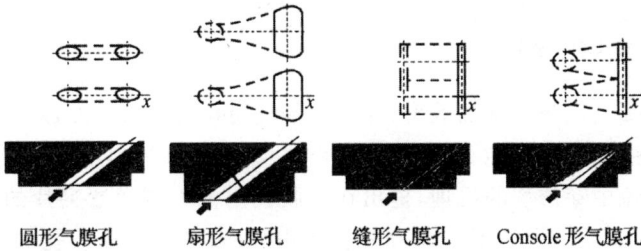

图 7-23　典型的气膜孔结构

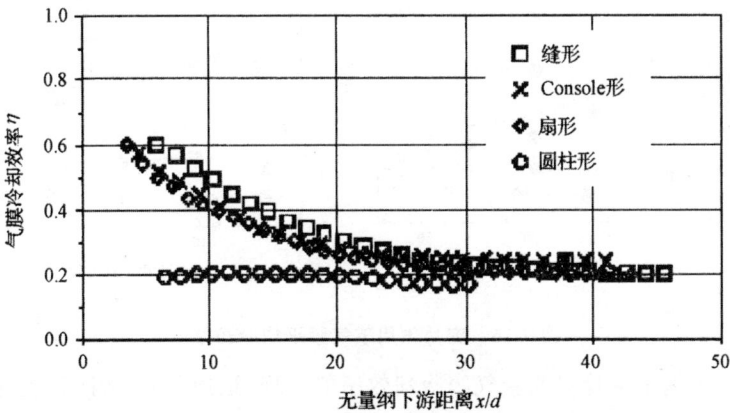

图 7-24　气膜孔结构的影响

值得关注的是,收敛缝形孔侧壁的扩展诱导气膜孔内强烈的三维流动,使得气膜射流向两侧的流动能力增强,此时气膜射流和主流剪切形成的抬升涡从两侧卷起,与常规气膜孔的卵形涡对旋转方向相反,有效阻止了高温主流的侵入,如图 7-25 所示。

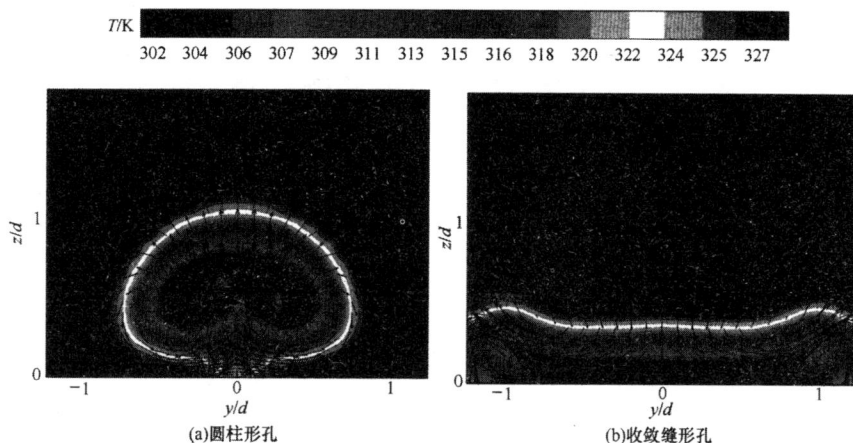

图 7-25 气膜孔下游垂直截面上的流场和温度场

3. 带突片气膜孔

为了提高气膜冷却的效率,除了改善气膜孔的形状之外,还可以采取一些辅助的主动控制措施。近几年国内外一些研究人员利用突片有利于降低射流在横流中穿透率的机理,提出在气膜孔出流一侧设置突片的新型气膜冷却结构,实验结果如图 7-26 所示。图中 Case1 为常规气膜孔的实验状态。

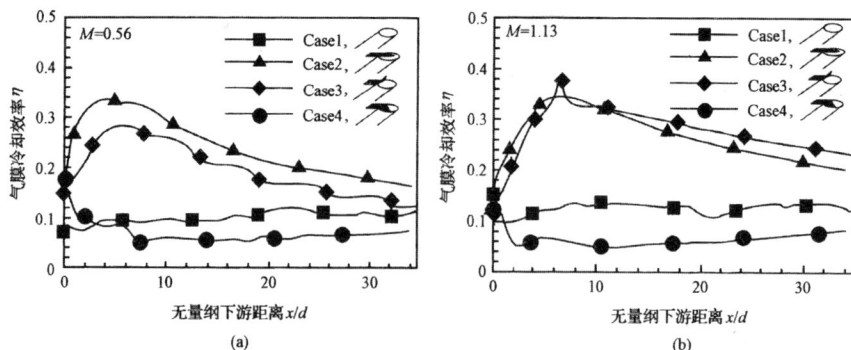

图 7-26 突片作用下气膜平均冷却效率

为了揭示突片对改善气膜冷却效率的机理,运用 Fluent 计算软件对其流动特性和冷却效率进行了三维数值研究。计算模型如图 7-27 所示。矩形通道长度为 650mm，高度为 90mm；二次流进口通道是倾斜 35°的圆形孔，直径为 12mm，高度为 22mm，气膜孔出口中心距主流进口截面 305mm，气膜孔间距为 3 倍孔直径。突片设置在气膜孔出流一侧，厚度取为 1mm，形状为等腰三角形，边长取为 9mm。

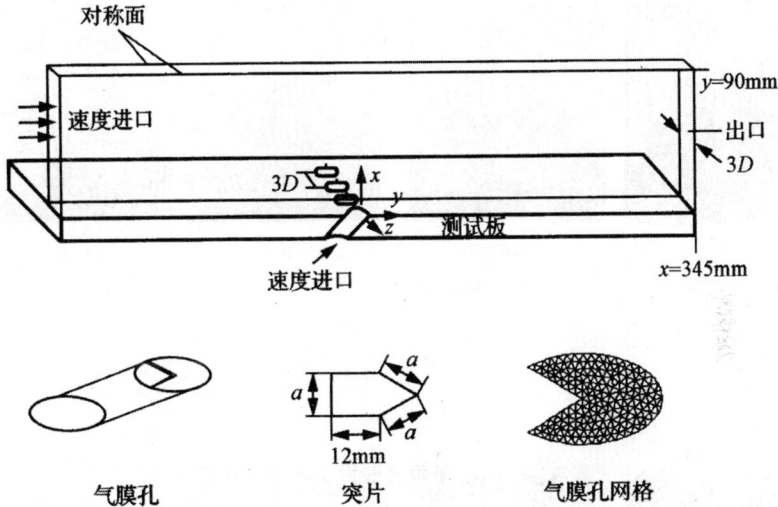

图 7-27　计算模型

图 7-28 是在吹风比为 1.5 时，有突片和无突片的模型在位于气膜孔下游 $x/d=1\sim6$ 之间的垂直于主流截面上的局部流场分布图。可以看到在绝热壁面上部形成两个反向的涡对，这是气膜出流的固有特征［图 7-28 (a)］。在常规气膜孔上加装突片后，反向涡对的强度得到一定程度的抑制，即气膜出流向主流的垂直穿透能力得到一定程度的降低［图 7-28(b)］，这对于气膜的冷却效果起到一定程度的改善。相比较而言，随着突片尺寸的增加，反向涡对受到抑制的能力越强，对于改善气膜的冷却效率也就更为明显。

强化气膜冷却效果的物理机制在于：降低气膜射流向主流的穿透率；增加气膜射流在下游区域的覆盖面积。气膜射流和主流之间的相互扰动直接影响近壁的流场结构，气膜射流喷吹进入主流后与主流发生卷吸和掺混，其相互作用会诱发多种不同尺度的涡结构（图 7-29）。在这种湍流流动中，反向旋转的卵形涡对是尺度最大的涡结构，对气膜冷却效果的影响占主导地位。气膜孔两侧边缘卷起抬升的旋涡在气膜射流和主流之间剪切的作用下向下游发展，使得高温主流侵入气膜射流下方［图 7-29(a)］。因此，为改善气膜射流的冷却效果，国内外研究人员针对气膜射流的卵形涡对的抑制开展了大量的研究工作，通过诱导逆-卵形涡对控制气膜射流与近壁主流的相互作用[图 7-29(b)]，降低气膜射流向主流的法向穿透动量，同时增强气膜射流的贴壁流动动量，从而实现气膜冷却效果的改善。其中，最引人瞩目的研究进展在于形状气膜孔概念的提出和应用，以及利用流体动力激励的流动控制方法。

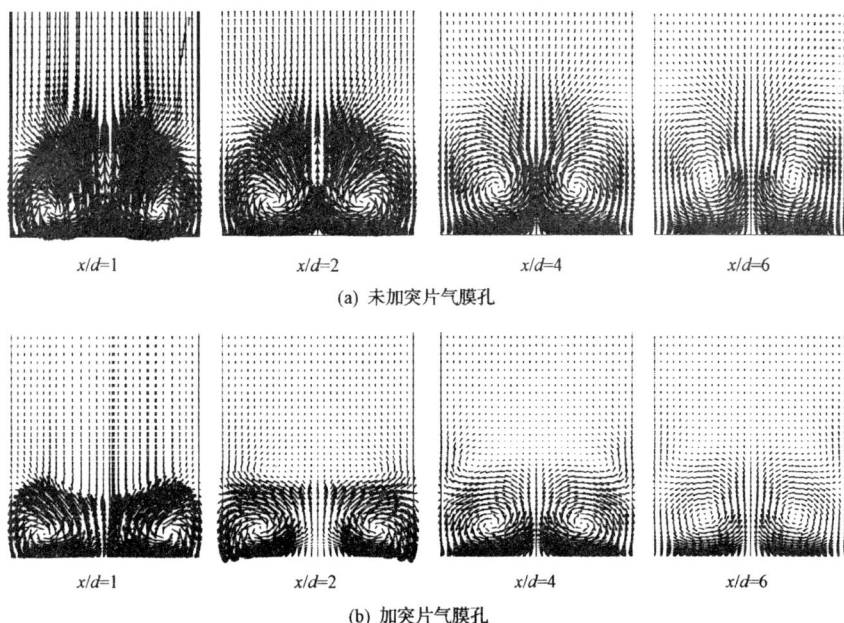

(a) 未加突片气膜孔

(b) 加突片气膜孔

图 7-28　垂直于主流截面上的局部流场

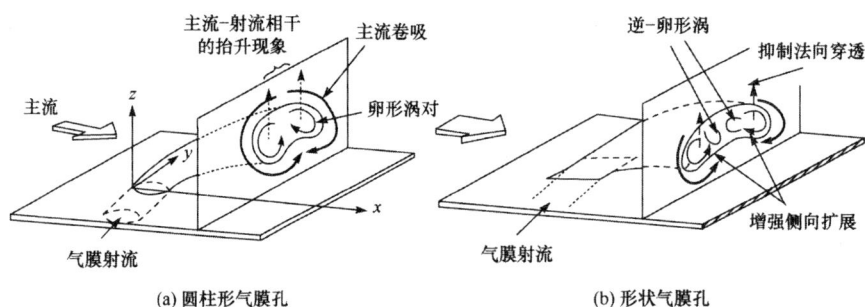

(a) 圆柱形气膜孔　　　　　(b) 形状气膜孔

图 7-29　形状孔抑制卵形涡对的机理

必须指出的是，气膜冷却最大的特点在于其开放性，即冷却射流并不是在一个封闭的冷却回路中流动，而是通过气膜孔喷注进入主流后对热侧壁面进行冷却和防护。因此气膜冷却的物理机制往往和主流流动特征形成紧密耦合的关联：一方面，气膜射流作为高能流体补充到主流边界层中，势必会影响近壁流场的结构；另一方面，近壁主流流动的行为也在很大程度上主导了气膜射流的发展。因此，气膜射流与主流的相互作用衍生出的流动换热复杂物理现象始终是研究人员不断探索和创新的研究课题,尤其是在跨音叶栅通道内,叶片吸力面、压力面、端壁和叶尖等不同部位的气膜射流受到主流通道涡、激波、转子静叶排干涉尾迹以及泄漏涡等的影响异常复杂,蕴育着固有的、甚至是独特的相互作用和耦合传热物理机制。

4. 多股气膜孔

在高性能航空发动机上,采用多斜孔全覆盖气膜冷却正得到越来越广泛的应用,甚至采用致密性的多孔发散冷却方式(图 7-30)。多股气膜冷却可以有效地保护被冷却壁面(图 7-31),影响因素也更为复杂,除了单股气膜的影响因素之外,还包括气膜孔排布方式等影响因素。

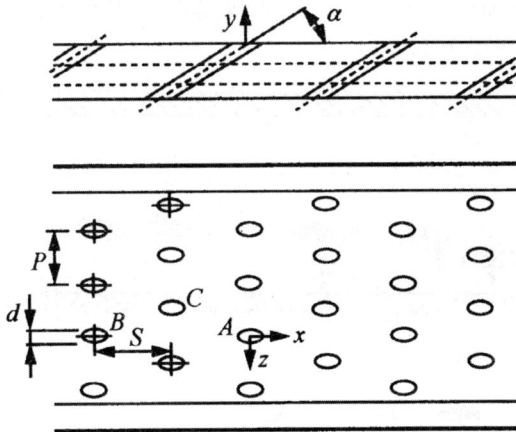

图 7-30　气膜孔阵列结构

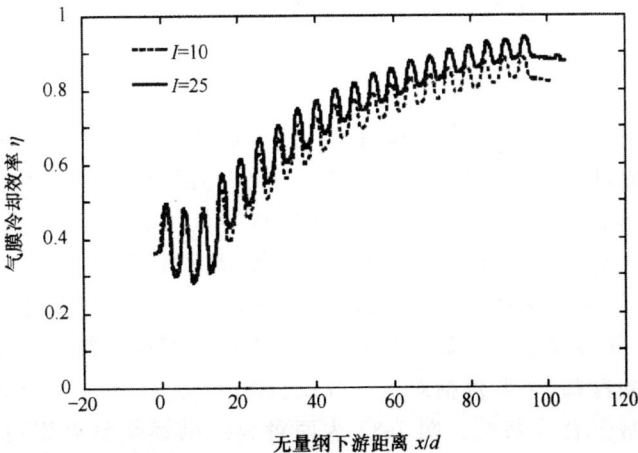

图 7-31　多孔壁气膜平均冷却效率分布

对多孔壁全覆盖气膜冷进行的研究揭示了多孔壁全覆盖气膜强化冷却的机制。

①多孔壁冷侧对流换热增强,原因是气膜孔进气的抽吸作用破坏了冷侧壁面的冷却气流流动附面层,特别是形成气膜溢流效应,使得冷侧换热增强。

②气膜孔内进口区换热和多孔壁内等效导热增强,这是由于气膜孔内换热以及多孔壁内部冷却面积增加的缘故。

③在高温气流热侧形成全气膜保护,由于气膜孔均匀密布,因而冷气层均匀铺开,可以有效降低高温气流对壁面的对流换热。

为了改善多孔全覆盖气膜冷却结构在前端冷却效率低的问题,可以在冷却结构前端附加一股狭缝气膜,从而使狭缝气膜和多孔全覆盖气膜冷却形成有机结合,如图 7-32 所示。

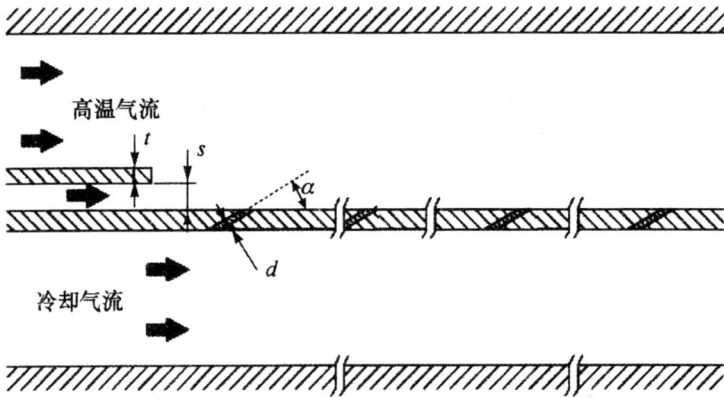

图 7-32 狭缝气膜和多孔全覆盖气膜的结合

7.3.3 复合冷却

在航空发动机中,燃烧室和涡轮叶片等热端部件主要依靠冷气流的对流换热和隔热防护来实现壁温的降低,为此必须采取各种强化换热或阻隔热燃气对热端部件加热的措施,以达到减少冷气用量、提高综合冷却效率的目的。强化换热的方式主要有冲击冷却、扰流强化换热以及设法降低冷气温度等;阻隔热燃气对热端部件加热的方式主要有气膜冷却(含发散冷却)以及热障涂层等。如果将冲击、对流与气膜冷却组合起来,就构成了复合气膜冷却,主要包括对流＋气膜、冲击＋气膜、对流＋冲击＋气膜、冲击＋发散复合冷却等。图 7-33 为两种典型的燃烧室火焰筒符合冷却结构示意图。

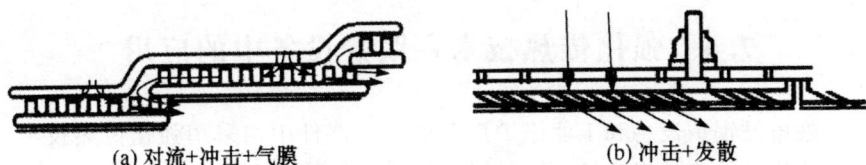

(a) 对流+冲击+气膜　　　　　　　　　(b) 冲击+发散

图 7-33　两种典型的燃烧室火焰筒复合冷却结构示意图

20 世纪 80 年代中期以来,冲击+发散气膜复合冷却方式引起了人们的高度重视。它是一种双层壁冷却结构,发散孔壁为内层壁,其背后为一个带有大量冲击孔的外层壁,从外层壁小孔进入的冷却空气冲击到内层壁上,接着进入多孔壁内。冷却空气经过冲击和小孔内强制对流换热后,再沿多孔壁外侧形成基本连续均匀的保护气膜。

层板冷却结构是一种典型的高效复合冷却结构,它是强对流、多孔发散冷却的组合方式。其中具有代表性的层板冷却结构是罗伊斯·罗尔斯公司研制的 Transply 型层板[图 7-34(a)]和通用电气公司研制的 Lamilloy 型层板[图 7-34(b)]。它们均是采用钎焊将多层带孔或槽(或凸台)的耐热合金片叠合而成。冷却时,空气从上层板中的小孔流入,然后在下层板上的槽道或凸台之间流动,再从该层板上的小孔流至下一层,至最下层的有规律排布的小孔流出,形成冷却气膜。由于各层板的换热面积密度远大于常规冷却结构,因此其对流换热效果率非常高;同时最下层板上密布的小孔接近于多孔发散壁,可以形成发散冷却。

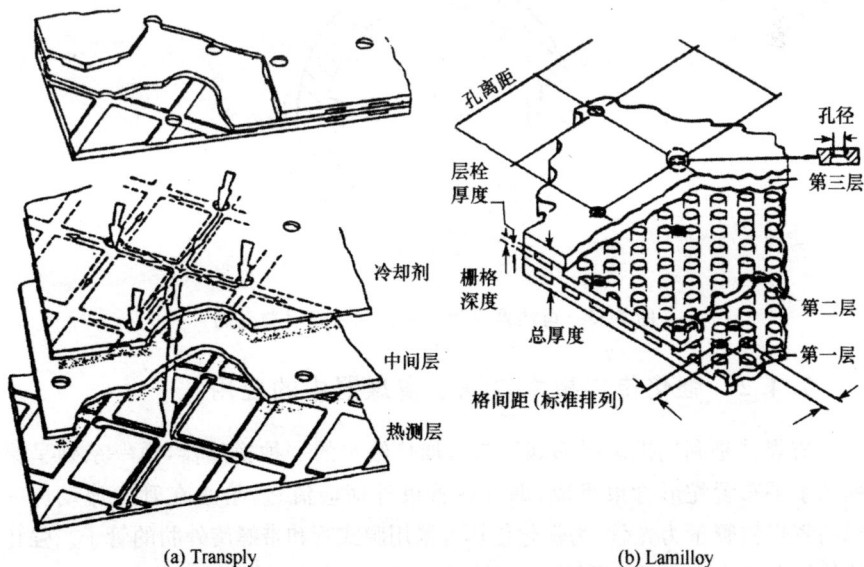

(a) Transply　　　　　　　　　　　　(b) Lamilloy

图 7-34　多孔层板发散冷却示意图

7.4 强化传热技术在锅炉设备中的应用

在电站锅炉设备和工业锅炉设备的不少部件中均采用强化传热技术，以缩小锅炉体积减轻重量，节省钢材和提高运行可靠性。

7.4.1 强化传热技术在大型电站锅炉再热器中的应用

为了减少汽轮机尾部的蒸汽湿度以及提高电站热效率，在高温高压大型电站中普遍采用中间再热系统，即将汽轮机高压缸的排汽再送回锅炉中；加热到高温，然后再送入汽轮机的中压缸和低压缸中膨胀做功。这个位于锅炉设备烟道并用烟气加热的部件称为再热器。再热器的结构与过热器相似，也是由大量平行连接的蛇形管组成。由于再热蒸汽压力低、密度小，其管内蒸汽侧换热系数比过热器工况小得多。由于再热器对管壁冷却能力差，其管壁温度超过管中蒸汽温度的程度比过热器工况大，较易发生管壁温度超过金属允许工作温度的不安全工况。为了提高再热器管子的工作可靠性，再热器管子除布置在烟温稍低的区域，还采用纵向内肋管，如图 7-35 所示。由于管子内壁表面积增加，可使蒸汽侧热阻减小，这样在其他相同条件时可以比采用光管降低壁温约 20℃～30℃。

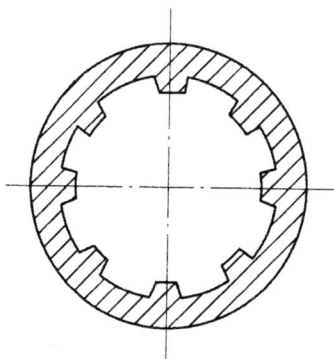

图 7-35 再热器采用的纵向内肋管横截面图

7.4.2 强化传热技术在锅炉省煤器中的应用

省煤器是利用锅炉尾部烟气热量加热给水的一种换热器，由一系列呈错列的水平布置蛇形管束组成，烟气在管束外横向流过，给水在管内流动。一般的省煤器管子为光管，为强化传热可采用膜式管和带螺旋外肋的管子。强化传热技术还可以应用在锅炉管式空气预热器、锅炉炉膛受热面、烟管锅炉中。

参考文献

[1]张靖周.高等传热学[M].2版.北京:科学出版社,2015.

[2]刘彦丰,高正阳,梁俊秀.传热学[M].北京:中国电力出版社,2015.

[3]张靖周,常海萍.传热学[M].2版.北京:科学出版社,2015.

[4]战洪仁.工程传热学基础[M].北京:中国石化出版社,2014.

[5]张天孙,卢改林.传热学[M].4版.北京:中国电力出版社,2014.

[6]张兴中,黄文,刘庆国.传热学[M].北京:国防工业出版社,2011.

[7]张天孙,卢改林.传热学[M].3版.北京:中国电力出版社,2011.

[8]邓元望,袁茂强,刘长青.传热学[M].北京:中国水利水电出版社,2010.

[9]王保国等.传热学[M].北京:机械工业出版社,2009.

[10]苏亚欣.传热学[M].武汉:华中科技大出版社,2009.

[11]王补宣.热物理和热工研究开发的进展与机遇[J].物理与工程,2000(06).

[12]苏天明等.南京地区土体热物理性质测试与分析[J].岩石力学与工程学报,2006(06).

[13]乔东凯等.基于可编程控制器的热加工控制系统的应用研究[J].机械与电子,2013(04).

[14]杨桄等.孔壁形式影响竖直地埋管换热系统换热效率的试验报告[J].长春工程学院学报(自然科学版),2011(03).

[15]杨军.太阳能光伏发电前景展望[J].沿海企业与科技,2005(08).

[16]刘亦敏等.一种微腔型 PCR 集成芯片的设计及其热分析[J].传感技术学报,2011(08).

[17]刘波等.冻土正融过程 CT 扫描试验及图像分析[J].煤炭学报,2012(12).

[18]梁超英等.人体组织传热及应用研究[J].生物医学工程研究,2007(02).

[19]穆朝民,齐娟.《传热学》教学方法的极点探讨[J].科技信息,2010(08).

[20]徐立颖.加固计算机热设计[J].现代电子技术,2009(02).

[21]丁雪兴.螺旋槽干气密封微尺度气膜的温度场计算[J].化工学报,2014(02).

[22]丁杰等.版式间接蒸发冷却器传热传质系数的研究[J].建筑热能通风空调,2007(05).